普通高等院校
应用型本科计算机专业系列教材

SHUJU JIEGOU YU SUANFA
YINGYONG JIAOCHENG (C YUYAN BAN)

# 数据结构与算法应用教程（C语言版）

（第二版）

主 编/彭 娟 袁开友
副主编/杨 勇 周龙福
米翔畅 郑孝宗

重庆大学出版社

## 内容简介

本书通过具体的编程应用案例，系统地介绍了各种类型数据结构的逻辑结构、存储结构及相关的算法。全书共分 10 章，内容包括绪论、线性表、栈和队列、串、数组与广义表、树与二叉树、图、查找和排序、常用算法及其应用等，此外本书还附录了“应用实践”拓展训练内容及参考代码，供学生参考和练习。全书采用 C 语言应用案例驱动教学，讲解数据结构、算法及应用，内容翔实，层次清晰，实例丰富，讲解深入浅出。

本书作为计算机及相关专业本科数据结构课程的教材，也适合各类成人教育相关课程使用，还可以供从事计算机软件开发和应用的工程技术人员阅读、参考。

**图书在版编目(CIP)数据**

数据结构与算法应用教程：C语言版 / 彭娟，袁开友主编. -- 2版. -- 重庆：重庆大学出版社，2021.12（2024.1重印）
普通高等院校应用型本科计算机专业系列教材
ISBN 978-7-5689-0397-4

Ⅰ. ①数… Ⅱ. ①彭… ②袁… Ⅲ. ①数据结构—高等学校—教材 ②算法分析—高等学校—教材 ③C语言—程序设计—高等学校—教材 Ⅳ. ①TP311.12 ②TP312.8

中国版本图书馆CIP数据核字（2022）第013980号

普通高等院校应用型本科计算机专业系列教材
数据结构与算法应用教程（C语言版）
（第二版）
主 编 彭 娟 袁开友
责任编辑：章 可 版式设计：章 可
责任校对：邬小梅 责任印制：赵 晟
*
重庆大学出版社出版发行
出版人：陈晓阳
社址：重庆市沙坪坝区大学城西路21号
邮编：401331
电话：（023）88617190 88617185（中小学）
传真：（023）88617186 88617166
网址：http://www.cqup.com.cn
邮箱：fxk@cqup.com.cn（营销中心）
全国新华书店经销
POD：重庆新生代彩印技术有限公司
*
开本：787mm × 1092mm 1/16 印张：17 字数：383 千
2017年2月第1版 2021年12月第2版 2024年1月第5次印刷
ISBN 978-7-5689-0397-4 定价：45.00 元

# 前言

数据结构和算法是计算机科学与工程的基础性学科，是开发高效计算机程序以解决各领域应用问题的核心。寻求和实现数学模型的过程使计算机算法与数据结构密切相关，算法依赖于具体的数据结构，数据结构也直接关系到算法的选择和效率。数据结构和算法课程的学习和应用，不仅可以使学生掌握计算机基础课程的基本方法，更是训练学生计算思维的有效途径。

数据结构和算法是介于数学、计算机硬件和计算机软件三者之间的一门核心课程。这门课程的内容不仅是一般程序设计（特别是非数值程序设计）的基础，而且是设计和实现编译程序、操作系统、数据库系统及其他系统程序的重要基础。学习数据结构的目标是使学生全面理解数据结构和算法的概念、掌握基本的数据结构和算法的特点以及数据结构与算法的主要原理和方法。通过理论学习和应用实践，提高学生的计算思维和使用计算机解决问题的能力。

本教材主要面向计算机及相关专业的本科学生。教材共 10 章：第 1 章绪论；第 2 章线性表；第 3 章栈和队列；第 4 章串；第 5 章数组与广义表；第 6 章树和二叉树；第 7 章图；第 8 章查找；第 9 章排序；第 10 章常用算法及其应用。本书以案例驱动教学，除了注重理论体系的完整性外，特别强调应用能力的培养，通过每章应用案例及实践的学习掌握理论知识、建立程序逻辑、提升编程能力。本书主要具有以下特点：

1. 应用教学驱动案例引领理论讲授，帮助学生循序渐进地学习。

本书每一章都通过分析来自学生身边的应用案例，引出体系相对完整的理论知识，通过精心组织设计的主题和应用，由浅入深、循序渐进地讲解和扩展知识，帮助学生逐步学习及理解数据结构相关知识。

2. 注重数据结构算法思想的培养，帮助学生建立程序逻辑。本书在介绍每种数据结构及其算法时，注重编程思想和程序逻辑的培养，对每种数据结构、算法思想和对应案例都配有大量图表进行详细分析和说明，大部分章节的主要算法配有流程图，帮助学生理解算法思想、建立程序逻辑。

3. 强调应用能力的培养，帮助学生提升编程能力。

本书所有案例，在讲清知识、建立思想、理顺逻辑的基础上，都用完整的C代码加以实现，不但有助于学生深入理解数据结构知识，而且有助于提升学生实际的应用编程能力，增强了学生的编程兴趣和成就感。

4. 强化“应用实践”训练，帮助学生拓展应用编程能力。

本书贯彻分层教学的思想，在附录中增设了“应用实践”拓展训练内容，要求能力较强的学生应用前面重点章节的相关知识实现编程，从而拓展训练学生的应用编程能力和知识迁移能力，同时附有应用实践参考代码，供学生参考和练习。本书的教学学时以60~80学时为宜，最好采用一体化教学，让学生以“学中做，做中学”的方式开展学习。教师可根据实际学时和学生具体情况等自行调整教学进度和内容。

本书由彭娟、袁开友负责设计全书体系及统稿工作，彭娟编写了第6章、第9章和第10章，杨勇编写了第2章、第3章、第7章、附录A，袁开友编写了第4章、第8章，周龙福编写了第1章，郑孝宗编写了第5章，米翔畅编写了附录B。在教材的编写过程中，重庆工程学院软件学院的领导和老师对该书的编写提出了很多宝贵的意见和建议，还得到重庆工程学院教务处的大力支持，以及广大软件学院学生的积极支持，在此表示衷心的感谢。

由于编者水平和时间方面的限制，书中难免存在疏漏与不足之处，敬请广大读者和同行专家批评指正。

编者

2021年12月

目录 CONTENTS

# 第1章 绪 论

## 1.1 引 言

在计算机科学中，数据结构与算法是计算机科学与工程的基础性学科，是开发高效计算机程序以解决各领域应用问题的核心。数据结构与算法是计算机学科中最基础的课程，是介于数学、计算机硬件和计算机软件三者之间的一门核心课程。这门课程的内容不仅是一般程序设计（特别是非数值程序设计）的基础，而且是设计和实现编译程序、操作系统、数据库系统及其他系统程序的重要基础。

计算机解决一个具体问题时，大致需要经过下列几个步骤：首先要从具体问题中抽象出一个适当的数学模型，然后设计一个解此数学模型的算法（Algorithm），最后编出程序、进行测试、调整直至得到最终解答。寻求数学模型的实质是分析问题，从中提取操作的对象，并找出这些操作对象之间的关系，然后用数学的语言加以描述。计算机算法与数据的结构密切相关，算法无不依附于具体的数据结构，数据结构直接关系到算法的选择和效率。

由于早期所涉及的运算对象是简单的整型、实型或布尔类型数据，所以程序设计者的主要精力是集中于程序设计的技巧上，而无须重视数据结构。随着计算机应用领域的扩大和软、硬件的发展，非数值计算显得越来越重要。据统计，当今处理非数值计算性问题占用了 90% 以上的机器时间。这类问题涉及的数据结构更为复杂，数据元素之间的相互关系一般无法用数学方程式加以描述。因此，解决这类问题的关键不再是数学分析和计算方法，而是要设计出合适的数据结构，才能有效地解决问题。下面所列举的就是属于这一类的具体问题。

【例 1.1】学生信息检索系统。

当我们需要查询某个学生的有关情况时；或者想查询某个专业或年级的学生的有关情况时，只要建立了相关的数据结构，按照某种算法编写相关程序，就可以实现计算机自动检索。由此，可以在学生信息检索系统中建立一张按学号顺序排列的学生信息表（见图 1.1（a））以及分别按姓名（见图 1.1（b）），专业（见图 1.1（c）），年级（见图 1.1（d））顺序排列的索引表。由这 4 张表构成的文件便是学生信息检索的数学模型，计算机的主要操作就是按照某个特定要求（如给定姓名）对学生信息文件进行查询。

诸如此类的还有电话自动查号系统、考试查分系统、仓库库存管理系统等。在这类文档管理的数学模型中，计算机处理的对象之间通常存在一种简单的线性关系，这类数学模型可称为线性的数据结构。

| 学　号 | 姓　名 | 性　别 | 专　业 | 年　级 |
|---|---|---|---|---|
| 980001 | 吴承志 | 男 | 计算机科学与技术 | 98 级 |
| 980002 | 李淑芳 | 女 | 信息与计算科学 | 98 级 |
| 990301 | 刘　丽 | 女 | 数学与应用数学 | 99 级 |
| 990302 | 张会友 | 男 | 信息与计算科学 | 99 级 |
| 990303 | 石宝国 | 男 | 计算机科学与技术 | 99 级 |
| 000801 | 何文颖 | 女 | 计算机科学与技术 | 2000 级 |
| 000802 | 赵胜利 | 男 | 数学与应用数学 | 2000 级 |
| 000803 | 崔文靖 | 男 | 信息与计算科学 | 2000 级 |
| 010601 | 刘　丽 | 女 | 计算机科学与技术 | 2001 级 |
| 010602 | 魏永鸣 | 男 | 数学与应用数学 | 2001 级 |

（a）学生信息表

| | |
|---|---|
| 崔文靖 | 8 |
| 何文颖 | 6 |
| 李淑芳 | 2 |
| 刘　丽 | 3，9 |
| 石宝国 | 5 |
| 魏永鸣 | 10 |
| 吴承志 | 1 |
| 赵胜利 | 7 |
| 张会有 | 4 |

（b）姓名索引表

| | |
|---|---|
| 计算机科学与技术 | 1，5，6，9 |
| 信息与计算科学 | 2，4，8 |
| 数学与应用数学 | 3，7，10 |

（c）专业索引表

| | |
|---|---|
| 2000 级 | 6，7，8 |
| 2001 级 | 9，10 |
| 98 级 | 1，2，3 |
| 99 级 | 4，5 |

（d）年级索引表

图 1.1　学生信息查询系统中的数据

【例 1.2】人机对弈问题。

人机对弈是一个古老的人工智能问题，其解题思路是将对弈的策略事先存入计算机，包括对弈过程中所有可能出现的情况和响应的对策。在决定对策时，根据当前局势发展的趋势作出最有利的选择。因此计算机操作的对象（数据元素）是对弈过程中的每一步棋盘状态（格局），元素之间的关系由比赛规则决定。通常这个关系不是线性的，从一个格局可能派生出多个格局，因此常用树形结构来表示，如图 1.2 所示。

【例 1.3】教学计划编排问题。

一个教学计划包含许多课程，在教学计划包含的许多课程之间，有些必须按规定的先后次序进行，有些则没有次序要求。即有些课程之间有先修和后续的关系，有些课程可以任意安排次序。这种各个课程之间的次序关系可用一个称为图的数据结构来表示，如图 1.3

所示。有向图中的每个顶点表示一门课程，如果从顶点 vi 到 vj 之间存在有向边 <vi，vj>，则表示课程 i 必须先于课程 j 进行。

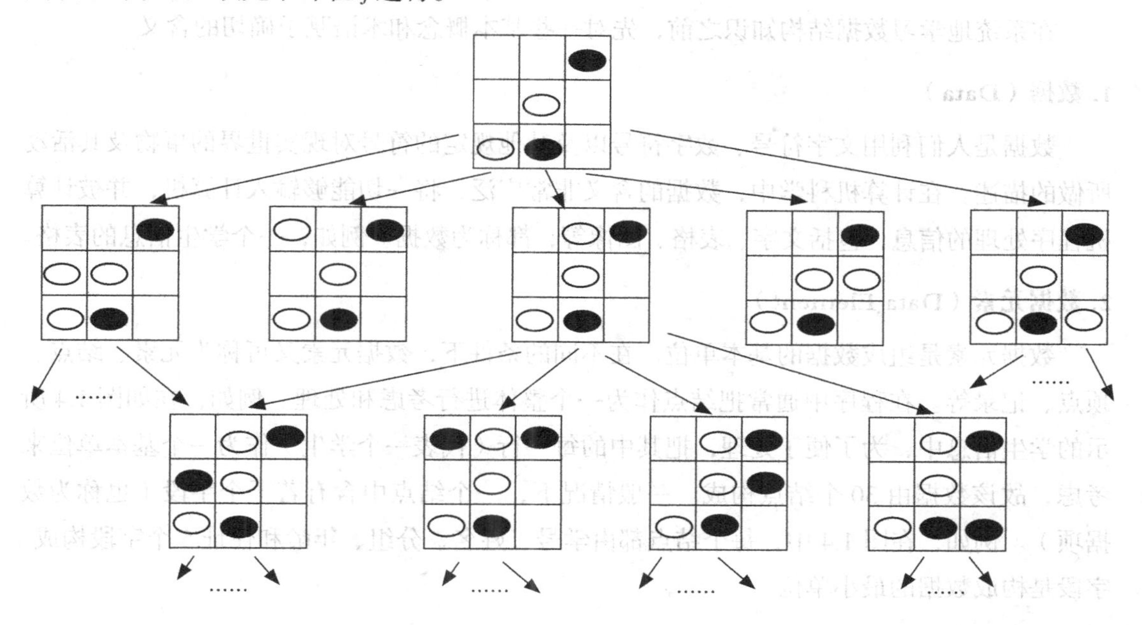

图 1.2 人机对弈图

| 课程编号 | 课程名称 | 先修课程 |
| --- | --- | --- |
| $C_1$ | 计算机导论 | 无 |
| $C_2$ | 数据结构 | $C_1$，$C_4$ |
| $C_3$ | 汇编语言 | $C_1$ |
| $C_4$ | C 程序设计语言 | $C_1$ |
| $C_5$ | 计算机图形学 | $C_2$，$C_3$，$C_4$ |
| $C_6$ | 接口技术 | $C_3$ |
| $C_7$ | 数据库原理 | $C_2$ |
| $C_8$ | 编译原理 | $C_4$ |

（a）计算机专业的课程设置

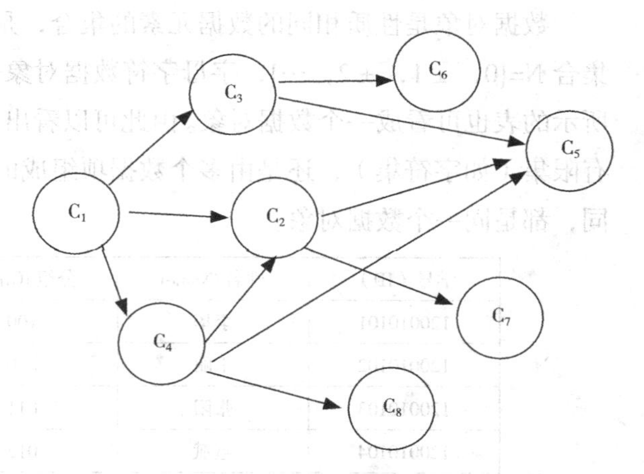


（b）表示课程之间优先关系的有向图

图 1.3 教学计划编排问题的数据结构

由以上 3 个例子可见，描述这类非数值计算问题的数学模型不再是数学方程，而是诸如表、树、图之类的数据结构。因此，可以说数据结构课程主要是研究非数值计算的程序设计问题中所出现的计算机操作对象以及它们之间的关系和操作。

学习数据结构的目的是为了了解计算机处理对象的特性，将实际问题中所涉及的处理对象在计算机中表示出来，并对它们进行处理。与此同时，通过算法训练来提高学生的思维能力，通过程序设计的技能训练来促进学生的综合应用能力和专业素质的提高。

## 1.2 基本概念和术语

在系统地学习数据结构知识之前，先对一些基本概念和术语赋予确切的含义。

**1. 数据（Data）**

数据是人们利用文字符号、数字符号以及其他规定的符号对现实世界的事物及其活动所做的描述。在计算机科学中，数据的含义非常广泛，将一切能够输入计算机，并被计算机程序处理的信息，包括文字、表格、图像等，都称为数据。例如，一个学生信息的表格。

**2. 数据元素（Data Element）**

数据元素是组成数据的基本单位。在不同的条件下，数据元素又可称为元素、结点、顶点、记录等。在程序中通常把结点作为一个整体进行考虑和处理。例如，在如图 1.4 所示的学生信息中，为了便于处理，把其中的每一行（代表一个学生）作为一个基本单位来考虑，故该数据由 30 个结点构成。一般情况下，一个结点中含有若干个字段（也称为数据项）。例如，在图 1.4 中，每个结点都由学号、姓名、分组、年龄和住址 5 个字段构成。字段是构成数据的最小单位。

**3. 数据对象（Data Object）或数据元素类（Data Element Class）**

数据对象是性质相同的数据元素的集合，是数据的一个子集。例如：整数数据对象是集合 N={0，±1，±2，…}，字母字符数据对象是集合 C={′A′，′B′，…，′Z′}，如图 1.4 所示的表也可看成一个数据对象。由此可以看出，不论数据元素集合是无限集（如整数集）、有限集（如字符集），还是由多个数据项组成的复合数据元素（如学籍表），只要性质相同，都是同一个数据对象。

| 学号（ID） | 姓名 (Name) | 分组 (Group) | 年龄 (Age) | 住址 (Addr) |
| --- | --- | --- | --- | --- |
| 120010101 | 李华 | 100 | 16 | 四川成都 |
| 120010102 | 王丽 | 010 | 15 | 重庆万州 |
| 120010103 | 张阳 | 011 | 19 | 陕西西安 |
| 120010104 | 赵斌 | 012 | 16 | 重庆云阳 |
| 120010105 | 孙琪 | 020 | 18 | 四川广安 |
| 120010106 | 马丹 | 021 | 19 | 陕西宝鸡 |
| 120010107 | 刘畅 | 030 | 20 | 重庆黔江 |
| ⋮ | ⋮ | ⋮ | ⋮ | ⋮ |
| 120010130 | 黄凯 | 032 | 17 | 江苏南京 |

图 1.4　学生信息表

**4. 数据结构（Data Structure）**

数据结构是研究数据元素（Data Element）之间抽象化的相互关系和这种关系在计算

机中的存储表示（即所谓数据的逻辑结构和物理结构），并对这种结构定义相适应的运算，设计出相应的算法，而且确保经过这些运算后所得到的新结构仍然是原来的结构类型。根据数据元素间关系的不同特性，通常有下列 4 类基本的结构：

● 集合结构：在集合结构中，数据元素间的关系是“属于同一个集合”。集合是元素关系极为松散的一种结构。

● 线性结构：该结构的数据元素之间存在着一对一的关系。

● 树形结构：该结构的数据元素之间存在着一对多的关系。

● 图形结构：该结构的数据元素之间存在着多对多的关系，图形结构也称为网状结构。

图 1.5 为表示上述 4 类基本结构的示意图。由于集合是数据元素之间关系极为松散的一种结构，因此也可用其他结构来表示它。

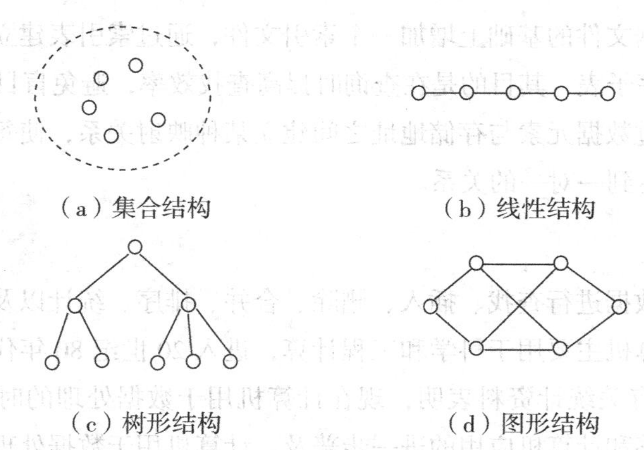


图 1.5　4 类基本结构的示意图

从上述的数据结构的概念中可知，一个数据结构有两个要素：一个是数据元素的集合；另一个是关系的集合。在形式上，数据结构通常可以采用一个二元组来表示。

数据结构的形式定义为：数据结构是一个二元组。

$$Data\_Structure = (D, R)$$

其中：D 是数据元素的有限集，R 是 D 上关系的有限集。

**5. 数据的逻辑结构**

数据的逻辑结构（Logical Structure）是指数据结构中元素之间的逻辑关系，它是从具体问题中抽象出来的数学模型，是独立于计算机存储器的（与具体的计算机无关）。数据的逻辑结构可分为 4 种基本类型：集合结构、线性结构、树形结构和图形结构，表和树是最常用的两种高效数据结构，许多高效的算法可以用这两种数据结构来设计实现。表是线性结构（一对一关系），树（一对多）和图（多对多）是非线性结构。

**6. 数据存储结构**

数据存储结构（Storage Structure）是数据的逻辑结构在计算机内存中的存储方式，又称为物理结构。数据存储结构要用计算机编程语言来实现，因而依赖于具体的计算机语言，其可分为顺序存储或链式存储两种方式。

- 顺序存储：是把逻辑上相邻的元素存储在物理位置相邻的存储单元中，由此得到的存储方式称为顺序存储结构。顺序存储结构是一种最基本的存储表示方法，通常借助于程序设计语言中的数组来实现。

- 链式存储：是对逻辑上相邻的元素不要求其物理位置相邻，元素间的逻辑关系通过附设的指针字段来表示，由此得到的存储方式称为链式存储结构。链式存储结构通常借助于程序设计语言中的指针类型来实现。

除了通常采用的顺序存储方式和链式存储方式外，有时为了查找的方便还采用索引存储方式和散列存储方式。

索引存储：在数据文件的基础上增加一个索引文件，通过索引表建立索引，可以将一个顺序表分成几个顺序子表，其目的是在查询时提高查找效率，避免盲目查找。

散列存储：是通过数据元素与存储地址之间建立某种映射关系，使每个数据元素与每个存储地址之间尽量达到一对一的关系。

**7. 数据处理**

数据处理是指对数据进行查找、插入、删除、合并、排序、统计以及简单计算等的操作过程。在早期，计算机主要用于科学和工程计算，进入20世纪80年代以后，计算机主要用于数据处理。据有关统计资料表明，现在计算机用于数据处理的时间比例达到80%以上，随着时间的推移和计算机应用的进一步普及，计算机用于数据处理的时间比例必将进一步增大。

**8. 数据类型**

数据类型（Data Type）是和数据结构密切相关的一个概念，在用高级程序设计语言编写的程序中，每个变量、常量或表达式都对应一个确定的数据类型。数据类型可分为两类：一类是非结构的原子类型，如基本数据类型（整型、实型、字符型等）；另一类是结构类型，它可以由多个结构类型组成，并可以分解。结构类型的分解量可以是结构的，也可以是非结构的。例如数组的值由若干分量组成，每个分量可以是整型，也可以是数组等结构类型。

## 1.3 算法的概念及其特性

### 1.3.1 算法的定义

算法（algorithm）是指在解决问题时，按照某种机械的步骤一定可以得到问题的结果（有解时给出问题的解，无解时给出无解的结论）的处理过程。当面临某个问题时，需要找到用计算机解决这个问题的方法和步骤，算法就是解决这个问题的方法和步骤的描述。

所谓机械步骤，是指算法中有待执行的运算和操作，必须是相当基本的。换言之，它们都是能够精确地被计算机运行的算法，执行者（计算机）甚至不需要掌握算法的含义，即可根据该算法的每一个步骤进行操作并最终得出正确的结果。

“算法”其实并不是一个陌生的词，因为从小学大家就开始接触算法。例如运行四则运算，必须按照一定的算法步骤一步一步地做。“先运算括号内再运算括号外，先乘除后加减”可以说是四则运算的算法。以后学习的指数运算、矩阵运算和其他代数运算的运算规则都是一种算法。

就本课程而言，算法就是计算机解决问题的过程。在这个过程中，无论是形成解决问题的思路还是编写算法，都是在实施某种算法。前者是推理实现的算法，后者是操作实现的算法。

### 1.3.2 算法的组成要素

算法由操作、控制结构、数据结构 3 要素组成。

**1. 操作**

算法实现平台尽管有许多种类，它们的函数库、类库也有较大差异，但必须具备的基本操作功能是相同的。这些操作包括以下几个方面：

算术运算：加、减、乘、除。

关系比较：大于、小于、等于、不等于。

逻辑运算：与、或、非。

数据传送：输入、输出、赋值（计算）。

**2. 算法的控制结构**

一个算法功能的实现不仅取决于所选用的操作，还取决于各操作之间的执行顺序，即控制结构。算法的控制结构给出了算法的框架，决定了各操作的执行次序。这些结构包括以下几个方面：

顺序结构：各操作是依次进行的。

选择结构：由条件是否成立来决定选择执行。

循环结构：有些操作要重复执行，直到满足某个条件时才结束，这种控制结构也称为重复或迭代结构。

**3. 数据结构**

算法操作的对象是数据，数据间的逻辑关系、数据的存储方式及处理方式即是数据结构。它与算法设计是紧密相关的。在后面的具体案例分析讲解中会进行描述。

### 1.3.3 算法的基本性质

并不是所有问题都有解决的方法，也不是所有解决问题的方法都能设计出相应的算法。算法必须满足以下 5 个重要特性。

**1. 有穷性**

一个算法在执行有穷步骤之后必须结束，也就是说，一个算法它所包含的计算步骤是有限的，即算法中的每个步骤都能在有限时间内完成。

**2. 确定性**

对于每种情况下所应执行的操作，在算法中都有确切的规定，使算法的执行者或阅读者都能明确其含义及如何执行。并且在任何条件下，算法都只有一条执行路径。

**3. 可行性**

算法中描述的操作都可以通过已经实现的基本操作运算有限次地实现。

**4. 输入性（即算法有零个或多个的输入）**

有输入作为算法加工对象的数据，通常体现为算法中的一组变量。有些输入量需要在算法执行过程中输入，而有的算法表面上可以没有输入，实际上已被嵌入算法之中。

**5. 输出性（即算法有一个或多个的输出）**

它是一组与输入有确定关系的量值，是算法进行信息加工后得到的结果。

## 1.4 算法设计的要求

算法设计（Designing Algorithm）作为计算机解决问题的一个步骤，其任务是对各类具体问题设计出良好的算法，算法设计作为一门课程，是研究设计算法的规律和方法。

在设计算法时，应当严格考虑算法的以下质量标准：

**1. 正确性（Correctness）**

一方面，算法对于一切合法的输入数据都能得出满足要求的结果；另一方面对于精心选择的、典型的、苛刻的几组输入数据，算法也能得出满足要求的结果。

**2. 可读性（Readability）**

算法首先是为了人的阅读与交流，其次才是让计算机执行。因此算法应该易于人的理解；难读的算法易于隐藏较多错误而难以调试；有些算法设计者设计的算法别人看不懂，这样的算法没有太大的实用价值。

**3. 稳健性（Robustness）**

当输入的数据非法时，算法应当恰当地作出反应或进行相应处理，而不是产生莫名其妙的输出结果。这就需要充分考虑可能出现的异常情况，并且处理出错的方法不应当是简单中断算法的执行，而应是返回一个表示错误或错误性质的值，以便在更高的抽象层次上进行处理。

**4. 高效率与低存储量的要求**

通常，效率指的是算法执行时间；存储量指的是算法执行过程中所需的最大存储空间。两者都与问题的规模无关。

## 1.5 算法的描述方法

算法常用的描述方法有4种：自然语言描述算法、流程图描述算法、伪代码描述算法、计算机语言描述算法。

我们来看怎样使用这4种不同的描述方法去描述解决问题的过程。

【例1.4】描述 sum=1+2+3+4+5+…+（n−1）+n 的计算机算法。

**1. 自然语言描述**

从1开始的连续n个自然数求和的算法。

（1）确定一个n的值；

（2）假设循环控制变量i的初始值为1；

（3）假设sum的初始值为0；

（4）如果i小于等于n时，执行步骤（5），否则转出执行步骤（8）；

（5）计算sum加上i的值后，重新赋值给sum；

（6）计算i加1，然后将值重新赋值给i；

（7）转去执行步骤（4）；

（8）输出sum的值，算法结束。

从上面的这个描述的求解过程中，不难发现，使用自然语言描述算法虽然比较容易掌握，但是存在着很大的缺陷。例如，当算法中含有多分支或循环操作时，很难表述清楚。另外，使用自然语言描述算法还很容易造成歧义（称之为二义性），譬如有这样一句话——“武松打死老虎”，既可以理解为“武松/打死老虎”，又可以理解为“武松/打/死老虎”。自然语言中的语气和停顿不同，就可能使他人对相同的一句话产生不同的理解。又如“你输他赢”这句话，使用不同的语气说，可以产生三种截然不同的意思，同学们不妨试试看。为了解决自然语言描述算法中存在的可能的二义性，我们提出了第二种描述算法的方法——流程图。

**2. 流程图描述**

算法的流程描述清晰简洁，容易表达选择结构；它不依赖于任何具体的计算机和计算机程序设计语言，从而有利于不同环境的程序设计。其基本图形及功能如图 1.6 所示。

| 程序框 | 名　称 | 功　能 |
| --- | --- | --- |
|  | 开始结束 | 算法的开始或结束 |
|  | 输入输出 | 信息的输入或输出 |
|  | 处理 | 计算或赋值 |
|  | 判断 | 条件判断 |
|  | 流程线 | 算法流向 |

图 1.6　流程图基本图形及功能

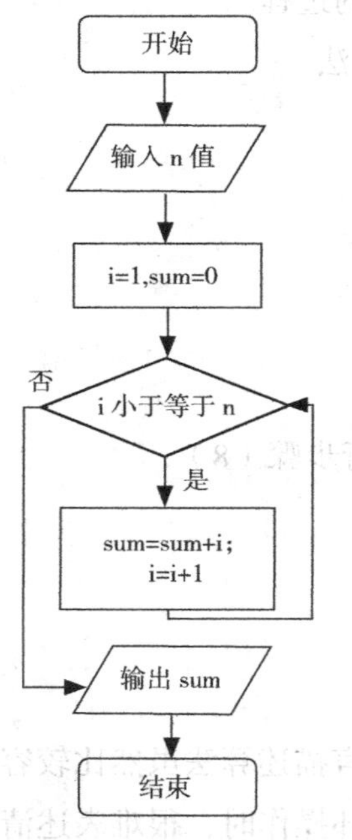


图 1.7　1 到 n 自然数求和流程图

从 1 开始的连续 n 个自然数求和的算法流程图如图 1.7 所示。

从上面的这个算法流程图中，可以比较清晰地看出求解问题的执行过程。但流程图的缺点是在使用标准中没有规定流程线的用法，因为流程线能够转移、指出流程控制方向，即算法中操作步骤的执行次序。在早期的程序设计中，曾经由于滥用流程线的转移而导致了可怕的“软件危机”，震动了整个软件业，并展开了关于“转移”用法的大讨论，从而产生了计算机科学的一个新的分支学科——程序设计方法。

无论是使用自然语言还是使用流程图描述算法，仅仅是表述了编程者解决问题的一种思路，都无法被计算机直接接受并进行操作。由此我们引进了第三种非常接近于计算机编程语言的算法描述方法——伪代码。

**3. 伪代码描述**

从 1 开始的连续 n 个自然数求和的算法。

（1）算法开始；

（2）输入 n 的值；

（3）i ← 1；

（4）sum ← 0；

（5）do while i<=n；

（6）{ sum ← sum + i；

（7）i←i+1；}；

（8）输出 sum 的值；

（9）算法结束。

伪代码是一种用来书写程序或描述算法时使用的非正式、透明的表述方法。它并非是一种编程语言，这种方法针对的是一台虚拟计算机。

伪代码通常采用自然语言、数学公式和符号来描述算法的操作步骤，同时采用计算机高级语言（如 C、Pascal、VB、C++、Java 等）的控制结构来描述算法步骤的执行顺序。

**4. 计算机语言描述**

对于给定一个 n，从 1 开始的连续 n 个自然数求和的 C 语言算法如下：

```
int add(int n){
        int sum=0;
        for(int i = 1;i<=n;i++){
            sum+=i;
        }
        return sum;
}
```

## 1.6 算法分析和评价

算法设计的优劣决定着软件系统的性能，算法分析（Analying Algorithm）的任务是利用数学工具讨论设计出的每个具体算法的复杂度。对算法进行分析一方面能深刻地理解问题的本质以及找出可能求解的技术；另一方面可以探讨某种具体算法适用于哪类问题，或某类问题应该采用哪种算法。

对算法的分析和评价，一般应考虑正确性、可维护性、可读性、运算量、占用存储空间等诸多因素。其中评价算法的 3 条主要标准是：

（1）算法实现所耗费的时间。

（2）算法实现所耗费的存储空间，其中主要考虑辅助存储空间。

（3）算法应易于理解、易于编码、易于调试等。

早期由于硬件资源的匮乏和配制低劣，算法对前两个因素特别重要，不惜忽视后一条标准。而当今随着软件规模的不断增大，难度不断提高，应用范围越来越广泛，稳定性要求越来越高，这就更加要求注重算法易于理解、易于编码、易于调试的标准，当然这是要能得到硬件环境支持的。

对算法可维护方面的评价，不易定量度量，软件工程课程中有这方面的介绍。这里只介绍算法运行效率的评价方法。

### 1.6.1 算法的时间复杂度

**1. 和算法执行时间相关的因素**

（1）问题中数据存储的数据结构。

（2）算法采用的数据模型。

（3）算法设计的策略。

（4）问题的规模。

（5）实现算法的程序语言。

（6）编译算法产生的机器代码的质量。

（7）计算机执行指令的速度。

**2. 算法时间效率的衡量方法**

通常有两种衡量算法时间效率的方法。

1）事后分析法

一说到分析算法的时间效率，容易想到的是先将算法用程序设计语言实现，然后度量程序的运行时间，这种度量方法称为事后分析法。它的缺点是：

（1）必须先用程序设计语言实现算法，并执行算法才能进行判断算法的分析，这与算法分析的目的是违背的。

（2）不同的算法在相同环境下进行分析，工作效率太低。

（3）若不同算法运行环境有差异，其他因素（如硬件、软件环境）可能掩盖算法本质上的差异。

所以，一般很少采用事后分析法去对算法进行分析，除非是一些对响应速度要求特别高的自动控制算法或非常复杂不易分析的算法。

2）事前分析估算法

其实，一个特定算法的“运行工作量”的大小，只依赖于问题的规模（通常用整数 n 来表示），或者说，算法的时间效率是问题规模的函数。例如，随着问题规模 n 的增长，算法执行的时间增长率和函数 f（n）的增长率相同，可记作：

$$T(n)=O(f(n))$$

称 T（n）为算法的渐近时间复杂度（Asymptotic Time Complexity），简称时间复杂度。O 是数量级的符号。

**3. 时间复杂度估算**

一个程序的时间复杂度（Time Complexity）是指程序运行从开始到结束所需要的时间。一个算法是由控制结构和原操作构成的，其执行时间取决于两者的综合效果。为了便于比较同一问题的不同算法，通常的做法是：从算法中选取一种对于所研究的问题来说是基本运算的原操作，以该原操作重复执行的次数作为算法的时间度量。一般情况下，算法中原操作重复执行的次数是规模 n 的某个函数 T（n）。

许多时候要精确地计算 T(n) 是比较困难的，我们引入渐进时间复杂度在数量级上估计一个算法的执行时间，也能够达到分析算法的目的。

定义（大 O 记号）：如果存在两个正常数 c 和 $n_0$，使得对所有的 n，$n \geqslant n_0$，有：

$$f(n) \leqslant cg(n)$$

则有：

$$f(n) = O(g(n))$$

时间复杂度：在算法分析中，算法整个运行过程所耗费的时间。具体计算如下：

（1）每个赋值语句或读 / 写语句的运行时间通常是 O（1）。但有例外情况，如赋值语句的右部表达式可能出现函数调用，这时就要考虑计算函数值所耗费的时间。

（2）顺序语句的运行时间由线性规则决定，即为该序列中耗费时间最多的语句的运行时间。

（3）语句 if 的运行时间为条件语句测试时间［通常取 O (1)］加上分支语句的运行时间；语句 if–else–if 的运行时间为条件测试时间加上分支语句的运行时间；当有多个分支时，以耗费时间最多的一个分支为准。

（4）循环语句的运行时间是 n 次重复执行循环体所耗费时间的总和。

（5）通常用 O(1) 表示常数计算时间。常见的渐进时间复杂度有：

$$O(1) < O(\log_2 n) < O(n) < O(n\log_2 n) < O(n^2) < O(n^3) < O(2^n)$$

随着问题规模 n 的增大，不同阶的时间复杂度增长快慢不一，如图 1.8 所示，因此，应尽可能选用多项式阶算法，而避免使用指数阶的算法。

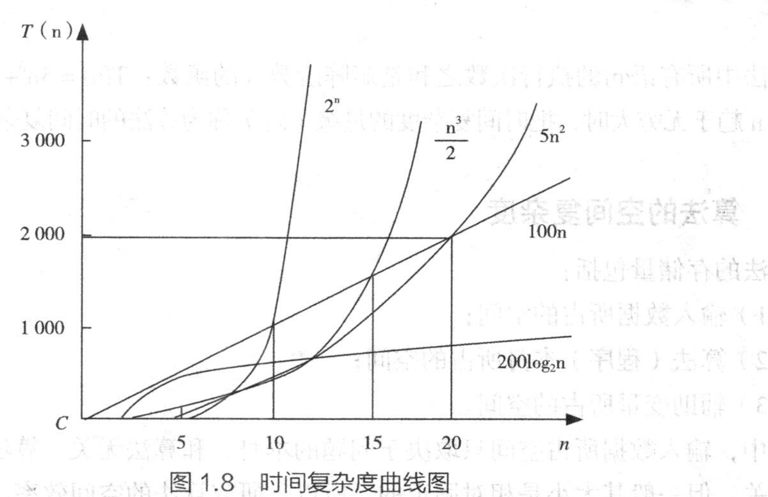


图 1.8 时间复杂度曲线图

假如一个程序的实际执行时间为 $T(n) = 2.7n^3+3.8n^2+5.3$。则 $T(n) = O(n^3)$。

【例 1.5】求两个 n 阶方阵的乘积 $C = A \times B$。

```
#define Length 2
int c[Length][Length] ;
void MatrixMultiply(int a[Length][Length] ,int b[Length][Length], int n){
        for(int i=0;i<n;i++){              //2*n+2
            for(int j=0;j<n;j++){         //n*(2*n+2)
                    for(int k=0;k<n;k++){ //n2*(2*n+2)
                            c[i][j]=c[i][j]+a[i][k] * b[k][j]; //n3
                    }
            }
    }
}
int main( ){
        int a[Length][Length]={{1,1},{2,0}};
        int b[Length][Length]={{0,2,},{1,1,}};
        MatrixMultiply(a,b,Length);
        for(int i=0;i<Length;i++){
            for(int j=0;j<Length;j++){
                    printf("%d ", c[i][j]);
            }
            printf("\n");
    }
    return 0;
}
```

算法中所有语句的执行次数之和是矩阵阶数 n 的函数：$T(n) = 3n^3+5n^2+4n+2$。

当 n 趋于无穷大时，把时间复杂度的量级（阶）称为算法的时间复杂度：$T(n)= O(n^3)$。

### 1.6.2 算法的空间复杂度

算法的存储量包括：

（1）输入数据所占的空间；

（2）算法（程序）本身所占的空间；

（3）辅助变量所占的空间。

其中，输入数据所占空间只取决于问题的本身，和算法无关。算法本身所占空间虽与算法无关，但一般其大小是相对固定的。所以，研究算法的空间效率，只须分析出输入数据和算法本身之外的辅助空间。若所需要辅助空间相对于输入数据量来说是常数，则称此算法为原地工作，否则，应当是输入数据规模的某个函数。

算法的空间复杂度是指算法在执行过程中所占辅助存储空间的大小（也有本书定义为所占全部存储空间的大小），用 S（n）表示。S 为英文单词 space 的第一个字母。与算法的时间复杂度相同，算法的空间复杂度 S（n）也可以表示为 S（n）= O(g(n))，表示随着问题规模 n 的增大，算法运行所需要存储量的增长与 g（n）的增长率相同。

## 本章小结

本章主要介绍了两方面的内容：一是数据结构的概念和相关术语；二是算法的概念和算法的设计、分析。本章内容是为以后各章讨论的内容作基本知识的准备，通过本章的学习，应掌握的重点内容包括如下几点：

数据及数据结构的概念。数据是计算机操作对象的总称，它是计算机处理的符号的集合，集合中的个体为一个数据元素；数据结构是由若干特性相同的数据元素构成的集合，且在集合上存在一种或多种关系。

数据的逻辑结构和存储结构。逻辑结构指数据元素和数据元素之间的逻辑关系称为数据的逻辑结构，它包括线性结构和非线性结构两大类，而非线性结构又分为树形结构和图形结构，再加上集合结构，数据逻辑结构根据关系的不同可分为 4 类：线性结构、树形结构、图形结构和集合结构。存储结构指数据在计算机中的存储表示，主要包括顺序结构、链式结构、索引结构和散列结构 4 种。

算法是进行程序设计的另一不可缺少的要素。算法是对问题求解的一种描述，是为解决一个或一类问题给出的一种确定规则的描述。一个完整的算法应该具有下列 5 个要素：有穷性、确定性、可行性、有输入和有输出。一个正确的算法应对苛刻且带有刁难性的输入数据也能得出正确的结果，并且对不正确的输入也能作出正确的反应。

算法的时间复杂度是比较不同算法效率的一种准则，算法时间复杂度的估算基于算法中基本操作的重复执行次数，或处于最深层循环内的语句的频度。

算法空间复杂度可作为算法所需存储量的一种量度，它主要取决于算法的输入量和辅助变量所占空间，若算法的输入仅取决于问题本身而和算法无关，则算法空间复杂度的估算只须考察算法中所用辅助变量所占空间，若算法的空间复杂度为常量级，则称该算法为原地工作的算法。

## 习 题

### 一、选择题

1. 数据结构是一门研究在非数值计算的程序设计问题中所涉及的（　　）以及它们之间的关系和运算的学科。

A. 数据元素　　　　B. 数据内容

C. 数据流　　　　D. 数据映像

2. 在存储数据时，通常不仅要存储数据元素的值还要存储（　）。

A. 数据元素的类型　　B. 数据的基本运算

C. 数据元素之间的关系　　D. 数据的存取方式

3. 算法分析的目的是（　）。

A. 找出数据的合理性　　B. 研究算法中的输入和输出关系

C. 分析算法效率以求改进　　D. 分析算法的易懂性和文档性

4. 算法分析的主要方法是（　）。

A. 空间复杂度和时间复杂度　　B. 正确性和简明性

C. 可读性和文档性　　D. 数据复杂性和程序复杂性

5. 计算机内部处理的基本单元是（　）。

A. 数据　　B. 数据元素　　C. 数据项　　D. 数据库

6. 数据在计算机内有链式和顺序两种存储方式，在存储空间使用的灵活性上，链式存储比顺序存储要（　）。

A. 低　　B. 高　　C. 相同　　D. 不好说

7. 算法的时间复杂度取决于（　）。

A. 问题的规模　　B. 待处理数据的初始状态

C. 问题的规模和待处理数据的初始状态　　D. 不好说

8. 线性结构的特点是元素之间的关系是（　）关系。

A. 各自独立　　B. 一对一　　C. 一对多　　D. 多对多

9. 在数据结构中，从逻辑上可以把数据结构分成（　）。

A. 动态结构和静态结构　　B. 紧凑结构和非紧凑结构

C. 线性结构和非线性结构　　D. 内部结构和外部结构

10. 线性表的顺序存储结构是一种（　）的存储结构，线性表的链式存储结构是一种（　）存储结构。

A. 随机存取　　B. 顺序存取　　C. 索引存取　　D. 散列存取

11. 求下列程序段的时间复杂度（　）。

```
for(i=1; i<=n ; i + + )
    for ( j=1; j<=n ; j + + )
        x=x+1;
```

A. $O(n^2)$　　B. $O(n)$　　C. $O(1)$　　D. $O(0)$

## 二、填空题

1. 数据逻辑结构包括__________、__________、__________3种类型，树形结构和图形结构合称为__________。

2. 给定的n个元素，可以构成的逻辑结构有__________、__________、__________和__________4种。

3. 算法的5个重要特性是：有穷性、__________、__________、输入和输出。

4. 一个算法的效率可分为__________效率和__________效率。

5. 线性结构中元素之间存在__________关系；树形结构中元素之间存在__________关系；图形结构中元素之间存在__________关系。

6. 数据结构按逻辑结构可分为两大类，分别是__________和__________。

7. 数据的存储结构可用4种基本的存储方法，它们是__________存储方法、__________存储方法、索引存储方法、散列存储方法。

8.__________________是指特定语境下的一组数据元素以及他们之间的相互关系。

9. 时间复杂度的衡量方法包括：__________和__________。

10. 算法的3要素包括：__________、__________、__________。

## 三、判断题

1. 程序与算法没有区别。（ ）

2. 一个算法可以没有输入，但不能没有输出。（ ）

3. 顺序存储结构通过数据元素的地址直接反映数据元素的逻辑关系。（ ）

4. 链式存储结构通过指针间接反映数据元素之间的逻辑关系。（ ）

5. 数据的存储结构通常只有顺序存储结构和链式存储结构两种。（ ）

6. 逻辑结构不同的数据应该采用不同的存储结构。（ ）

7. 算法分析的前提是算法的时空效率高。（ ）

8. 数据结构的概念包括数据的逻辑结构、数据在计算机中的存储方式和数据的运算3个方面。（ ）

9. 数据是计算机加工处理的对象。（ ）

10. 算法可以用任意的符号来描述。（ ）

## 四、简答题

1. 数据结构中元素之间的逻辑关系可以由4种基本数据关系组成，简述它们的名称和含义。

2. 物理存储结构主要包括顺序存储结构和链式存储结构，简述它们各自的特点。

3. 简述算法的特征和设计要求。

4. 简述时间复杂度和空间复杂度的含义。

## 五、分析题

分析下列算法的复杂度。

```
1. int main( ){
       int i,n=12345,s=0;
       while(n>0){
```

```
        s += n%10;
        n = n/10;
        }
        return 0;
    }
2. int main( ){
        int i=1, j, n=50;
        for( ; i<=n; i+=2){
          for(j=2; j<=i-1; j++)
              if(i%j==0)
                  break;
          }
          return 0;
    }
3. int main( ){
        int i=0, s=0, n=100;
        while(s<n){
            i++;
                s+=i;
        }
        return 0;
    }
4. void MatAdd(int** a, int length){
        int s=0, n= length, m= length;
        for(int i=0;i<n;i++)
          for(int j=0;j<m;j++)
              s+=a[i][j];
        return 0;
    }
5. int main( ){
        int i=1,n=100;
        while(i<=n)
            i=i*3;
        return 0;
    }
```

# 第 2 章 线性表

某班级的学生信息表如图 2.1 所示，如何在计算机模拟这样一张学生信息表，并实现学生信息的插入、删除、查找等操作呢？

| 学号（ID） | 姓名 (Name) | 分组 (Group) | 年龄 (Age) | 住址 (Addr) |
|---|---|---|---|---|
| 120010101 | 李华 | 100 | 16 | 四川成都 |
| 120010102 | 王丽 | 010 | 15 | 重庆万州 |
| 120010103 | 张阳 | 011 | 19 | 陕西西安 |
| 120010104 | 赵斌 | 012 | 16 | 重庆云阳 |
| 120010105 | 孙琪 | 020 | 18 | 四川广安 |
| 120010106 | 马丹 | 021 | 19 | 陕西宝鸡 |
| 120010107 | 刘畅 | 030 | 20 | 重庆黔江 |
| 120010108 | 周天 | 031 | 14 | 四川南充 |
| ⋮ | ⋮ | ⋮ | ⋮ | ⋮ |
| 120010130 | 黄凯 | 032 | 17 | 江苏南京 |

图 2.1　学生信息表

其实，如图 2.1 所示的学生信息记录构成了一张线性表，要实现对其记录的插入、删除、查找等操作，就要用到线性表的相关知识。

## 2.1　线性表的概念与基本操作

在学习线性表之前，首先要了解线性结构的特点：在数据元素的非空有限集中，存在唯一的一个首数据元素，存在唯一的一个末数据元素，除首数据元素外，每个数据元素均只有一个直接前驱；除末数据元素外，每个数据元素均只有一个直接后继。

### 1. 线性表的概念

线性表是最简单也是最常用的一种线性结构，线性表实际上是基于前面元素和后面元素之间的一种相邻关系的结构。

线性表是由同一类型数据元素组成的有限序列。其中第一个元素无前驱结点，最后一个元素无后继结点，除第一个和最后一个元素外其余元素均有且仅有一个直接前驱和直接后继结点。线性表通常记为：

$A = (a_1,a_2,\cdots,a_i,a_{i+1},\cdots,a_n)$（n>=0）

在表A中，$a_1$ 为第一个数据元素，$a_n$ 为最后一个数据元素，$a_i$ 位于 $a_{i+1}$ 的前面，称 $a_i$ 是 $a_{i+1}$ 的直接前驱元素，同理 $a_{i+1}$ 位于 $a_i$ 的后面，称 $a_{i+1}$ 是 $a_i$ 的直接后继元素，$a_1$ 无前驱，$a_n$ 无后继，其他元素均有且只有一个前驱和后继。

线性表中元素的个数称为该表的长度，如果长度值为0，则称表为空表。例如：如图2.1所示的以学号和姓名为数据元素的线性表可表示为A=((120010101，李华)，(120010102，王丽)，(120010103，张阳)，(120010104，赵斌)，……，(120010130，黄凯))，该表长度为30，每个数据元素对应一条学生信息记录。

**2. 线性表的基本操作**

线性表典型的基本操作有插入、删除、查找等，其抽象类型线性表定义如下：

```
ADT List{            //List 为线性表名，ADT 为 Abstrct Data Type 的缩写
  // 数据元素如下：
  Data={ai|i=1,2,…,n(n ≧ 0)}                    // 表数据元素的描述
  // 数据元素关系如下：
  Relation={<ai,ai+1>|ai,ai+1 ∈ Data}           // 表元素间关系描述
  // 表基本操作如下：
  bool isEmpty(List ls)           // 判断表 ls 是否为空表，空表返回 true，否则返回 false
  int length(List ls)             // 返回表 ls 的元素的个数，即表的长度
  insert(List ls,int i,Type data) // 在表 ls 的第 i 个位置前插入新数据元素 date
  Type delete(List ls,int i)      // 删除表 ls 第 i 个位置的数据元素，并返回该数据元素
  Type query(List ls,int i)       // 查找表 ls 第 i 个位置的数据元素，并返回该数据元素
}
```

应用以上基本操作，可以实现线性表的其他运算，如求任一给定结点的直接前驱或直接后继。在实际应用中，可根据具体需要选择适当的基本操作。

## 2.2 顺序表

由线性表的概念可知线性表的逻辑结构，实际上是基于前面元素和后面元素之间的一种相邻关系的结构。一种逻辑结构可对应多种存储结构，每种存储结构都有自己的存储特点和操作方式。线性表的存储结构可分为顺序存储结构和链式存储结构两种。根据线性表的两种存储结构，线性表可分为顺序表和链表两大类，下面讲解第一种存储方式——顺序存储结构。

### 2.2.1　顺序表的概念

顺序表是指按顺序存储结构存储的线性表，顺序表中的结点在内存中占用一段连续的存储单元。即线性表中逻辑相邻的元素在内存中存储位置也相邻。如以学号和姓名为数据元素的顺序表存储结构如图 2.2 所示。

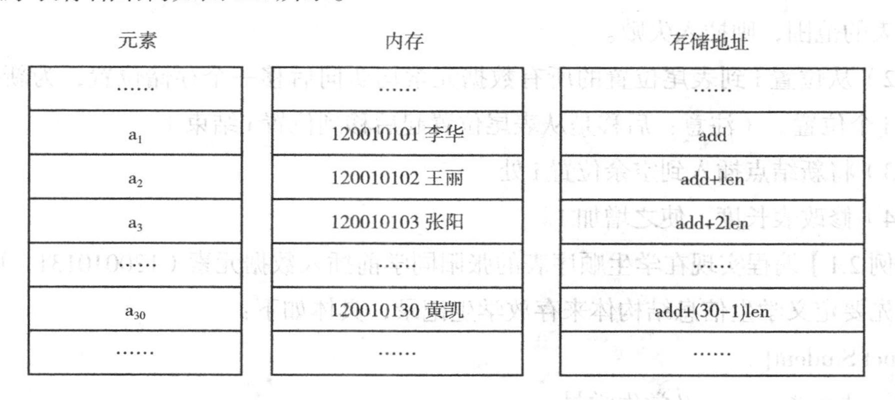


图 2.2　以学号和姓名为数据元素的顺序表存储结构图

图 2.2 中 add 为第一个元素 $a_1$ 的地址，每个数据元素（包括学号和姓名）占用内存的长度为 len，因此在顺序存储结构中有如下关系：

Loc（$a_i$）=Loc（$a_1$）+（i−1）len（1<=i<=n）

其中 Loc（$a_1$）的地址为 add，也就是说，只要知道顺序表的首地址和每个数据元素所占地址的单元个数，就可以求出第 i 个数据元素的地址，这也是顺序表具有按数据元素序号随机存取的特点。根据顺序表的存储特点，我们通常用数组去实现顺序表。

顺序表的三个优点：

（1）方法简单，各种高级语言中都有数组，容易实现。

（2）不用为表示结点间的逻辑关系而增加额外的存储开销，存储密度大。

（3）顺序表具有按元素序号随机访问的特点，查找速度快，时间复杂度较小。

顺序表的两个缺点：

（1）在顺序表中进行插入、删除操作时，平均移动大约表中一半的元素，因此对 n 较大的顺序表执行效率低。

（2）需要预先分配适当的存储空间，预先分配过大，可能会导致顺序表后部大量闲置；预先分配过小，又会造成溢出。

### 2.2.2　顺序表基本操作及实现

根据图 2.1 所示的学生表顺序存储结构对应的顺序表，实现对该表中数据元素的插入、删除、查找等运算。为了便于理解，后面示例中顺序表均以学号和姓名为数据元素。

**1. 插入操作思想**

根据顺序表的存储特点，要在顺序表中某位置 i 插入一个新数据元素，则要进行如下四步操作：

（1）先判断表是否满，再判断插入位置 i 是否合理。如果插入前表已满，或插入位置超出表的范围，则插入失败。

（2）从位置 i 到表尾位置的所有数据元素均要向后移一个存储位置，为新插入结点腾出第 i 个位置。（注意：后移是从表尾位置起后移到位置 i 结束）

（3）将新结点插入到空余位置 i 处。

（4）修改表长度，使之增加 1。

【例 2.1】编程实现在学生顺序表的张阳同学前插入数据元素（120010131，郑克龙）。

首先要定义学生信息结构体来存放学生记录，具体如下：

```
struct Student{
        char  *no;        // 学生学号
        char  *name;   // 学生姓名
};
```

接下来插入对应结点的过程如下：

| 学号（ID） | 姓名 (Name) |
| --- | --- |
| 120010101 | 李华 |
| 120010102 | 王丽 |
| 120010103 | 张阳 |
| 120010104 | 赵斌 |
| 120010105 | 孙琪 |
| 120010106 | 马丹 |
| 120010107 | 刘畅 |
| 120010108 | 周天 |
| …… | …… |
| 120010130 | 黄凯 |

图 2.3　插入前学生表

插入前如图 2.3 所示。

数据元素后移，从表尾数据元素（120010130，黄凯）起，逐条数据依次后移，直到数据元素（120010103，张阳）被移动后结束，移动后如图 2.4 所示。

将数据元素（120010131，郑克龙）插入空出的空间里，插入后如图 2.5 所示。

| 学号（ID） | 姓名 (Name) |
|---|---|
| 120010101 | 李华 |
| 120010102 | 王丽 |
| 120010103 | 张阳 |
| 120010104 | 赵斌 |
| 120010105 | 孙琪 |
| 120010106 | 马丹 |
| 120010107 | 刘畅 |
| 120010108 | 周天 |
| …… | …… |
| 120010130 | 黄凯 |

后移数据元素，腾出第 i 个位置的空间。

| 学号（ID） | 姓名 (Name) |
|---|---|
| 120010101 | 李华 |
| 120010102 | 王丽 |
| | |
| 120010103 | 张阳 |
| 120010104 | 赵斌 |
| 120010105 | 孙琪 |
| 120010106 | 马丹 |
| 120010107 | 刘畅 |
| 120010108 | 周天 |
| …… | …… |
| 120010130 | 黄凯 |

图 2.4　数据元素移动后的学生表

| 学号（ID） | 姓名 (Name) |
|---|---|
| 120010101 | 李华 |
| 120010102 | 王丽 |
| 120010131 | 郑克龙 |
| 120010103 | 张阳 |
| 120010104 | 赵斌 |
| 120010105 | 孙琪 |
| 120010106 | 马丹 |
| 120010107 | 刘畅 |
| 120010108 | 周天 |
| …… | …… |
| 120010130 | 黄凯 |

图 2.5　插入新结点后的学生表

## 2. 插入操作流程图

在表的第 i 个位置前插入新数据元素 stu，其中 data 为存放学生表各数据元素的数组，length 为表的长度，curlen 为表的实际长度，则插入操作流程图如 2.6 所示。

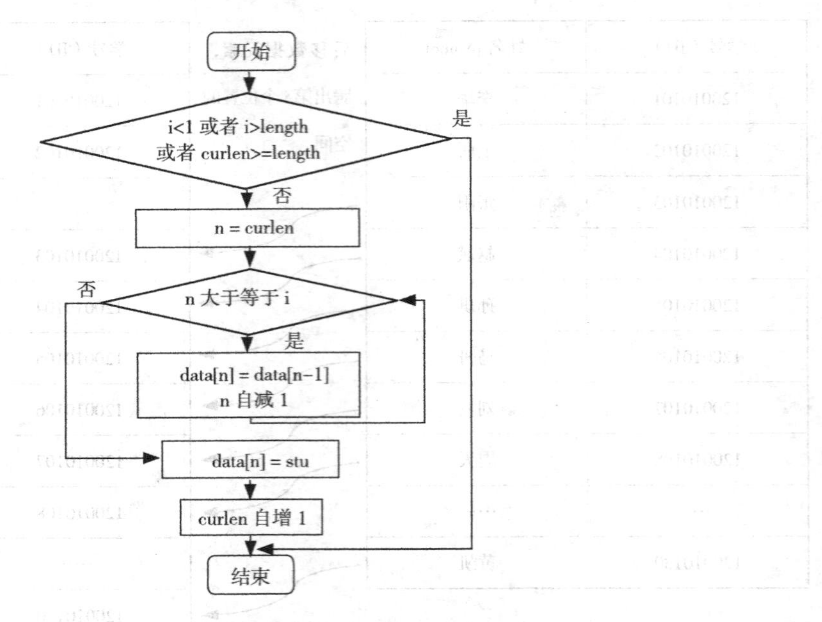


图 2.6　插入操作流程图

**3. 插入操作代码实现**

```
#define  length 35              // 表长度
Student data[length] ;          //data 为存放学生表各数据元素的数组
int curlen=0 ;                  // 实际表长
bool insert(int i,Student stu){
    if(i<1||i>    length||curlen>=length)          // 插入位置正确与否判断
        return false;
    // 从第 i 个位置开始顺序表所有结点均后移一个位置
    int n = curlen;
    for(;n>=i;n--)
      data[n] = data[n-1];
    data[n] = stu;     // 插入新结点 stu
    curlen++;
    return true;
    }
int main( ){
    Student stu1 ;
    stu1.no="120010131";
    stu1.name=" 李四 ";
```

```
    insert(1, stu1);
    printf("%s  %s\n",data[0].no,data[0].name);
    return 0;
}
```

**4. 删除操作思想**

根据顺序表的存储特点，要删除表中某结点i，则要进行如下操作：

（1）先判断表是否为空，再判断删除位置i是否合理。如果删除前表为空，或删除位置超出表的范围，则删除失败。

（2）从位置i+1到表尾位置的所有数据元素均要向前移一个存储位置，则原来第i+1个结点覆盖第i个结点，以此类推，直到表尾则可实现第i个结点的删除。（注意：前移是从第i+1个位置起前移到表尾位置结束）

（3）修改表长度，使之减1。

【例2.2】删除学生顺序表中数据元素（120010102，王丽）。

| 学号（ID） | 姓名（Name） |
| --- | --- |
| 120010101 | 李华 |
| 120010102 | 王丽 |
| 120010131 | 郑克龙 |
| 120010103 | 张阳 |
| 120010104 | 赵斌 |
| 120010105 | 孙琪 |
| 120010106 | 马丹 |
| 120010107 | 刘畅 |
| 120010108 | 周天 |
| …… | …… |
| 120010130 | 黄凯 |

图2.7 删除王丽同学结点前的学生表

首先要定义学生信息结构体来存放学生记录，具体参见Student结构体定义，接下来删除对应结点的过程如下：

删除前的学生表如图2.7所示。

数据元素前移，从数据元素（120010131，郑克龙）起，逐条数据依次前移，前移的数据元素将覆盖上一位置的数据，直到表尾数据元素（120010130，黄凯）被移动后结束，则实现了数据元素（120010102，王丽）的删除，移动过程如图2.8所示。

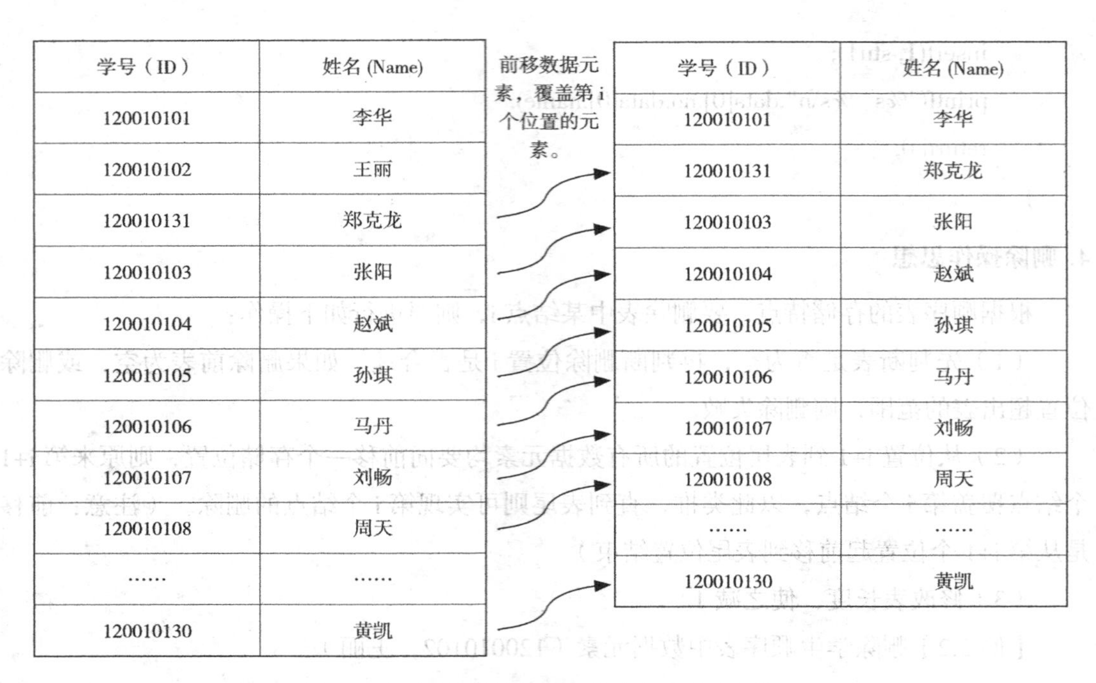


图 2.8　删除王丽同学结点过程的学生表

**5. 删除操作流程图**

删除表的第 i 个位置的数据元素，其中 data 为存放学生表各数据元素的数组，curlen

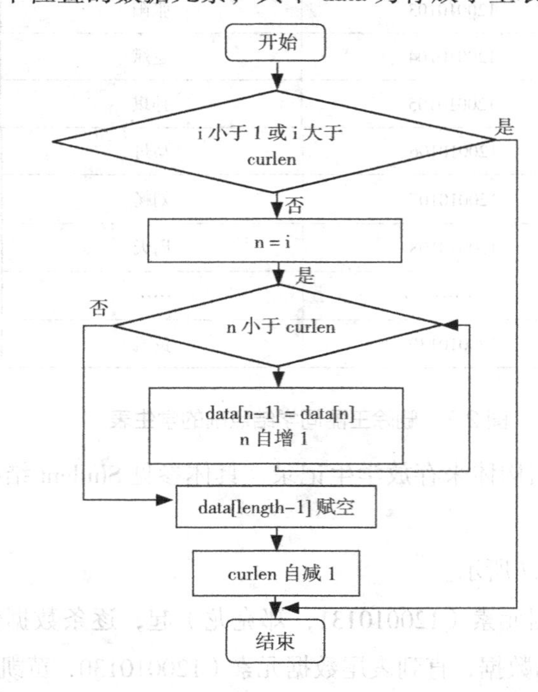


图 2.9　删除操作流程图

为表的实际长度，则删除操作流程图如图 2.9 所示。

**6. 删除操作代码实现**

在上面插入代码的基础上，增加删除函数 Student* Delete(int i)，实现顺序表的删除功能，具体如下：

```
Student* Delete(int i){
        // 删除位置正确与否判断
        if(i<1||i>curlen){
            printf(" 删除位置有误！ \n");
            return NULL;
        }
        // 保存删除前第 i 个数据元素
        Student *stu = &data[i-1];
        // 从第 i+1 个位置开始依次向前移一个位置
        for(int n = i;n<curlen;n++){
            data[n-1] = data[n];
        }
        curlen--;
        return stu;
    }
int main (){
        Student stu1 ;
        stu1.no="120010131";
        stu1.name=" 李四 ";
        insert(1, stu1);
        Student stu2 ;
        stu2.no="120010132";
        stu2.name=" 王五 ";
        insert(2, stu2);
        Student *stu3 = Delete(1);
        printf("%s %s \n",stu3->no,stu3->name);
        return 0;
}
```

# 2.3 单链表

上一节讲解了线性表的第一种存储方式——顺序存储结构，下面讲解第二种存储方式——链式存储结构。

## 2.3.1 单链表的概念

链表是指按链式存储结构存储的线性表。链表是指线性表中的结点在内存中随机存放，即存储单元即可以连续也可以不连续。因此为了保持链表各结点逻辑相邻的关系，就需要各结点在存放值的同时还要存放下一个结点（后继结点）的地址。

单链表中结点要用两个区域，一个表示结点数据信息，称为数据域，一个表示当前结点的后继结点的引用，称为地址域，如图 2.10 所示。

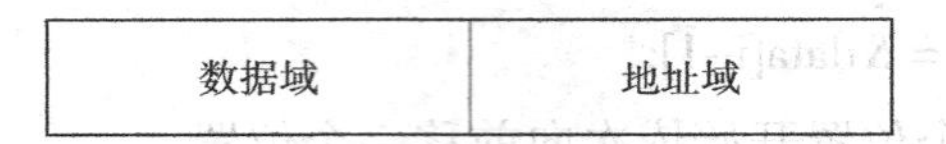


图 2.10 单链表结点结构

构成链表的结点定义如下：

```
struct Node {          //结点结构体
    Student *stu;      //结点数据为学生
    Node *next;        //后继结点的地址
};
```

因此，以学号和姓名为数据元素的线性表，其单链表首地址为 180，则存储结构如图 2.11 所示。

| 元素 | 存放地址 | 数据 | 下一结点的地址 |
|---|---|---|---|
| …… | …… | …… | …… |
| $a_3$ | 110 | 120010103 张阳 | 200 |
| $a_5$ | 120 | 120010105 孙琪 | 190 |
| …… | …… | …… | …… |
| $a_2$ | 150 | 120010102 王丽 | 110 |
| …… | …… | …… | …… |
| $a_1$ | 180 | 120010101 李华 | 150 |
| $a_6$ | 190 | 120010106 马丹 | …… |
| $a_4$ | 200 | 120010104 赵斌 | 120 |
| …… | …… | …… | …… |
| $a_{30}$ | 310 | 120010130 黄凯 | NULL |
| …… | …… | …… | …… |

图 2.11 以学号和姓名为数据元素的顺序表存储结构图

作为线性表的一种存储结构，我们关心的是结点的逻辑结构，而对每个结点的实际地址并不关心，所以通常的单链表用图 2.12 的形式而不用图 2.11 的形式表示。

若第一个结点仅表示链表的起始位置，而无任何值和意义，则称为头结点，如图 2.12 所示的结点 H。

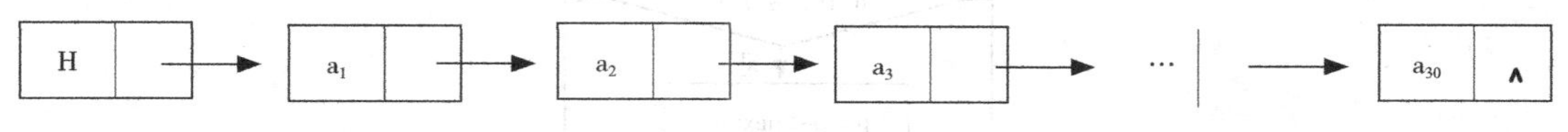


图 2.12 带头结点的单链表

单链表的两个优点：

（1）插入、删除时，只要找到对应前驱结点，修改指针即可，无须移动元素。

（2）采用动态存储分配，不会造成内存浪费和溢出。

单链表的三个缺点：

（1）在有些高级语言中，不支持指针，不容易实现。

（2）需要用额外空间存储线性表的关系，存储密度小。

（3）不能随机访问，查找时要从头指针开始遍历，查找元素的时间复杂度较大。

## 2.3.2 单链表基本操作及实现

根据图 2.1 所示的学生表链式存储结构对应的单链表，对该表中数据元素的操作有：查找、插入、删除等。

### 1. 查找操作思想

在链表中查找某位置结点，则从链表头结点位置开始不断向下遍历链表，直到查找到对应位置的结点结束，返回查找结点，否则返回结点不存在。

【例 2.3】查找学生链表中第 i 个位置的数据元素并返回。

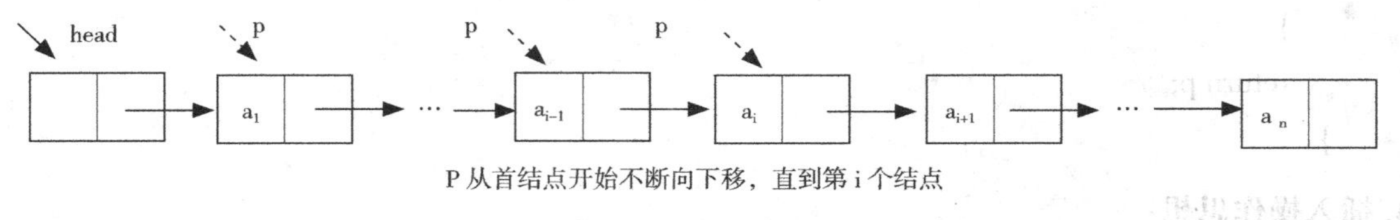


图 2.13 单链表的查找操作

查找并返回第 i 个结点过程如图 2.13 所示。

### 2. 查找操作流程图

查找链表的第 i 个位置的数据元素，其中 head 为链表头结点，则查找操作流程图如图 2.14 所示。

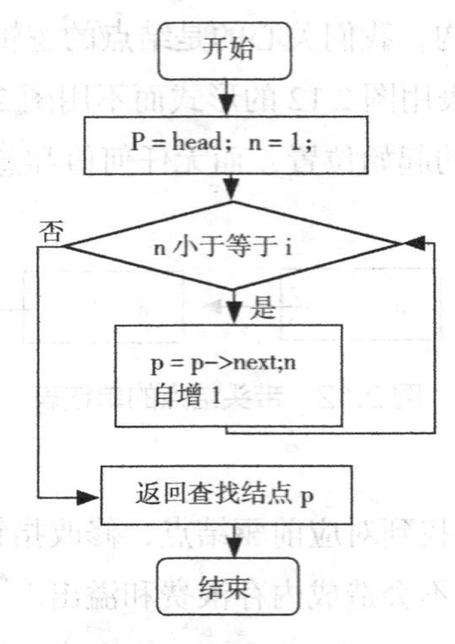

图 2.14　查找操作流程图

**3. 查找操作代码实现**

```
void init( )
{
    head=(Node *)malloc(sizeof(Node));
    curlen=1;
    head->next=NULL;
    head->stu=NULL;
}
Node* query(int i){
    Node *p = head;
    for(int n=1;n<=i;n++){
            p = p->next;
    }
    return p;
}
```

**4. 插入操作思想**

在单链表的位置 i 插入新结点，有以下操作步骤：

（1）判断 i 的合法性。

（2）找到插入前位置，如存在则继续，否则结束。

（3）申请新结点、将其前一个位置 next 域的值（即其后继结点的位置）填入其 next 域，待插入的值赋予新结点的值域。

（4）插入新结点，将其地址填入前一结点（直接前驱结点）的 next 域。

（5）表的长度加 1。

【例 2.4】在学生链表中的第 i 个位置前插入新结点 node。

在第 i 个位置前插入新结点 node，先找到 $a_{i-1}$ 结点位置 p，再申请新结点 node，新结点的地址域指向 p 的下一结点，再改变 p 所指结点的地址域，让其指向 node 结点，如图 2.15 所示。

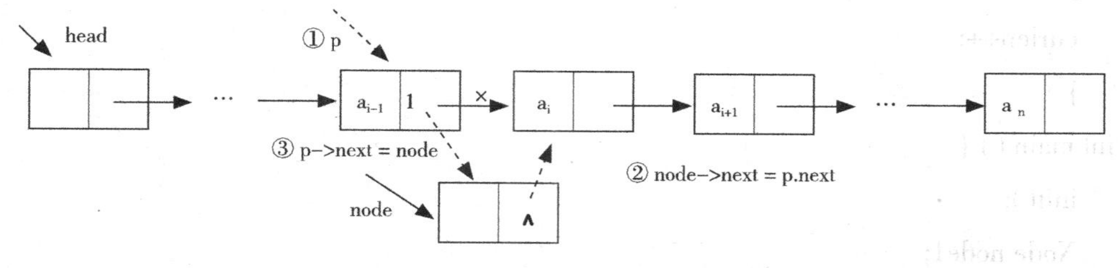


图 2.15　单链表的插入操作

### 5. 插入操作流程图

插入链表的第 i 个位置的数据元素，其中 head 为链表头结点，node 为要插入的数据结点，curlen 为表的长度，则插入操作流程图如图 2.16 所示。

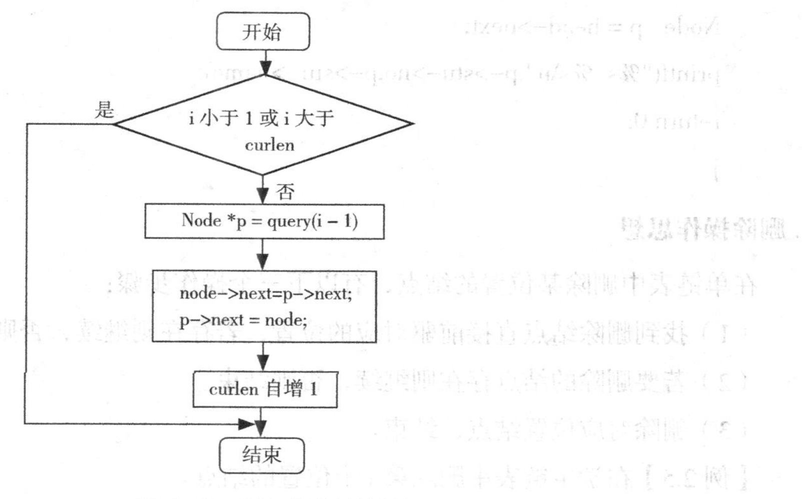


图 2.16　插入操作流程图

### 6. 插入操作代码实现

在上面查找代码的基础上，增加插入函数 void insert(int i, Node* node)，实现单链表的插入功能，具体如下：

```
void insert(int i, Node* node){
    // 判断 i 的有效性
    if(i<1||i>curlen){
        printf("i 值无效！ ");
        return;
```

```
    }
    Node *p = query(i-1); // 找到第 i 个位置前一结点
    node->next = p->next;
    p->next = node;
    curlen++;
    }
int main () {
    init( );
    Node node1;
    node1.stu = (Student *)malloc(sizeof(Student));
    node1.stu->no="120010101";
    node1.stu->name=" 张三 ";
    insert(1, &node1);
    Node *p = head->next;
    printf("%s  %s\n",p->stu->no,p->stu->name);
    return 0;
    }
```

**7. 删除操作思想**

在单链表中删除某位置的结点，有以下三个操作步骤：

（1）找到删除结点直接前驱对应的位置，若存在则继续，否则结束。

（2）若要删除的结点存在则继续，否则结束。

（3）删除对应位置结点，结束。

【例 2.5】在学生链表中删除第 i 个位置的结点。

要删除第 i 个位置结点，先找到 $a_{i-1}$ 结点位置 p，在 p 所指结点的下一结点存在的情况下，p 所指结点的地址域改为 p 所指结点的下一结点的下一结点的地址，如图 2.17 所示。

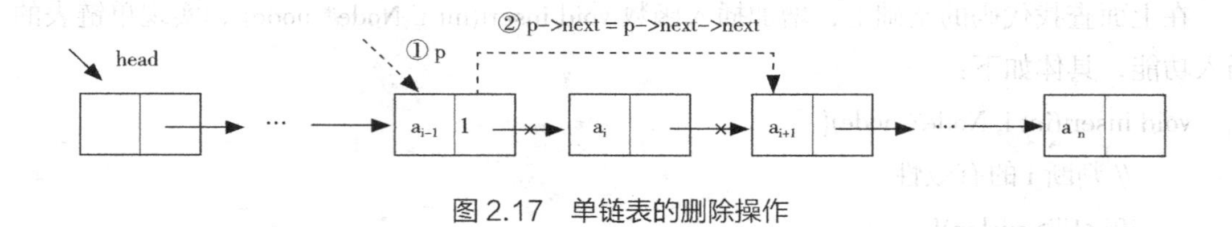


图 2.17　单链表的删除操作

**8. 删除操作流程图**

删除链表的第 i 个位置的数据元素，其中 curlen 为链表的长度，则删除操作流程图如图 2.18 所示。

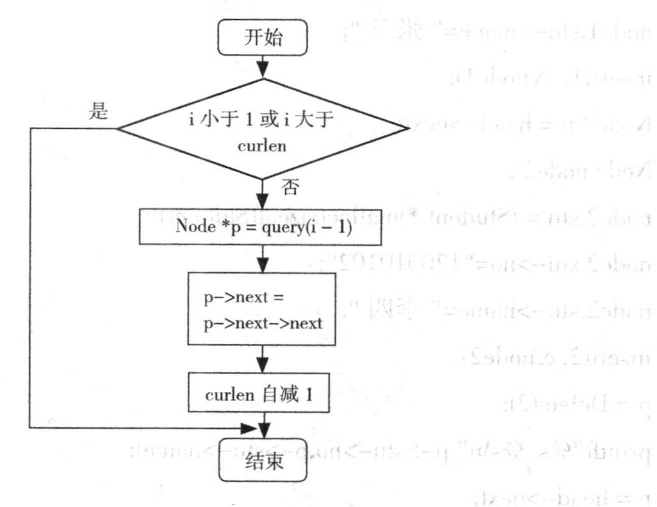


图 2.18 删除操作流程图

**9. 删除操作代码实现**

在上面插入代码的基础上，增加删除函数 Node* Delete(int i)，实现单链表的删除功能，具体如下：

```
Node* Delete(int i){
    Node *ni;// 保存删除的第 i 个结点
        // 判断 i 的有效性
    if(i<1||i>curlen){
        printf("i 值无效！ \n");
        return NULL;
    }
    Node *p = query(i–1);// 找到要删除的结点
    ni = p->next;
    p->next = p->next->next;
    curlen--;
    return ni;
}
int main(){
    init();
```

```
    Node node1 ;
    node1.stu =(Student *)malloc(sizeof(Student));
    node1.stu->no="120010101";
    node1.stu->name=" 张三 ";
    insert(1, &node1);
    Node *p = head->next;
    Node node2 ;
    node2.stu = (Student *)malloc(sizeof(Student));
    node2.stu->no="120010102";
    node2.stu->name=" 李四 ";
    insert(2, &node2);
    p = Delete(2);
    printf("%s  %s\n",p->stu->no,p->stu->name);
    p = head->next;
    printf("%s  %s\n",p->stu->no,p->stu->name);
    return 0;
}
```

## 2.4 循环链表

线性表链式存储结构的另一种表现形式，就是循环链表。

### 2.4.1 循环链表的概念

对于单链表而言，最后一个结点的地址域是空，如果表中最后一个结点的指针域指向头结点，整个链表形成一个环，就构成了单循环链表，如图 2.19 所示。

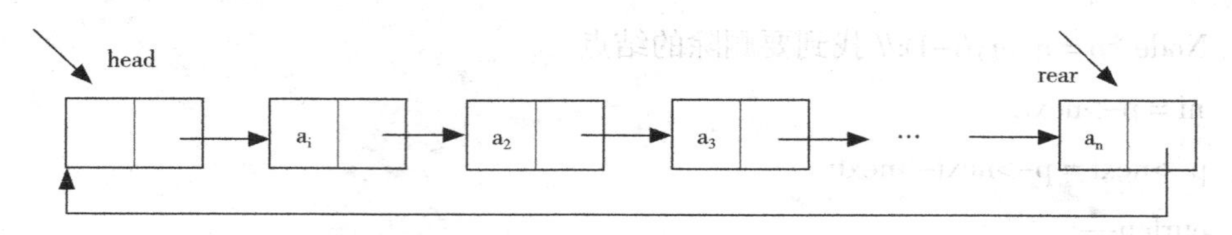


图 2.19 带头结点的单循环链表

### 2.4.2 循环链表基本操作及实现

循环链表的操作基本上和非循环链表相同，只是将原来判断指针是否为空变为判断是否是头指针，没有其他较大的变化。

访问单链表中某一结点每次只能从头开始顺序向后遍历，而访问单循环链表中某一结点，可以从任何一个结点开始，顺序向后遍历到达要访问的结点。

【例 2.6】1200101 班每个学生都有学号，分别是 1，2，3，...，n，所有同学按学号顺序围坐一圈，从第 1 开始数，每数到第 m 个，该同学就要离开此圈，这样依次下来，直到圈中只剩下最后一位同学，则该同学就为班长。

算法思想：使用单循环链表数据结构模拟问题，每个结点是一位同学，结点的值域为该同学的学号，总共 n 个结点。遇到出列的结点则删除该结点。如此循环，直到只剩下最后一个结点为止。最后输出该结点的学号。

从循环链表中选择一个数据元素为班长，其中 front 为循环链表头指针，rear 为循环链表表尾指针，length 为链表的长度，rest 为圈中剩余同学的个数，M 为数到第 M 个，该同学结点就被删除，则选取流程图如图 2.20 所示。

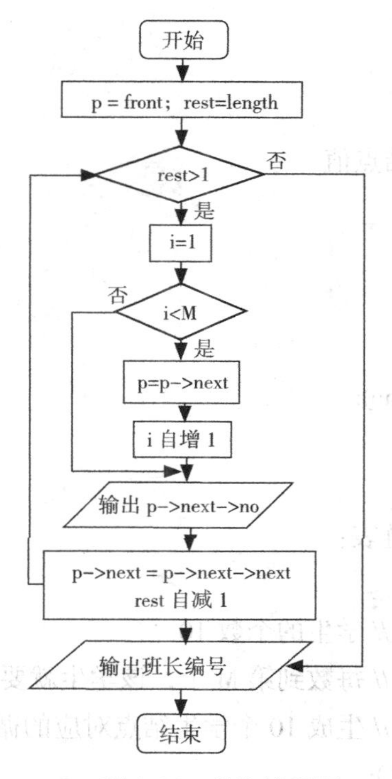


图 2.20 选取流程图

代码首先定义循环链表的结点，为方便起见，结点中只保存编号：

```
struct Node{// 该例对应循环链表的结点结构体
    int no; // 为学生结点的编号
    Node *next;      // 后继结点的引用
};
```

再实现循环链表，为了方便测试，循环链表中同时实现了增加结点和输出链表各结点编号，具体代码如下：

```
int length=0;// 表长度
Node *rear=NULL;// 循环链表头指针
Node *front=NULL;// 循环链表表尾指针
void add(Node *p){// 增加结点 p
    if(length==0){
        front = rear = p;
    }
    else{
        rear->next = p;
        rear = p;
    }
    rear->next = front;
    length++;
}
void print( ){// 输出链表各结点值
    Node *p = front;
    printf("  %d ",p->no);
    while(p!=rear){
        p = p->next;
        printf("  %d ",p->no);
    }
}
```

最后写驱动代码测试循环链表：

```
int  main( ){
    int N = 10;                    // 学生的个数 10
    int M = 3;                     // 每数到第 M 个，该学生就要离开此圈
    for(int i=1;i<=N;i++){         // 生成 10 个学生结点对应的循环链表
        Node *p=new Node( );
        p->no=i;
        add(p);
        }
    print( );
    Node *p =  rear;// 前一个参与学生。
    Node *q = NULL;
    int rest = N;// 圈中剩余学生的个数
    while(rest>1){
```

```
        for(int i=1;i<M;i++){// 循环 m-1 次
            p=p->next;
        }
        // 循环结束时，p 指向将要离开圈子的参与者的前一学生
        q=p->next;                    // q 指向将要离开圈子的学生的结点
        printf("The out is  No %d\n ",q->no);
        p->next=p->next->next;        // 学生离开圈子
        rest--;
    }
    // 输出最后出列即班长编号
    printf("The monitor is No%d \n",p->no);
    return 0;
}
```

## 2.5　双链表

前面的链表只有一个指向后继元素的引用，我们可以很方便地找到某元素的后继，但是要找到其前驱结点并不容易，要解决这一问题，就要使用双链表。

### 2.5.1　双链表的概念

双向链表也称为双链表，是链表的一种，它的每个数据结点中都有两个指针，分别指向直接后继和直接前驱。双链表的结点示意图如图 2.21 所示。

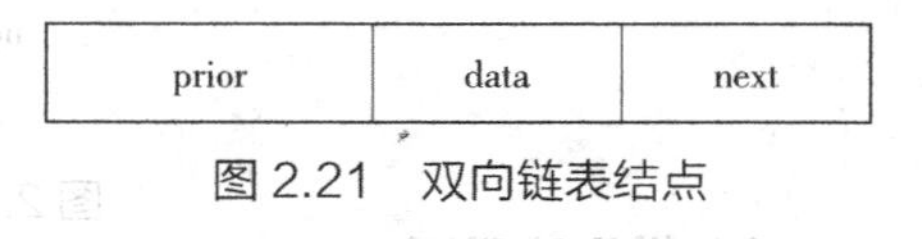


图 2.21　双向链表结点

所以，从双向链表中的任意一个结点开始，都可以很方便地访问它的前驱结点和后继结点，如图 2.22 所示。

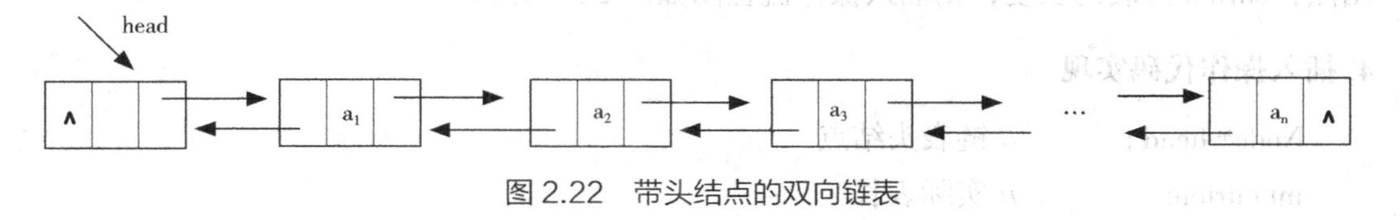


图 2.22　带头结点的双向链表

双向链表的结点定义如下：

```
struct Node {// 结点结构体
    Student *stu;// 结点数据为学生
    Node *prev;// 前驱结点的地址
    Node *next;// 后继结点的地址
};
```

## 2.5.2 双链表基本操作及实现

根据图 2.1 所示的学生表链式存储结构对应的双链表，实现对该表中数据元素的插入、删除等运算。

**1. 查找操作思想、流程图和代码**

双链表的查找操作和单链表基本一样，可以用单链表的查找操作代替双链表的查找操作，具体参见单链表对应部分。

**2. 插入操作思想**

在双链表中某位置插入新结点，有以下 3 个操作步骤：

（1）找到插入前位置，如存在则继续，否则结束。

（2）申请、填装新结点。

（3）插入新结点，结束。

【例 2.7】在学生双链表中第 3 个位置前插入新结点 node。

要在第 3 个位置前插入新结点 node，先找到 $a_2$ 结点位置 p，再申请新结点 node，执行下面 4 步指针改变操作：① p–>next–>prev = node；② node–>next = p–>next；③ p–>next = node；④ node–>prev = p；从而插入新结点，如图 2.23 所示。

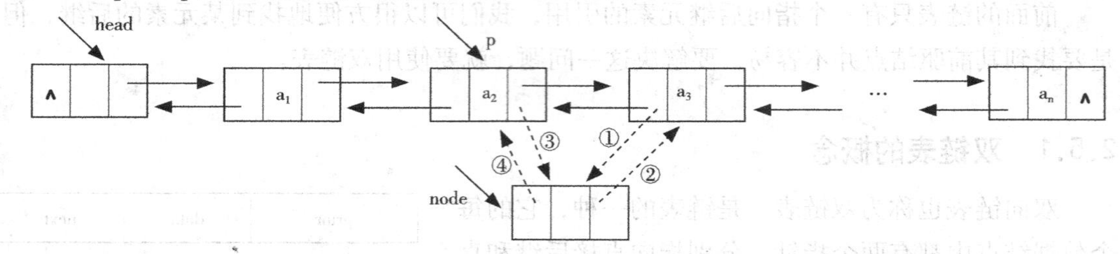


图 2.23 双向链表插入结点操作

**3. 插入操作流程图**

插入链表的第 i 个位置的数据元素，其中 head 为链表头结点，node 为要插入的数据结点，curlen 为表的长度，则插入操作流程图如图 2.24 所示。

**4. 插入操作代码实现**

```
Node* head ;            // 链表头结点
int curlen;             // 实际表长
void init( ){
    head=(Node *)malloc(sizeof(Node));
    head->next=head;
    head->prev=head;
    curlen=1;
}
```

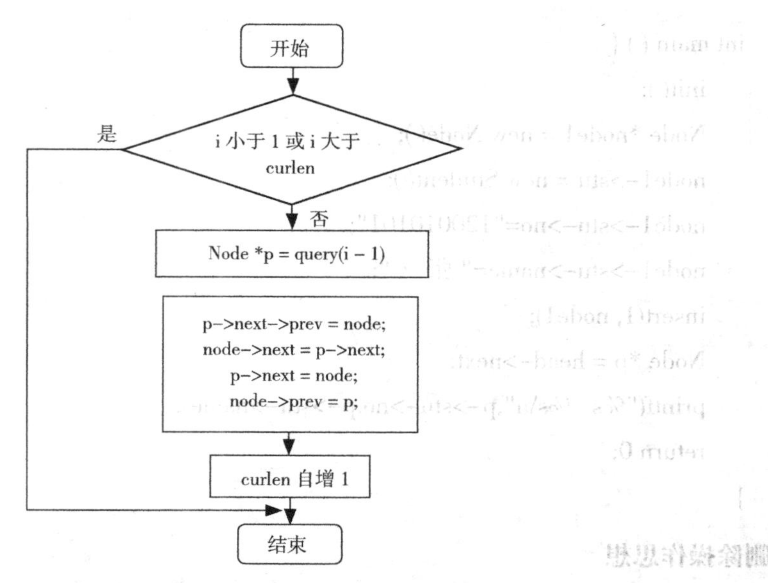


图 2.24　双链表插入操作流程图

```
Node* query(int i){              // 查询第 i 个结点
    Node *p = head;
    for(int n=1;n<=i;n++){
         p = p–>next;
    }
    return p;
 }
// 在表的第 i 个位置前插入新数据元素 node, 返回插入操作结果
 void insert(int i, Node* node){
    if(i<1||i>curlen){   // 判断 i 的有效性
            printf("i 值无效！ \n");
            return;
    }
    Node *p = query(i–1);      // 找到第 i 个位置前一结点
    p–>next–>prev = node;
    node–>next = p–>next;
    p–>next = node;
    node–>prev = p;
    curlen++;
 }
```

```
int main ( ) {
    init( );
    Node *node1 = new Node( );
    node1->stu = new Student( );
    node1->stu->no="120010101";
    node1->stu->name=" 张三 ";
    insert(1, node1);
    Node *p = head->next;
    printf("%s  %s\n",p->stu->no,p->stu->name);
    return 0;
}
```

**5. 删除操作思想**

在双链表中删除某位置的结点，有以下三个操作步骤：

（1）找到删除结点直接前驱对应的位置，若存在则继续，否则结束。

（2）若要删除的结点存在则继续，否则结束。

（3）删除对应位置的结点，结束。

【例 2.8】在学生双链表中删除第 2 个位置的结点。

要删除第 2 个位置的结点，先找到 $a_1$ 结点位置 p，在 p 所指结点的下一结点存在的情况下，执行下面两步指针改变操作：① p->next->next->prev = p; ② p->next = p->next->next; 从而删除结点 $a_2$，如图 2.25 所示。

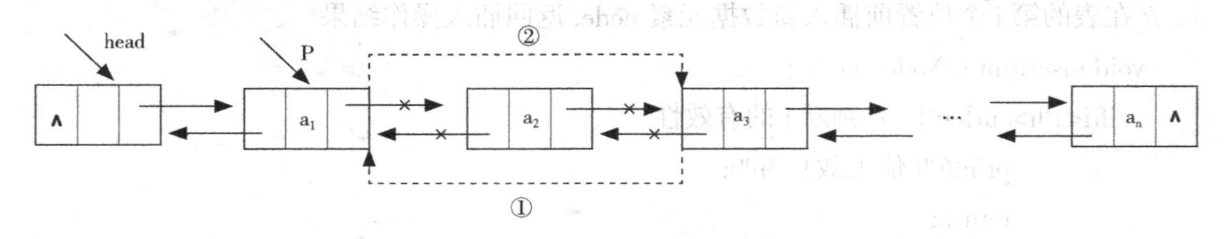


图 2.25　双向链表删除结点操作

**6. 删除操作流程图**

删除链表的第 i 个位置的数据元素，其中 curlen 为链表的长度，则删除操作流程图如图 2.26 所示。

**7. 删除操作代码实现**

在上面插入代码的基础上，增加删除函数 Node* delete(int i)，实现双链表的删除功能，具体如下：

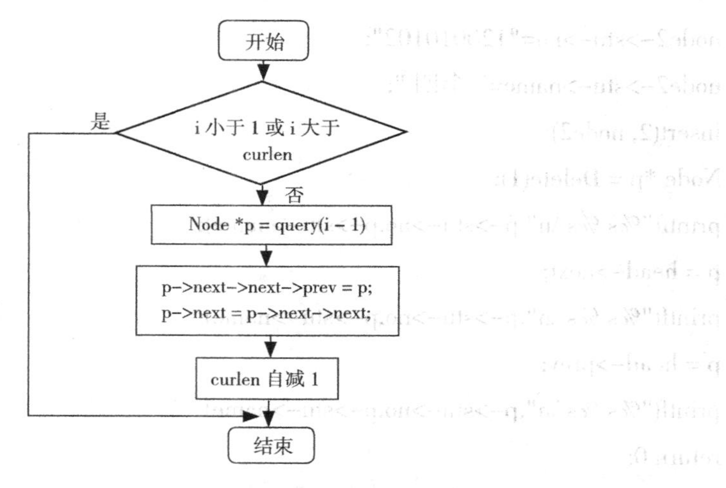


图 2.26　双向链表删除结点操作流程图

```
Node* Delete(int i){
    Node *ni;// 保存删除的第 i 个结点
    // 判断 i 的有效性
    if(i<1||i>curlen){
        printf("i 值无效！ \n");
        return NULL;
    }
    Node *p = query(i−1);
    ni = p−>next;
    p−>next−>next−>prev = p;
    p−>next = p−>next−>next;
    curlen−−;
    return ni;
}
int main( ){
    init( );
    Node *node1 = new Node( );
    node1−>stu = new Student( );
    node1−>stu−>no="120010101";
    node1−>stu−>name=" 张三 ";
    insert(1, node1);
    Node *node2 = new Node( );
    node2−>stu = new Student( );
```

```
    node2->stu->no="120010102";
    node2->stu->name=" 李四 ";
    insert(2, node2);
    Node *p = Delete(1);
    printf("%s %s \n",p->stu->no,p->stu->name);
    p = head->next;
    printf("%s %s \n",p->stu->no,p->stu->name);
    p = head->prev;
    printf("%s %s \n",p->stu->no,p->stu->name);
    return 0;
}
```

## 本章小结

本章主要讲解了线性表的相关概念及其两种存储方式，分别介绍了顺序表、单链表、循环链表和双链表的概念、基本操作及实例应用。通过本章的学习，应掌握的重点内容包括如下几点：

（1）线性表的顺序存储特点：在线性表的顺序存储结构中，是利用结点的存储位置来反映结点的逻辑关系，结点的逻辑次序与存储空间中的物理次序一致，因而只要确定了线性表中起始结点的存储位置，即可方便地计算出任一结点的存储位置，所以可以实现结点的随机访问。在顺序表中只需存放结点自身的信息，因此，存储密度大、空间利用率高。但在顺序表中，结点的插入、删除运算可能需要移动许多其他结点的位置，一些长度变化较大的线性表必须按照最大需要的空间分配存储空间，这些都是线性表顺序存储结构的缺点。

（2）线性表的链式存储特点：在线性表的链式存储结构中，结点之间的逻辑次序与存储空间中的物理次序不一定相同，是通过给结点附加一个地址域来表示结点之间的逻辑关系。所以，不需要预先按最大的需要分配存储空间。同时，链表的插入、删除运算只需修改地址域，而不需要移动其他结点。这是线性表链式存储结构的优点。它的缺点在于，每个结点中的指针域需要额外占用存储空间，因此，它的存储密度较小。另外，链式存储结构是一种非随机存储结构，查找任一结点都要从头指针开始，沿指针域逐个搜索，增加了某些算法的时间代价。

（3）将单链表加以改进可得到循环链表和双向链表。在循环链表中，所有的结点构成了一个环，所以从任一结点开始都可以扫描此线性表中的每个结点。双向链表既有指向直接后继的指针，又有指向直接前趋的指针，从而便于查找结点的前趋。

（4）线性表的运算及应用：其主要运算有查找、插入和删除等，本章介绍了线性表在不同存储方式下各种运算的实现方法及实例应用。

# 习　题

## 一、填空题

1. 当线性表的元素总数基本稳定，且很少进行插入和删除操作，但要求以最快的速度存取线性表中的元素时，应采用 ________ 存储结构。

2. 在一个长度为 n 的顺序表中第 i 个元素（1<=i<=n）之前插入一个元素时，需向后移动 ________ 个元素。

3. 在单链表中增加头结点的目的是________________。

4. 根据线性表的链式存储结构中每一个结点包含的指针个数，将线性链表分成 ________ 和 ________。

5. 在长度为 n 的顺序表的表尾插入一个新元素的时间复杂度为____________。

6. 已知指针 p 指向单链表 L 中的某结点，则删除其后继结点的语句是：____________。

7. 在单链表 L 中，指针 p 所指结点有后继结点的条件是：________________。

8. 在单链表 p 结点之后插入 s 结点的操作是：______________。

## 二、上机题

1. 如图 2.1 所示的学生顺序表，假如已为其添加了年龄字段（age），编写统计表中年龄为 20 岁的同学人数的算法。

2. 已知带头结点的单链表 H，编写将其数据结点逆序链接的算法。

# 第3章 栈和队列

某班的学生开学报到，教师将学生的档案信息表按报到的先后顺序放在一个档案盒里，现需要将这些档案信息表从档案盒里拿出来进行审核，审核的方式有两种：

一种是底端封闭，上端开口的盒子，审核档案只能从上端开口处逐份取出审核，即后放入的先审核，先放入的后审核。

另一种是将档案盒底端打开，从底端开口处逐份地取出档案审核，审核档案的次序与报到的先后顺序一致，即先放入的先审核，后放入的后审核。

教师要通过以上两种方式进行档案审核管理，如何通过计算机来实现呢？这就要涉及栈和队列两种数据结构的相关知识。

## 3.1 栈

### 3.1.1 栈的概念及基本操作

栈（stack）又称堆栈，是限制在表的一端进行插入和删除的线性表。其限制是仅允许在表的一端进行插入和删除操作，不允许在其他任何位置进行插入、查找、删除等操作。表中进行插入、删除操作的一端称为栈顶（Top），栈顶保存的元素称为栈顶元素。相对的，表的另一端称为栈底（Bottom）。当栈中没有数据元素时称为空栈；向一个栈插入元素又称为进栈或入栈；从一个栈中删除元素又称为出栈或退栈。

由于栈的插入和删除操作仅在栈顶进行，后进栈的元素必定先出栈，所以又把堆栈称为后进先出表（Last In First Out，LIFO）。图 3.1 显示了一个堆栈及数据元素插入和删除的过程。

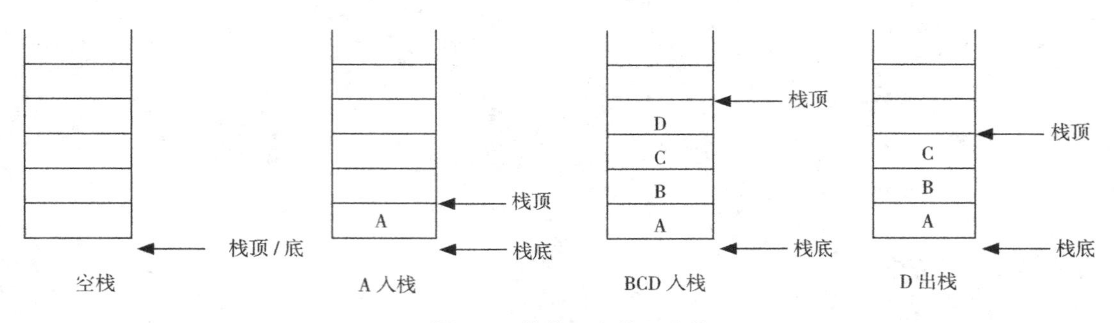


图 3.1 堆栈及入栈和出栈

在图 3.1 中，当 ABCD 均已入栈之后，出栈时得到的序列为 DCBA，这就是“后进先出”。在解决实际问题时，如果碰到了数据的使用具有“后进先出”的特性，就预示着可以使用堆栈来存储和使用这些数据。堆栈的基本操作除了进栈、出栈操作外，还有判空、取栈顶元素等操作。

## 3.1.2　顺序栈

由于栈是运算受限的线性表，除了操作不同外，线性表的存储结构对栈也是适用的。利用顺序存储方式实现的栈称为顺序栈。为了便于理解，后面示例中顺序栈操作，均以学号和姓名为数据元素。

### 1. 入栈操作思想

根据顺序栈的存储特点，要将某一元素压入栈内，则要进行如下操作：

（1）先判断栈是否已经装满元素，如果未装满才能进行入栈操作，否则不操作。

（2）栈顶指针先自增，给需要进栈的元素腾出内存空间。

（3）再将要入栈的元素放入腾出的内存空间里，就是把入栈的元素赋值给对应的数组元素。

【例 3.1】1200101 班已有 2 名同学王丽、张阳的报到信息存放在栈内，现有（120010131，郑克龙）同学来报到，请将其信息压入栈中。

首先要定义学生信息结构体来存放学生记录，具体参见上一章的 struct Student 定义。

接下来压入对应结点的过程如下：

入栈前如图 3.2 所示。

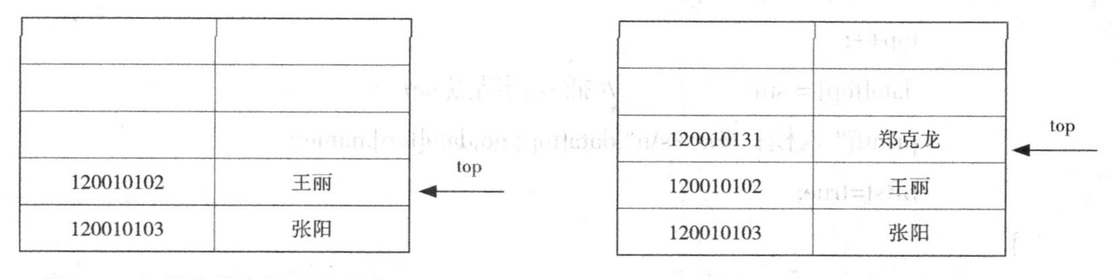


图 3.2　入栈前学生报到信息表　　　图 3.3　入栈后学生报到信息表

栈顶指针先自增，给需要进栈的元素腾出内存空间，再往空间里压入元素（120010131，郑克龙），如图 3.3 所示。

### 2. 入栈操作流程图

顺序栈的学生元素存放在 data 数组中，length 为栈的总长度，top 为栈顶指针，则学生元素入栈程序流程图如图 3.4 所示。

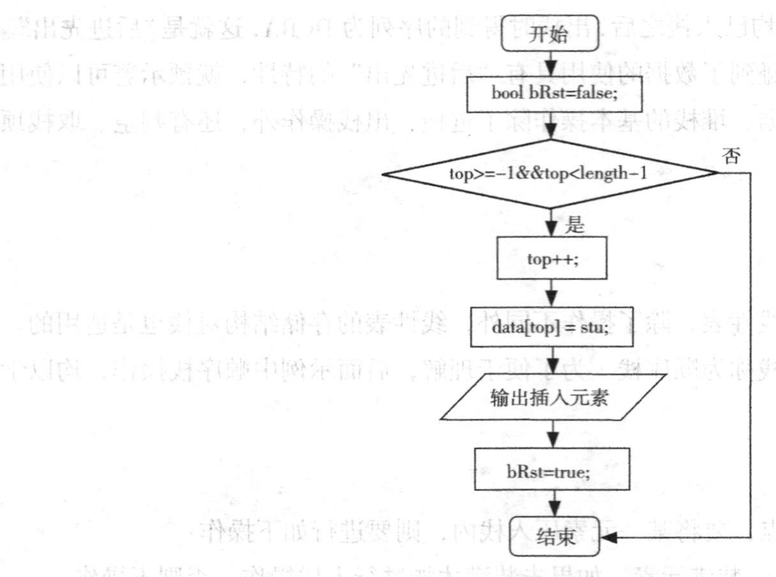


图 3.4　学生元素入栈流程图

**3. 入栈操作代码实现**

```
Student data[35];      //data 为存放学生表各数据元素的数组
int length=35;   // 栈长度
int top=-1; // 栈顶指针
bool push(Student stu){
    bool bRst=false;
    if(top>=-1&&top<length-1) {       // 入栈位置正确与否判断
            top++;
            data[top] = stu;              // 插入新结点 stu
            printf(" 入栈：%s %s\n",data[top].no,data[top].name);
            bRst=true;
    }
    return bRst;
}
int main( ){
    Student stu1 ;
    stu1.no="120010103";
    stu1.name=" 张阳 ";
    push(stu1);
    Student stu2 ;
```

```
    stu2.no="120010102";
    stu2.name=" 王丽 ";
    push(stu2);
    Student stu3 ;
    stu3.no="120010131";
    stu3.name=" 郑克龙 ";
    push(stu3);
    return 0;
}
```

**4. 出栈操作思想**

根据顺序栈的存储特点，要取出栈内某一元素，则要进行如下操作：

（1）先判断栈是否有元素，如果有元素时才能进行出栈操作，否则不操作。

（2）再将要出栈的元素取出放在内存空间里。

（3）栈顶指针自减。

【例 3.2】1200101 班已有 3 名同学王丽、张阳、郑克龙的报到信息存放在栈内，现需要从栈中取出一位同学的信息进行审查，并显示取出的信息。

首先要定义学生信息结构体来存放学生记录，具体参见上一章的 struct Student 定义。

接下来取出对应结点的过程如下：

出栈前如图 3.5 所示。

先把需要出栈的元素（120010131，郑克龙）取出放在内存空间里，再把栈顶指针自减，如图 3.6 所示。

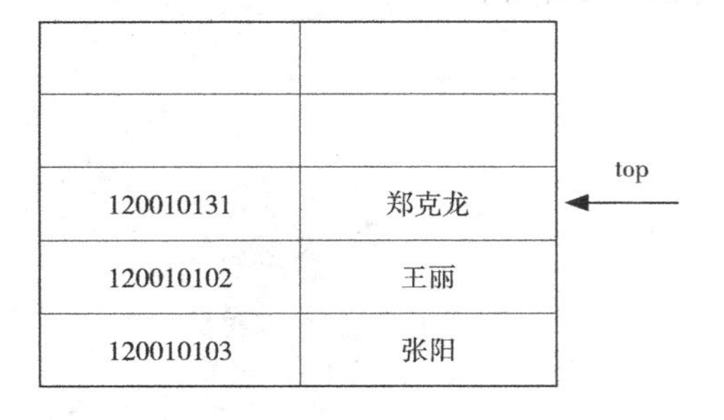


| | |
|---|---|
| | |
| | |
| 120010131 | 郑克龙 |
| 120010102 | 王丽 |
| 120010103 | 张阳 |

图 3.5 入栈后学生报到信息表

| | |
|---|---|
| | |
| | |
| | |
| 120010102 | 王丽 |
| 120010103 | 张阳 |

图 3.6 入栈前学生报到信息表

**5. 出栈操作流程图**

顺序栈的学生元素存放在 data 数组中，length 为栈的总长度， top 为栈顶指针，则学生元素出栈程序流程图如图 3.7 所示。

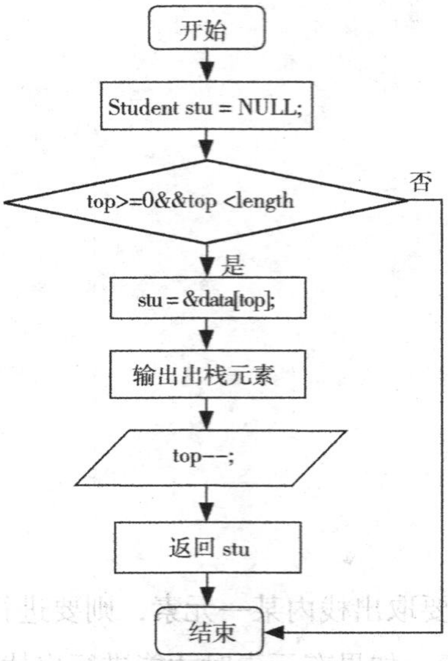

开始

Student stu = NULL;

top>=0&&top <length

是 / 否

stu = &data[top];

输出出栈元素

top--;

返回 stu

结束

图 3.7　学生元素出栈流程图

**6. 出栈操作代码实现**

在入栈程序的基础上，添加出栈代码，实现如图 3.7 所示的流程功能，具体代码实现如下：

```
Student* pop( ){
    Student *stu = NULL;
    if(top>=0&&top<length) {// 入栈位置正确与否判断
            stu = &data[top];
            printf(" 出栈：%s  %s\n",data[top].no,data[top].name);
            top--;
    }
    return stu;
}
int main( ) {
    ……
    while(top>=0) {
            pop( );
            }
    return 0;
}
```

### 3.1.3　链栈

用链式存储结构实现的栈称为链栈。其结点结构与单链表的结构相同，链式堆栈也是由一个个结点组成的，每个结点由两个域组成：一个是存放数据元素的数据元素域 element；另一个是存放指向下一个结点的对象引用（即指针）域 next。

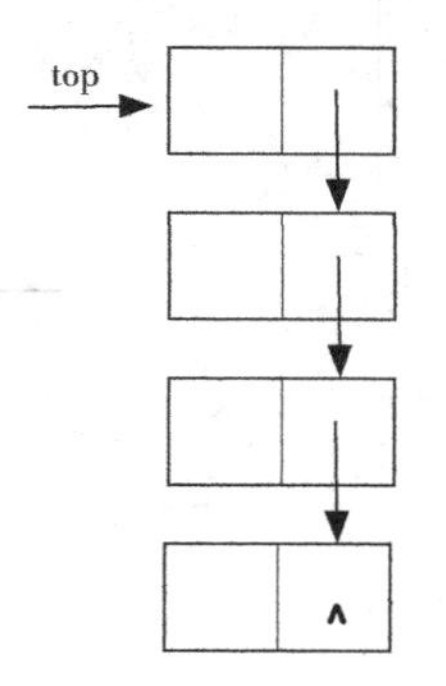

图 3.8　链栈示意图

因为栈中的主要运算是在栈顶插入、删除，显然在链表的头部做栈顶是最方便的，而且没有必要像单链表那样为了运算方便附加一个头结点，所以链式堆栈通常不带头结点。

通常将链栈表示成图 3.8 的形式。

在学生信息结构体的基础上，链栈的结点定义如下：

```
struct Node {// 结点结构体
    Student *stu;// 结点数据为学生对象
    Node *next;// 后继结点的地址
};
```

链栈的基本操作也是进栈和出栈操作。

#### 1. 进栈操作思想

根据链栈的存储特点，要将某一个新结点 s 压入栈内，则要进行如下操作：

（1）处理新结点 s 的后继，这个后继就是原本的栈顶结点。

（2）将栈顶指针 top 重新指向新结点 s 即可。

【例 3.3】1200101 班已有两名同学王丽、张阳的报到信息存放在链栈内，现有（120010131，郑克龙）同学来报到，请将其信息压入链栈中。

首先要定义学生信息结构体和结点结构体，具体参见上一章 struct Student 和 struct Node 的定义。

接下来将对应结点压入链栈内的过程如下：

入栈前如图 3.9 所示。

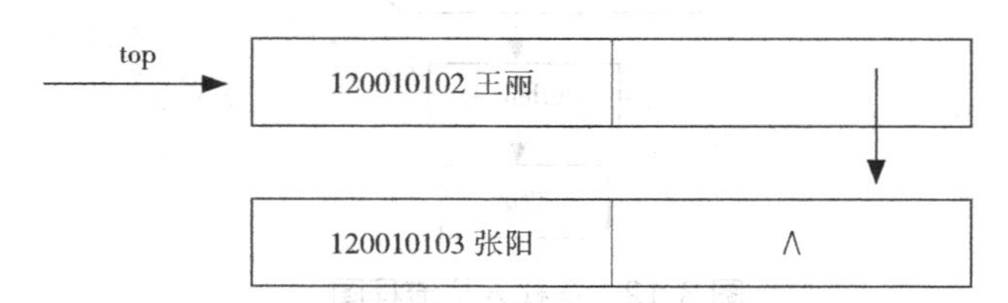

图 3.9　入栈前学生报到信息表

生成新结点(120010131,郑克龙),处理新结点的后继,使其后继指向原本的栈顶结点,如图 3.10 所示。

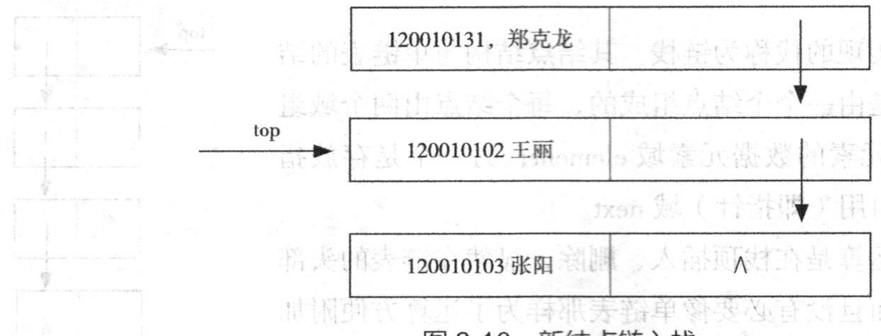


图 3.10　新结点链入栈

将栈顶指针 top 重新指向新结点（120010131，郑克龙）即可，如图 3.11 所示。

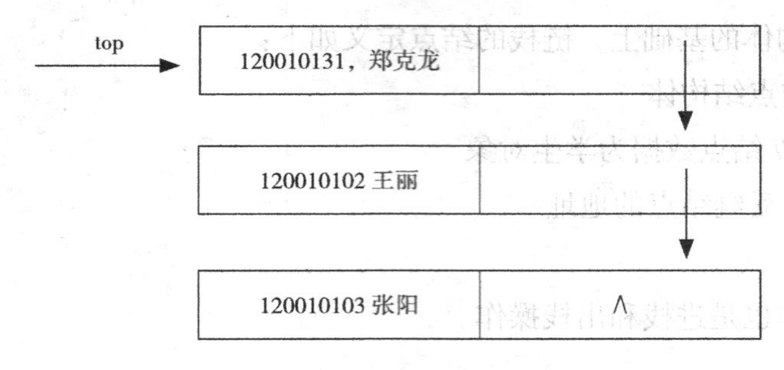


图 3.11　重置 top 指针

**2. 进栈操作流程图**

链栈中插入的学生元素存放在 node 中，top 为栈顶指针，curlen 为栈的长度，则学生元素入栈程序流程图如图 3.12 所示。

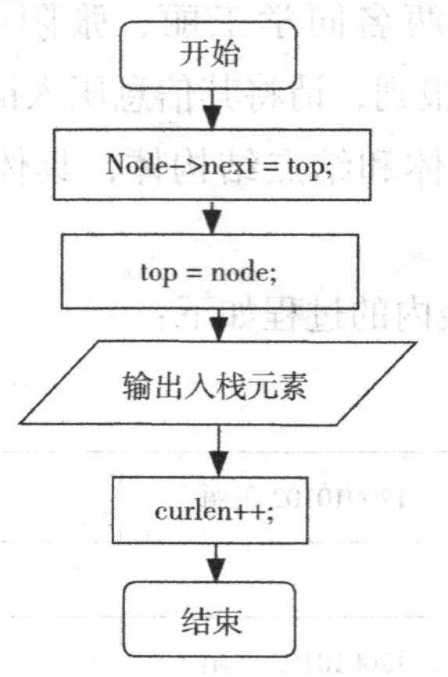


图 3.12　链栈入栈流程图

**3. 进栈操作代码实现**

// 在表的第 i 个位置前插入新数据元素 node, 返回插入操作结果

```
node *top=NULL;
int curlen = 0;
void push(Node *node){
    node->next = top;
    top = node;
    printf(" 入栈：%s %s\n",top->stu->no,top->stu->name);
    curlen++;
    }

int main( ) {
    Node *node1 = new Node( );
    node1->stu = new Student( );
    node1->stu->no="120010103";
    node1->stu->name=" 张阳 ";
    push(node1);
    Node *node2 = new Node( );
    node2->stu = new Student( );
    node2->stu->no="120010102";
    node2->stu->name=" 王丽 ";
    push(node2);
    Node *node3 = new Node( );
    node3->stu = new Student( );
    node3->stu->no="120010131";
    node3->stu->name=" 郑克龙 ";
    push(node3);
    return 0;
}
```

**4. 出栈操作思想**

根据链栈的存储特点，要弹出某一个结点，则要进行如下操作：

（1）在栈顶指针 top 非空的情况下，保存弹出结点。

（2）将栈顶指针 top 下移一个元素，即 top = top.next。

【例 3.4】1200101 班已有 3 名同学王丽、张阳、郑克龙的报到信息存放在链栈内，现需要从链栈中取出一位同学的信息进行审查，并显示取出的信息。

首先要定义学生信息结构体和结点结构体，具体参见上一章 struct Student 和 struct Node 的定义。

接下来弹出对应结点的过程如图 3.13 所示。

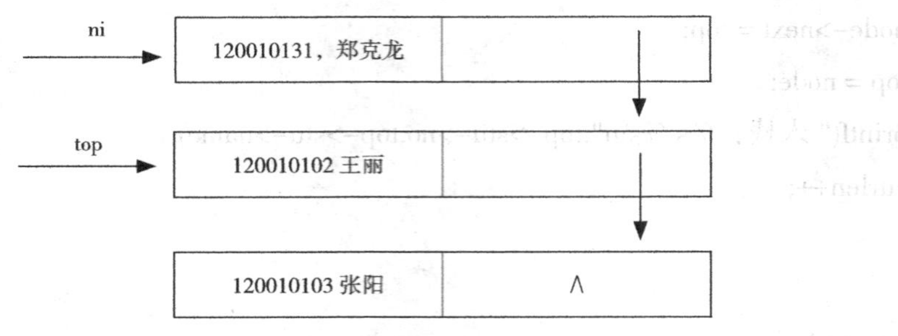


图 3.13 新结点出栈

**5. 出栈操作流程图**

链栈中弹出学生元素存放在 ni 中，top 为栈顶指针，curlen 为栈的长度，则学生元素出栈程序流程图如图 3.14 所示。

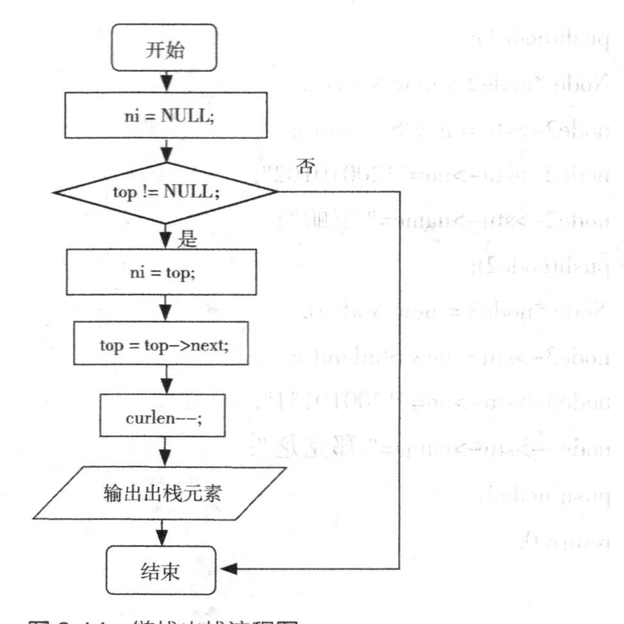


图 3.14 链栈出栈流程图

**6. 出栈操作代码实现**

在链栈入栈程序的基础上，添加出栈代码，实现如图 3.14 所示的流程功能，具体代码实现如下：

```
Node *pop(){
    Node *ni = NULL;
    if (top != NULL) {
```

```
            ni = top;// 保存出栈的结点
            top = top->next;
            curlen--;
            printf(" 出栈: %s  %s\n",top->stu->no,top->stu->name);
    }
  return ni;
}

int main( ) {
  …
  while(top!=null) {
            pop( );
            }
  return 0;
}
```

### 3.1.4 递归和栈

**1. 递归**

递归（Recursion）是指在定义自身的同时又出现了对自身的引用。如果一个算法直接或间接地调用自己，则称这个算法是一个递归算法。

*任何一个有意义的递归算法总是由两部分组成：递归调用与递归终止条件。*下面是一个递归的例子。

【例 3.5】非负整数的阶乘 Fac(N) 被定义为所有小于或等于 N 的正整数的积。若用 N! 表示该值，则：

N!=N*(N−1)*(N−2)*…*3*2*1

如：Fac(6)=6!=6*5*4*3*2*1=720；Fac(4)=4!=4*3*2*1=24；Fac(1)=1!=1；Fac(0)=0!=1；

用递归时有一个终止条件和递归步骤：

$$N!=\begin{cases}1 & N=0 \text{ 终止递归条件} \\ N*(N-1)! & N>0 \text{ 递归的步骤}\end{cases}$$

下面以 Fac(4)=4!=4*3*2*1=24 为例来说明递归使用，如图 3.15 所示。

首先，执行主程序的语句 Fac(4)，触发第 1 次方法调用，进入函数后，值参数 N=4，应执行计算 4*Fac(3)。

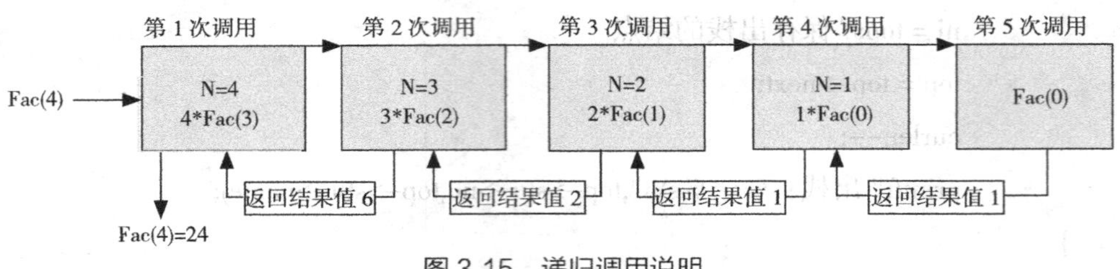

图 3.15　递归调用说明

为了计算 Fac(3)，将触发对方法 Fac 的第 2 次调用，重新进入方法，值参数 N=3，应执行计算 3*Fac(2)。

为了计算 Fac(2)，将触发对方法 Fac 的第 3 次调用，重新进入方法，值参数 N=2，应执行计算 2*Fac(1)。

为了计算 Fac(1)，将触发对方法 Fac 的第 4 次调用，重新进入方法，值参数 N=1，应执行计算 1*Fac(0)。

为了计算 Fac(0)，将触发对方法 Fac 的第 5 次调用，重新进入方法，值参数 N=0，应执行计算 Fac(0)=1。回送结果 Fac(0)=1，返回到调用处，完成第 5 次调用。返回第 4 次调用。

计算 1*Fac(0)=1*1=1，完成第 4 次调用，回送结果 Fac(1)=1，返回到第 3 次调用。

计算 2*Fac(1)=2*1=2，完成第 3 次调用，回送结果 Fac(2)=2，返回到第 2 次调用。

计算 3*Fac(2)=3*2=6，完成第 2 次调用，回送结果 Fac(3)=6，返回到第 1 次调用。

计算 4*Fac(3)=4*2=24，完成第 1 次调用，回送结果 Fac(4)=24，返回到主程序。

这个递归算法的逻辑很简单，即 N 大于 0 时递归调用到 N–1，N 等于 0 时返回 1，具体代码如下：

```
long Fac(int n) {
   if (n == 0)          // 终止条件为 n 等于 0
      return 1;
   else                 // 递归计算
      return n * Fac(n – 1);
}
int main( ) {
      printf("%d\n",Fac(4));
      return 0;
}
```

此算法先判断是否满足递归终止条件，如果满足则执行返回，否则进行递归调用执行计算。在这里可以看到递归调用与递归终止条件在递归算法中缺一不可，如果没有递归终止条件，那么递归将会无休止的进行下去；而没有递归调用，则递归算法就不成其为递归算法。因此在编写递归算法时一定要注意这两个方面的内容。

**2. 递归的实现与堆栈**

我们知道在递归算法中会递归调用自身，因此在递归算法的执行过程中会多次进行自我调用。

为了说明自身的递归调用，先看任意两个函数之间进行调用的情况。

通常在一个函数执行过程中需要调用另一个函数时，在运行被调用函数之前系统通常需要完成 3 件工作：①对调用函数的运行现场进行保护，主要是参数与返回地址等信息的保存；②创建被调用函数的运行环境；③将程序控制转移到被调用函数的入口。

在被调用函数执行结束之后，返回调用函数之前，系统同样需要完成 3 件工作：①保存被调函数的返回结果；②释放被调用函数的数据区；③依照保存的调用函数的返回地址将程序控制转移到调用函数。

如果上述函数调用的过程中发生了新的调用，即被调函数在执行完成之前又调用了其他函数，此时构成了多个函数的嵌套调用。当发生嵌套调用时按照后调用先返回的原则处理，如此则形成了一个保存函数运行时环境变量的“后进先出”的使用过程，因此整个函数调用期间的相关信息的保存需要使用一个堆栈来实现。系统将整个程序运行时需要的数据空间安排在一个堆栈中，每当调用一个函数时就为它在栈顶分配一个存储区，每当从一个函数返回时就释放它的存储区。

一个递归算法的实现实际上就是多个相同函数的嵌套调用。

下面用例 3.5 中的 Fac 来说明递归的实现过程。假设 n=3，那么递归调用的过程如图 3.16 所示。

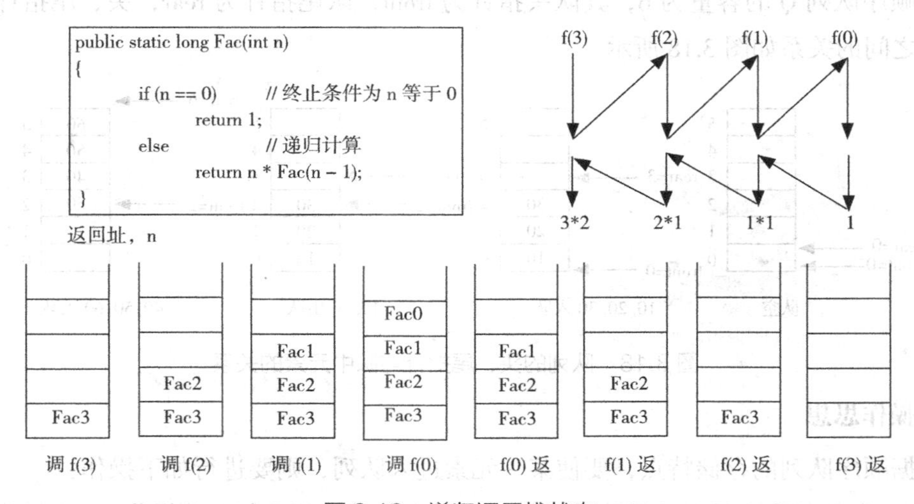


图 3.16　递归调用栈状态

# 3.2 队 列

## 3.2.1 队列概念及基本操作

队列（Queue）简称队，它同堆栈一样，也是一种运算受限的线性表，其限制是仅允许在表的一端进行插入，而在表的另一端进行删除。在队列中把插入数据元素的一端称为队尾（Rear），删除数据元素的一端称为队头（Front）。向队尾插入元素称为进队或入队，新元素入队后成为新的队尾元素；从队列中删除元素称为离队或出队，元素出队后，其后续元素成为新的队头元素。

由于队列的插入和删除操作分别在队尾和队头进行，每个元素必然按照进入的次序离队，也就是说先进队的元素必然先离队，所以称队列为先进先出表（First In First Out，FIFO）。队列结构与日常生活中在食堂排队打饭等候服务的模型是一致的，最早进入队列的人最早得到服务并从队头离开；最后到来的人只能排在队列的最后，最后得到服务并最后离开。如图 3.17 所示，1 是队头，6 是队尾，取出数据只能从队头取出，存入数据只能在队尾中进入。

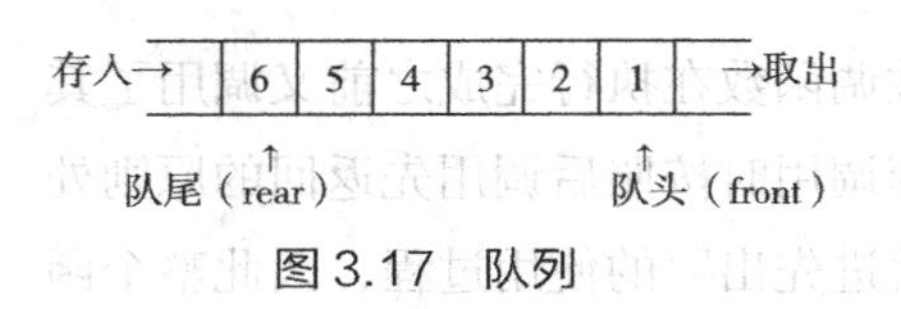


图 3.17 队列

## 3.2.2 顺序队列

利用顺序存储方式实现的队列称为顺序队列，顺序队列实际上是运算受限的顺序表。它是利用一组地址连续的存储单元存放队列中的元素。由于队列中的插入和删除限定在表的两端进行，因此设置队头指针和队尾指针，分别指出当前的队首元素和队尾元素。

设顺序队列 Q 的容量为 6，其队头指针为 front，队尾指针为 rear，头、尾指针和队列中元素之间的关系如图 3.18 所示。

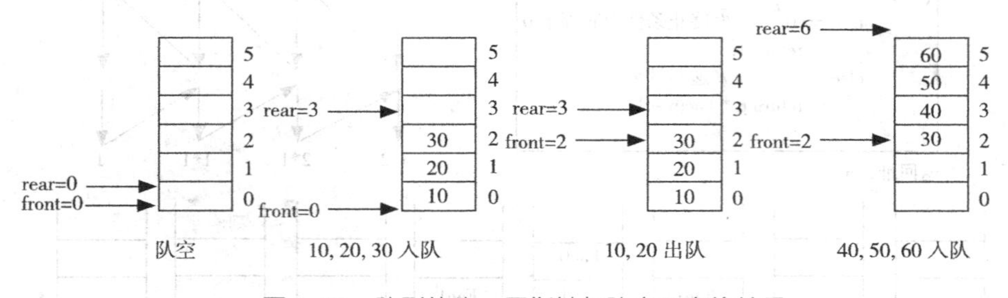


图 3.18 队列的头、尾指针与队中元素的关系

### 1. 入队操作思想

根据顺序队列的存储特点，要使某一元素进入队列，则要进行如下操作：

（1）先判断队列是否已经装满元素，如果未装满才能进行入队操作，否则不操作。

（2）将要入队的元素放入队尾，队尾指针再自增。

【例 3.6】1200101 班已有 2 名同学王丽、张阳的报到信息存放在队列中，现有（120010131，郑克龙）同学来报到，请将其信息放入队列中。

首先要定义学生信息结构体来存放学生记录，具体参见上一章的 struct Student 定义。

接下来放入对应结点的过程如下：

入队前如图 3.19 所示。

将要入队的元素（120010131，郑克龙）放入队尾，队尾指针再自增，如图 3.20 所示。

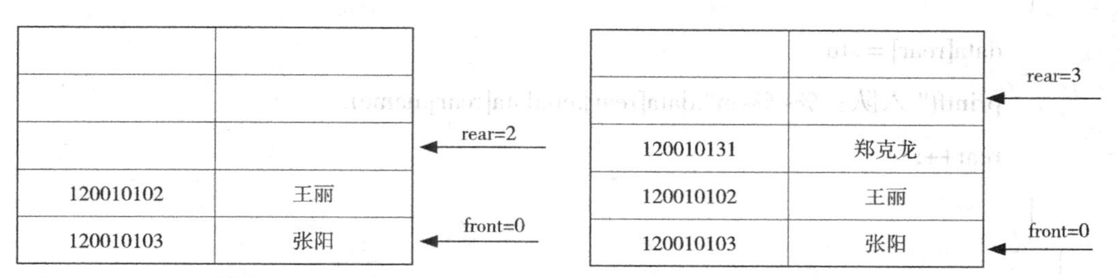


图 3.19 入队前学生报到信息表

图 3.20 入队后学生报到信息表

**2. 入队操作代码实现**

入队首先判断队尾指针是否越界（队列的最大存储空间），在未越界的情况下，将新元素放入队列，并后移队尾指针，具体实现代码如下：

```
#define DEFAULT_SIZE 8
// 保存数组的长度
int capacity;
// 定义一个数组用于保存顺序队列的元素
Student data[DEFAULT_SIZE];
// 保存顺序队列中元素的当前个数
int front ;
int rear  ;
// 以默认数组长度创建空顺序队列
void init( ) {
    front=0 ;
    rear=0 ;
    capacity = DEFAULT_SIZE;
}
 // 获取顺序队列的实际大小
 int length( ) {
    return rear – front;
```

```
}
//插入队列
void add(Student stu)
{
  if (rear < capacity)
   {
      data[rear] = stu;
      printf(" 入队：%s %s\n",data[rear].no,data[rear].name);
      rear++;
   }
}
int main( ) {
   init( );
   Student stu1 ;
   stu1.no="120010103";
   stu1.name=" 张阳 ";
   add(stu1);
   Student stu2 ;
   stu2.no="120010102";
   stu2.name=" 王丽 ";
   add(stu2);
   Student stu3 ;
   stu3.no="120010131";
   stu3.name=" 郑克龙 ";
   add(stu3);
   return 0;
}
```

**3. 出队操作思想**

根据顺序队列的存储特点，要使某一元素移出队列，则要进行如下操作：

（1）先判断队列是否为空，如果不为空才能进行出队操作，否则不操作。

（2）将队头的元素取出，再使队头指针自增。

【例 3.7】1200101 班已有 3 名同学王丽、张阳、郑克龙的报到信息存放在队列内，现需要从队列中取出一位同学的信息进行审查，并显示取出的信息。

首先要定义学生信息结构体来存放学生记录，具体参见上一章的 struct Student 定义。

接下来取出对应结点的过程如下：

出队前如图 3.21 所示。

将队头的元素（120010103，张阳）取出，再使队头指针自增，如图 3.22 所示。

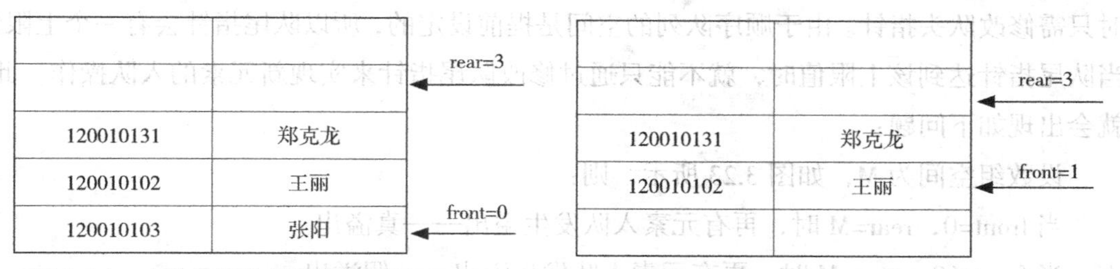


图 3.21 出队前学生报到信息表 图 3.22 出队后学生报到信息表

**4. 出队操作代码实现**

出队首先判断队列是否为空，在队列非空的情况下，将队头元素取出，并后移队头指针。在入队程序的基础上，添加出队代码，具体实现代码如下：

```
// 移除队列
Student* remove() {
    Student *old = NULL;
    if (front < rear) {
      // 保留队列的 rear 端的元素的值
      old = &data[front];
      // 释放队列的 rear 端的元素
      front++;
      printf(" 出队：%s %s\n",old->no,old->name);
      }
    return old;
}
    int main() {
      …
      while(.front<rear) {
      remove();
      }
```

```
    return 0;
}
```

### 3.2.3 循环队列

在顺序队列中，为了降低运算的复杂度，元素入队时，只需修改队尾指针，元素出队时只需修改队头指针。由于顺序队列的空间是提前设定的，所以队尾指针会有一个上限值，当队尾指针达到该上限值时，就不能只通过修改队尾指针来实现新元素的入队操作。此时就会出现如下问题：

设数组空间为M，如图3.23所示，则：

当front=0，rear=M时，再有元素入队发生溢出——真溢出。

当front≠0，rear=M时，再有元素入队发生溢出——假溢出。

解决假溢出的办法有两种：一是队首固定，每次出队剩余元素向下移动，这样时间效率比较低；二是使用循环队列。

在顺序队列的基础上，我们将数组的最后一个元素的下一个元素从逻辑上认为是数组的第一个元素，这样就形成逻辑上的环，如图3.24所示。

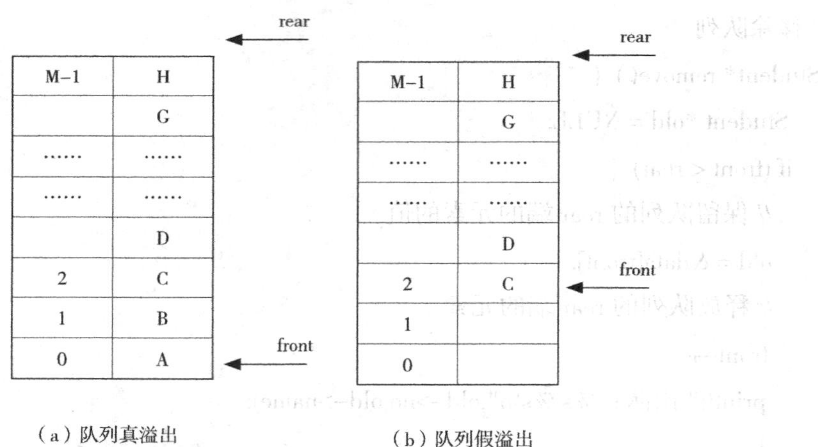


图3.23 队列真、假溢出

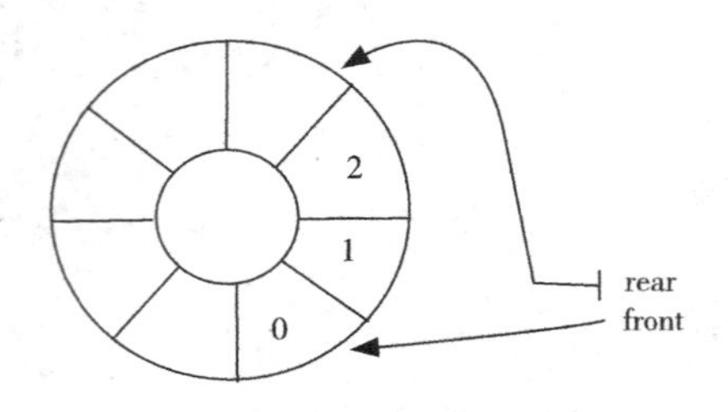


图3.24 循环队列

循环队列存在一个问题，就是如何判定循环队列空和满的问题。

表 3.1 列出了两种方法解决循环队列空和满的判定比较：

表 3.1　循环队列空和满判定比较

| | 不使用 size 标记队列元素个数 | 使用 size 标记队列元素个数 |
|---|---|---|
| 队首元素 | data[front] | data[front] |
| 队尾元素 | data[(rear−1) % M] | data[(rear−1) % M] |
| 队空 | rear==front | size==0 |
| 队满 | (rear+1)%M==front | size==M |

在图 3.25 中用队首指针 front 指向队首元素所在的单元，用队尾指针 rear 指向队尾元素所在单元的后一个单元。如此在图 3.25（b）所示的循环队列中，队首元素为 $e_0$，队尾元素为 $e_3$。当 $e_4$、$e_5$、$e_6$、$e_7$ 相继进入队列后，如图 3.25（c）所示，队列空间被占满，此时队尾指针追上队首指针，有 rear == front。反之，如果从图 3.25（b）所示的状态开始，$e_0$、$e_1$、$e_2$、$e_3$ 相继出队，则得到空队列，如图 3.25（a）所示，此时队首指针追上队尾指针，所以也有 front==rear。可见仅凭 front 与 rear 是否相等无法判断队列的状态是“空”还是“满”。解决这个问题有两种处理方法：一种方法是少使用一个存储空间，当队尾指针的下一个单元就是队首指针所指单元时，则停止入队。这样队尾指针就不会追上队首指针，所以在队列满时就不会有 front==rear。这样一来，队列满的条件就变为 (rear+1)%M== front，而队列判空的条件不变，仍然为 front==rear。另外一种方法是增设一个标志，以区别队列是“空”还是“满”，例如增设 size 变量表明队列中数据元素的个数，如果 size== Max 则队列满。

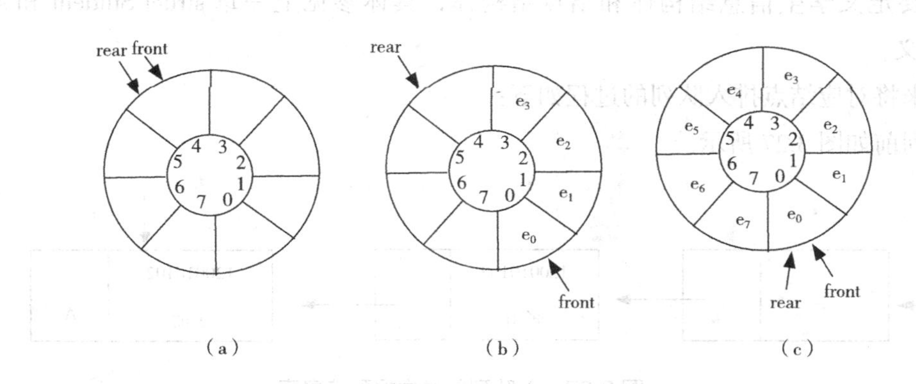


图 3.25　循环队列空和满

## 3.2.4　链式队列

队列的链式存储可以使用单链表来实现。为了操作方便，这里采用带头结点的单链表结构。根据单链表的特点，选择链表的头部作为队首，链表的尾部作为队尾。除了链表头结点需要通过一个引用来指向之外，还需要一个对链表尾结点的引用，以方便队列的入队

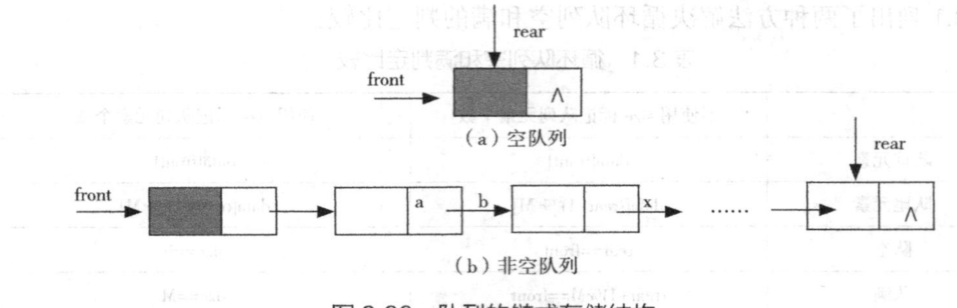

图 3.26　队列的链式存储结构

操作的实现。为此一共设置两个指针，一个队首指针和一个队尾指针，如图 3.26 所示。队首指针指向队首元素的前一个结点，即始终指向链表的头结点，队尾指针指向队列当前队尾元素所在的结点。当队列为空时，队首指针与队尾指针均指向空的头结点。

链队列的结点定义与链栈的结点定义相同，参见上一节链栈 Node 结点结构体定义。

链队列的基本操作也有进队、出队操作。

**1. 进队列操作思想**

将某一个新结点 s 排入队列内，则要进行如下操作：

（1）将队尾 rear 的后继设为新结点 s。

（2）将队尾指针 rear 后移，即 rear = rear->next。

【例 3.8】1200101 班已有 2 名同学王丽、张阳的报到信息排在队列里，现有（120010131，郑克龙）同学来报到，请将其信息也排入队列中。

首先要定义学生信息结构体和结点结构体，具体参见上一章 struct Student 和 struct Node 的定义。

接下来将对应结点排入队列的过程如下：

入队列前如图 3.27 所示。

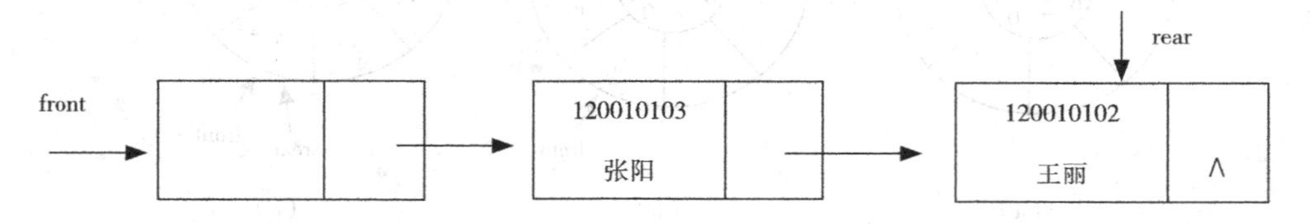

图 3.27　入队列前学生报到信息表

生成新结点（120010131，郑克龙），将队尾 rear 的后继设为新结点，如图 3.28 所示。

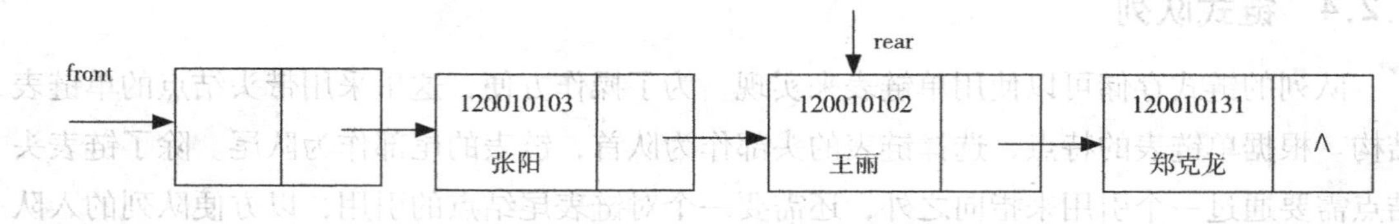

图 3.28　新结点排入队列

将队尾指针 rear 重新指向新结点（120010131，郑克龙）即可，如图 3.29 所示。

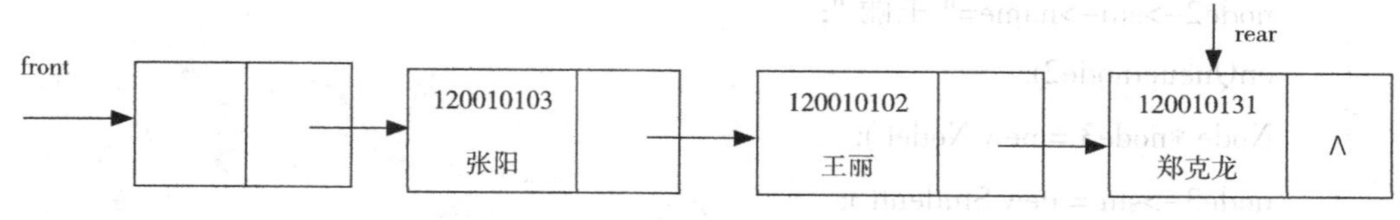


图 3.29　重置 rear 指针

**2. 进队列操作代码实现**

根据进队列操作思想，代码实现如下：

```
struct Node {// 结点结构体
    Student *stu;// 结点数据为学生
    Node *next;// 后继结点的地址
};
Node *front;// 链队头指针
Node *rear;// 链队尾指针
int curlen;  // 实际队长
void init( ) {
    front =(Node *)malloc(sizeof(Node));
    rear = front;
    curlen = 0;
}
// 数据元素 node 入队
void enQueue(Node *node) {
    rear->next = node;
    rear = rear->next;
    printf(" 入队： %s %s\n",rear->stu->no,rear->stu->name);
    curlen++;
}
int main( ) {
    init( );
    Node *node1 = new Node( );
    node1->stu = new Student( );
    node1->stu->no="120010103";
    node1->stu->name=" 张阳 ";
    enQueue(node1);
    Node *node2 = new Node( );
    node2->stu = new Student( );
```

```
    node2->stu->no="120010102";
    node2->stu->name=" 王丽 ";
    enQueue(node2);
    Node *node3 = new Node( );
    node3->stu = new Student( );
    node3->stu->no="120010131";
    node3->stu->name=" 郑克龙 ";
    enQueue(node3);
    return 0;
}
```

**3. 出队列操作思想**

在队列内有元素的情况下，对于带头结点的链式队列出队是头结点后的队首元素出队，具体操作如下：

（1）保存头结点后的队首元素。

（2）设置头结点的后继元素为队首元素的后继元素，即 front->next = front->next->next。

【例 3.9】1200101 班已有 3 名同学王丽、张阳、郑克龙的报到信息排入队列内，现需要从链队列中取出一位同学的信息进行审查，并显示取出的信息。

首先要定义学生信息结构体和结点结构体，具体参见上一章 struct Student 和 struct Node 的定义。

接下来取出对应结点的过程如下：

出队前学生信息队列状态，如图 3.30 所示。

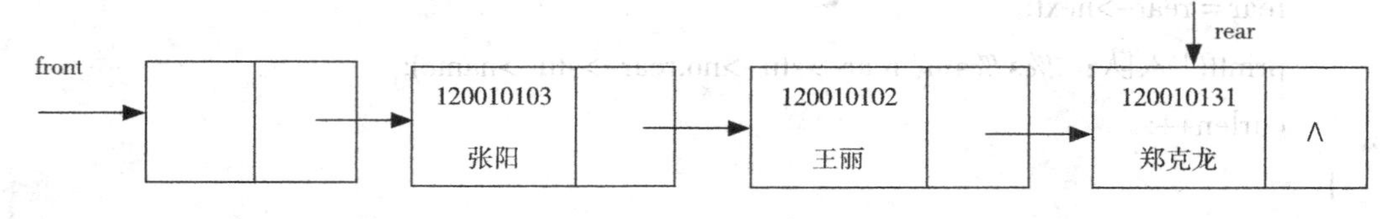


图 3.30　出队前学生信息队列状态

将对首出队元素存入 ni 变量中，再去除队首元素，如图 3.31 所示。

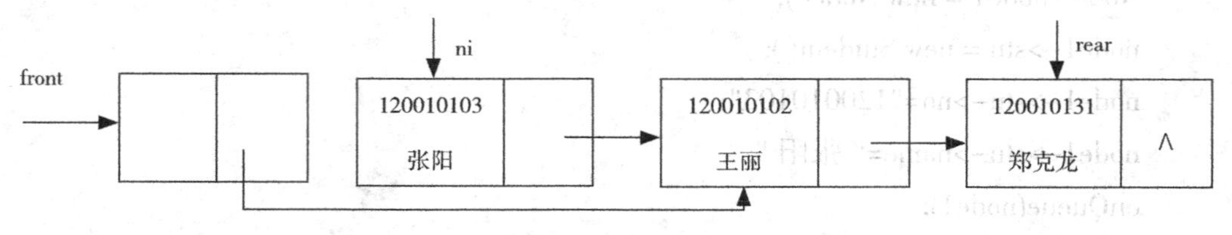


图 3.31　去除队首元素后学生信息队列状态

这里要注意，结点 ni 虽然存在，但在队列里，通过各结点的 next 域已不能找到它，所以结点 ni 从队列里移除了。

**4. 出队列操作代码实现**

根据出队列思想，在队列入队程序的基础上，添加出队代码，实现出队功能，具体代码实现如下：

```
// 队首元素出队
Node* deQueue( ) {
    Node *ni = NULL;
    if (curlen>0) {
            ni = front->next;
            front->next = ni->next;
            curlen--;
            printf(" 出队：%s  %s \n",ni->stu->no,ni->stu->name);
    }
    return ni;
}

int main( ){
    …
    while(curlen>0) {
            deQueue( );
    }
}
```

## 本章小结

本章主要介绍了运算受限的线性表：栈和队列，并讨论了它们的相关概念和基本操作、存储结构、基本运算的实现以及一些应用实例。通过本章的学习，应掌握的重点内容包括如下几点：

（1）栈是限制在表的一端进行插入和删除的线性表，具有“先进后出”的特点，随着结点的进栈和出栈，用栈顶指针指示栈顶的变化。用顺序存储结构时，要注意栈满、栈空的条件；用链式存储结构时，要注意链的方向。

（2）递归是指在定义自身的同时又出现了对自身的引用。如果一个算法直接或间接地调用自己，则称这个算法是一个递归算法。计算机执行递归算法时，是通过栈来实现的。

（3）队列的插入运算在表的一端进行，而删除运算在表的另一端进行，具有“先进先出”的特点，分别用队头指针和队尾指针指示队列队头结点和队尾结点的变化。队列的操作主要讲解了结点的插入、删除运算的算法及其溢出的条件。在顺序队列结构中，当结点不断插入、删除时，会很快移到队列末端而造成“假溢出”，用循环队列可以很好地防止“假溢出”，最后还讲解了链式队列及其操作。

（4）栈和队列的运算：入栈、出栈、入队列、出队列，还介绍了栈和队列在不同存储方式下基本运算的实现方法及实例应用。

# 习　题

## 一、选择题

1. 向栈顶指针为 top，在不带头结点链栈中插入一个结点 s，执行（　　）操作。

A.top -> next=s;　　B.s -> next=top -> next;top -> next=s;

C.s -> next=top;top=s;　　D.s -> next=top;top=top -> next;

2. 栈通常采用的两种存储结构为（　　）。

A. 散列方式和索引方式　　B. 顺序存储结构和链式存储结构

C. 链表存储结构和数组　　D. 线性存储结构和非线性存储结构

3. 一个栈的入栈序列是 a,b,c,d,e, 则栈的输出序列不可能是（　　）。

A.e,d,c,b,a　　B.d,e,c,b,a　　C.d,c,e,a,b　　D.a,b,c,d,e

4. 一个顺序栈一旦说明，其占用空间的大小（　　）。

A. 已固定　　B. 可以改变　　C. 不能固定　　D. 动态变化

5.top 初始值为 -1，判断顺序栈（最多结点数为 m）为栈满的条件是（　　）。

A.top==0　　B.top==m-1　　C.top!=0　　D.top!=m-1

6. 在栈中存取数据的原则是（　　）。

A. 先进先出　　B. 后进先出　　C. 后进后出　　D. 随意进出

7. 经过以下栈运算后，x 的值是（　　）。

InitStack(s);Push(s,a);Push(s,b);Pop(s,x);GetTop(s,x);

A.a　　B.b　　C.1　　D.0

8. 若已知一个栈的入栈序列是 1，2，3，…，n，其输出序列为 $p_1$，$p_2$，…，$p_n$，若 $p_1$=n，则 $p_i$ 为（　　）。

A.n−i　　B.I　　C.n−i+1　　D. 不确定

9. 一个队列的进队序列为 1，2，3，4，则出队序列为（　　）。

A.1，2，3，4　　B.4，3，2，1

C.1，4，3，2　　D.3，2，4，1

10.4 个结点进队序列为 1，2，3，4，进行一次出队运算后，队头结点为（　）。

A.1　　B.2　　C.3　　D.4

11. 若用单链表来表示队列，则应该选用（　　）。

A. 带尾指针的非循环队列　　B. 带尾指针的循环队列

C. 带头指针的非循环队列　　D. 带头指针的循环队列

12. 循环队列为空队列的条件是（　　）。

A.Q−>rear==Q−>front　　B.(Q−>rear+1)%MaxSize==Q−>front

C.Q−>rear=0　　D.Q−>front=0

13. 在一个链队中，假定 front 和 rear 分别为队首和队尾指针，则删除一个结点的操作为（　　）。

A.front=front−>next　　B.rear=rear−>next

C.rear=front−>next　　D.front=rear−>next

14. 栈和队列的共同点是（　　）。

A. 都是先进后出　　B. 都是先进先出

C. 只允许在端点处插入和删除元素　　D. 没有共同点

15. 栈可用于（　　）。

A. 递归调用　　B. 子程序调用

C. 表达式求值　　D. 以上都对

## 二、填空题

1. 允许在线性表的一端进行插入和删除的线性表称为__________。

2. 当栈满时再做进栈运算将产生____________________；当栈空时再做出栈运算将产生____________________。

3. 带有头结点的单链表 head 为空的条件是 ________________ 。

4. 设有一空栈，现有输入序列 1，2，3，4，5，经过 push，push，pop，push，pop，push，push 后，输出序列是______________。

5. 栈是一种具有______________ 特性的线性表。

## 三、判断题

1. 在把十进制数转化为二进制数的过程中需要借助栈。（　　）

2. 在n个元素进栈后，它们的出栈顺序和进栈顺序一定正好相反。 （　　）

3. 栈是线性表的特例，是指元素先进后出。 （　　）

4. 用链式存储结构保存的线性表，称为链表。 （　　）

5. 顺序表与顺序栈没有区别，它们都是顺序存储结构。 （　　）

6. 队列的特点是先进先出。 （　　）

7. 将插入和删除限定在表的同一端进行的线性表是队列。 （　　）

8. 队列是一种对进队列、出队列操作的次序做了限制的线性表。 （　　）

9. 栈和队列没有区别，都是受限的线性表。 （　　）

10. 链栈与链队没有区别，都是用链式存储结构保存数据的线性表。 （　　）

## 四、简答题

1. 简述栈的顺序存储结构和链式存储结构的优缺点。

2. 若依次读入数据元素序列1，2，3进栈，进栈过程中允许出栈，试写出各种可能的出栈元素序列。

3. 简述队列的顺序存储结构和链式存储结构的优缺点。

4. 循环队列的优点是什么？如何判断它的空和满？

5. 简述栈和队列的区别。

6. 第一个月小兔子没有繁殖能力，所以还是一对；两个月后，生下一对小兔总数共有两对；三个月以后，老兔子又生下一对，因为小兔子还没有繁殖能力，所以一共是三对；以次类推可以列出下表：

| 经过月数 | 0 | 1 | 2 | 3 | 4 | 5 | 6 | 7 | 8 | 9 | 10 | 11 |
|---|---|---|---|---|---|---|---|---|---|---|---|---|
| 幼仔对数 | 0 | 0 | 1 | 1 | 2 | 3 | 5 | 8 | 13 | 21 | 34 | 55 |
| 成兔对数 | 1 | 1 | 1 | 2 | 3 | 5 | 8 | 13 | 21 | 34 | 55 | 88 |
| 总体对数 | 1 | 1 | 2 | 3 | 5 | 8 | 13 | 21 | 34 | 55 | 89 | 144 |

请分析其算法思想。

# 第4章 串

某班级的学生信息表如图 4.1 所示，表中的姓名、住址等信息都是字符串，要在计算机内存储这样一张学生信息表，以及对表内信息进行诸如插入、删除、查找等操作，都必须用到串处理的相关知识。

| 学号（ID） | 姓名 (Name) | 分组 (Group) | 年龄 (Age) | 住址 (Addr) |
| --- | --- | --- | --- | --- |
| 120010101 | 李华 | 100 | 16 | 四川成都 |
| 120010102 | 王丽 | 010 | 15 | 重庆万州 |
| 120010103 | 张阳 | 011 | 19 | 陕西西安 |
| 120010104 | 赵斌 | 012 | 16 | 重庆云阳 |
| 120010105 | 孙琪 | 020 | 18 | 四川广安 |
| 120010106 | 马丹 | 021 | 19 | 陕西宝鸡 |
| 120010107 | 刘畅 | 030 | 20 | 重庆黔江 |
| 120010108 | 周天 | 031 | 14 | 四川南充 |
| ⋮ | ⋮ | ⋮ | ⋮ | ⋮ |
| 120010130 | 黄凯 | 032 | 17 | 江苏南京 |

图 4.1　学生信息表

串是一种特殊的线性表，其特殊性体现在数据元素是一个字符，接下来就来学习串。

## 4.1　串的概念和基本操作

### 1. 串的概念

串（String）（或字符串）是由零个或多个字符组成的有限序列。

表示方法：S="$a_1a_2\cdots a_n$"

其中：S 是串名，双引号括起的字符序列是串值；$a_i$（$1 \leqslant i \leqslant n$）可以是字母、数字或其他字符；n 为串的长度。

将串值引起来的双引号本身不属于串，它的作用是避免串与常数或与标识符混淆。

长度为零的串称为空串（Empty String），它不包含任何字符。

通常将仅由一个或多个空格组成的串称为空白串（Blank String）。

串中任意个连续字符组成的子序列称为该串的子串（Sub String），包含子串的串相应地称为主串。空串是任意串的子串，任意串是其自身的子串。

子串在主串中的位置，以子串第一个字符在主串的位置来表示。

当两个串的长度相等且各对应位置上的字符都相同时，则这两个串相等。

通常在程序中使用的串可分为两种: 串变量和串常量。在程序中串常量只能读不能写，通常是由直接量来表示。串变量是一块内存空间，里面存放的串值可以改变。

【例 4.1】在学生信息表中有“赵斌”“重庆云阳”两个串，分别计算它们的长度，并确定“云阳”是哪个串的子串，在主串中的位置是多少？

由于一个汉字占两个字节空间，所以字符串“赵斌”的长度为 4，字符串“重庆云阳”的长度为 8；“云阳”是“重庆云阳”的子串，它在主串中的位置是 4，因为字串“云阳”第一个字符在主串中对应的下标为 4。有的程序语言(如 C)内部的 char 是使用 GB2312 编码，占两字节，所以，在 C 环境下，字符串“赵斌”的长度为 2，字符串“重庆云阳”的长度为 4；子串“云阳”在主串“重庆云阳”中的位置是 2。

**2. 串的常见基本操作**

在 C 中常用的串，其存储结构就是顺序存储结构。但在实际应用中对串所需要的操作却和线性表的操作有很大的差别，主要体现在线性表的操作通常以单个数据元素作为操作对象，而串的操作往往以多个数据元素作为操作对象。

在 C 中根据串的操作可分为静态字符串和动态字符串，分别用 char s[ ] 和 char *s 来处理。C 中常见方法：

strcmp(String anotherString) 按字典顺序比较两个字符串。

strcat(String str) 将指定字符串连接到此字符串的结尾。

strlen( ) 返回此字符串的长度。

## 4.2 串的表示与实现

串是由字符元素组成的特殊线性表，串和线性表的存储结构相似，包括顺序存储和链式存储两种。虽然在某些语言中，如 C 语言，串作为基本数据类型而存在，但了解串的基本存储机制，在串的实际应用中是非常有用的。

### 4.2.1 顺序定长存储及实现

串的顺序存储结构方法和线性表一样，即用一组连续的存储单元依次存储串中的字符序列，构成串的顺序存储，简称顺序串。

在串顺序存储结构里，不可避免地要考虑串的长度问题。通常有两种方法来处理串长：一种是把 '\0' 作为结束标志，放在字符串的最后，如 C 语言就采用这种方式，不过这种方式中的串长是隐含的，不便于进行某些串运算；另一种是把串长存放在一个整型变量中。此外，还有一种情况是同时使用两种方式，既使用 '\0' 作为结束标志，同时记录串长。

【例 4.2】在学生信息表中有“赵斌，重庆云阳”字符串，请用顺序定长存储方式来存放该字符串信息，并把结果显示出来。

字符串信息“赵斌，重庆云阳”存放到顺序串中，C 语言内部的 char 是使用 GB2312 编码，所以都占两个字节。其具体内存如图 4.2 所示。

| 内容 | 赵 | 斌 | ， | 重 | 庆 | 云 | 阳 | 0 |  | …… |  |  |  |  |  |
|---|---|---|---|---|---|---|---|---|---|---|---|---|---|---|---|
| 下标 | 0 | 1 | 2 | 3 | 4 | 5 | 6 | 7 |  | …… |  |  |  |  | 99 |

图 4.2　顺序串信息存储

由于要存放串的信息和其长度，所以需要定长字符数组 data 和存放长度的整数 curlen。将字符串 char * s 的内容存放到顺序串中，其程序流程图如图 4.3 所示。

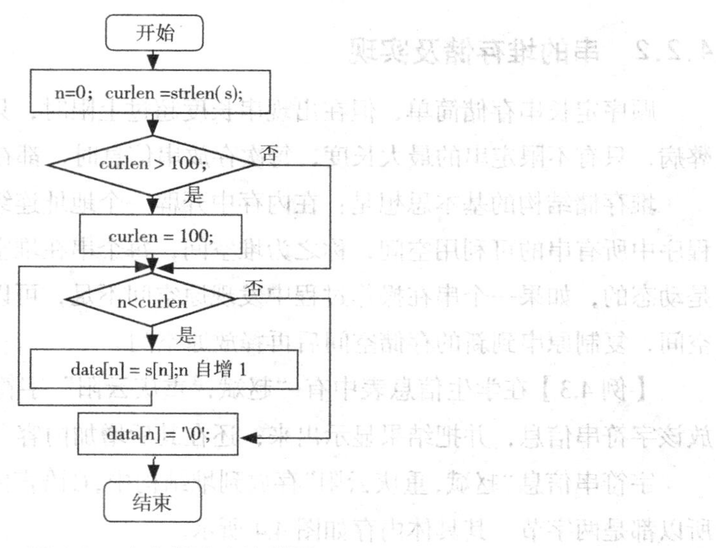


图 4.3　存入顺序串流程图

流程的具体代码实现如下：

```
#include "String.h"
char data[100] ; //data 为存放字符元素的数组
int curlen ; // 实际串长
void SetString(char *s){
    // 从第 1 个位置开始顺序存放每个字符元素
    int n=0;
    curlen = strlen(s);
    if (curlen > 100) // 超过上限，截去尾部
```

```
        curlen = 100;
    for(; n<curlen ;n++)
    data[n] = s[n];
    // 结束标志
    data[n] = '\0';
}
int main( ) {
    SetString(" 赵斌，重庆云阳 ");
    printf("%s\n",data);
    return 0;
}
```

### 4.2.2 串的堆存储及实现

顺序定长串存储简单，但在出现串长度超过上限时，只能用截尾法处理。要克服这个弊病，只有不限定串的最大长度，每次存放串信息时，都在堆里面动态重新分配空间。

堆存储结构的基本思想是：在内存中开辟一个地址连续且足够大的存储空间作为应用程序中所有串的可利用空间，称之为堆空间，每个串在堆空间里占用的存储区域的大小都是动态的，如果一个串在操作过程中发现原空间不足，可以根据需要重新申请更大的存储空间，复制原串到新的存储空间后再释放原空间。

【例 4.3】在学生信息表中有“赵斌，重庆云阳”字符串，请用堆分配存储方式来存放该字符串信息，并把结果显示出来；还在其后增加内容“，学号 04”，显示结果。

字符串信息“赵斌，重庆云阳”存放到堆结构中，C语言内部的char是使用GB2312编码，所以都是两字节。其具体内存如图 4.4 所示。

| 内容 | 赵 | 斌 | ， | 重 | 庆 | 云 | 阳 | 0 |
|---|---|---|---|---|---|---|---|---|
| 下标 | 0 | 1 | 2 | 3 | 4 | 5 | 6 | 7 |

图 4.4　串堆结构信息存储

当增加“，学号 04”，其内容变为“赵斌，重庆云阳，学号 04”，这时要在堆里重新分配空间，存放新信息。其具体内存如图 4.5 所示。

| 内容 | 赵 | 斌 | ， | 重 | 庆 | 云 | 阳 | ， | 学 | 号 | 0 | 4 | 0 |
|---|---|---|---|---|---|---|---|---|---|---|---|---|---|
| 下标 | 0 | 1 | 2 | 3 | 4 | 5 | 6 | 7 | 8 | 9 | 10 | 11 | 12 |

图 4.5　新串堆结构信息存储

堆存储结构和顺序定长串存储结构都是利用连续存放空间，不同之处在于顺序定长串存储结构一次分配空间，分配后不再改变，而堆存储结构每次都动态分配空间存放信息。将字符串 char *s 的的内容存放到顺序串中，数组 data 是动态分配空间，整数 curlen 为字符串长度，其具体分配空间和存放流程如图 4.6 所示。

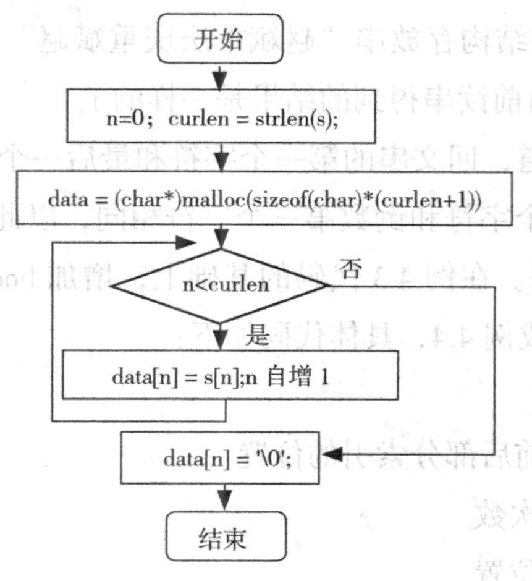


图 4.6　堆分配存放字符串

其具体代码实现如下：

```
#include "String.h"
char *data; //data 为存放字符元素的数组
int curlen;              // 实际串长
void SetString(char *s){
// 从第 1 个位置开始顺序存放每个字符元素
    int n=0;
    curlen = strlen(s);
    data =(char *)malloc(sizeof(char)*(curlen+1));      // 每次据长度动态分配空间
    for(; n<curlen ;n++){
            data[n] = s[n];
    }
    // 结束标志
    data[n] = '\0';
}
int main( ) {
    SetString(" 赵斌，重庆云阳 ");
    printf("%s\n",data);
```

```
    SetString(" 赵斌，重庆云阳 + 学号 04");
    printf("%s\n",data);
    return 0;
}
```

【例 4.4】利用堆存储结构存放串“赵斌重庆庆重斌赵”，编写算法判断该串是否是回文串(从前向后和从后向前读串得到的结果是一样的)。

根据回文串的定义知道，回文串的第一个字符和最后一个字符相同，第二个字符和倒数第二个字符相同，第三个字符和倒数第三个字符相同，以此类推，则得出第 i 个字符和第 strlen(s)−i−1 个字符相同。在例 4.3 代码的基础上，增加 bool isHuiWen( ) 回文判断函数和驱动测试代码，即可完成例 4.4，具体代码如下：

```
bool isHuiWen( ){
    int i,j;       //i、j 为前后部分索引的位置
    int k;       // 比较的次数
    i = 0;       // 第一个位置
    j = curlen-1;       // 最后一个位置
    for(k=1;k<=curlen/2;k++,i++,j--){
        if(data[i]!=data[j]){
            return false;
        }
    }
    return true;
}
int main( ) {
    SetString(" 赵斌重庆庆重斌赵 ");
    printf("%d",isHuiWen( ));
    return 0;
}
```

### 4.2.3 串的链式存储及实现

按链式存储结构存储的串称为链串，与链表结构类似，只是链串数据域部分为字符。同样链串中结点有两个域，一个表示结点字符信息，称为数据域；另一个表示当前结点的后继结点的引用，称为地址域，如图 4.7 所示。

| 数据域 | 地址域 |
| --- | --- |

图 4.7　链表的区域

所有结点串起来，再加上头结点，就形成了带头节点的链串，具体如图 4.8 所示。

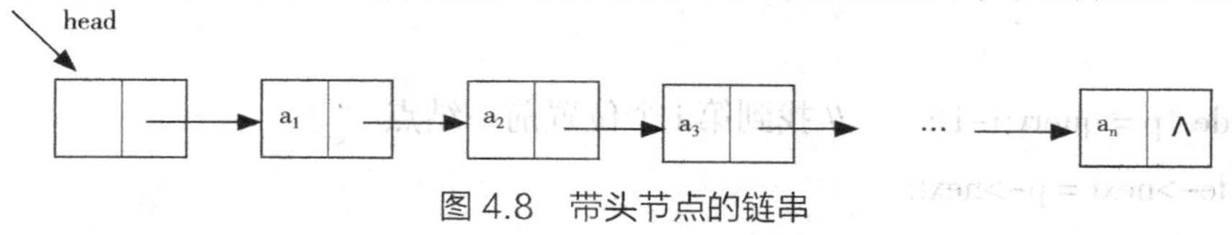


图 4.8 带头节点的链串

其中第一个结点仅表示链表的起始位置，而无任何值和意义，称为头结点。

【例 4.5】编码实现一个链串，并实现取其子串的算法。例如，字符串“abcdefghijklmn”取第 2 个位置到第 6 个位置的子串为“bcdef”。

要实现链串，首先得定义节点结构体 Node:

```
struct Node {      //结点结构体
    char c;    //结点数据为字符
    Node *next;      //后继结点的地址
};
```

然后实现求其子串的算法。链串的增删改查操作与链表类似，大家可以参照第 2 章链表部分实现，下面是简化的实现代码：

```
Node *head;      //链表头结点
int curlen;      //实际表长
void init() {
    head = (Node *)malloc(sizeof(Node));
    curlen =1;
}
//查询第 i 个结点
Node* query(int i){
     Node *p = head;
     for(int n=1;n<=i;n++){
            p = p->next;
      }
     return p;
}
//在表的第 i 个位置前插入新数据元素 node, 返回插入操作结果
void insert(int i, Node* node){
    //判断 i 的有效性
    if(i<1||i>curlen){
            printf("i 值无效！ \n");
```

```
            return;
        }
        Node *p = query(i-1);       // 找到第 i 个位置前一结点
        node->next = p->next;
        p->next = node;
        curlen++;
}
int main( ) {
        init( );
        for (char i='a'; i<='n'; i++) // 字符信息存入链串
        {
                Node *n = (Node *)malloc(sizeof(Node));
                n->c = i;
                insert(i+1-'a',n);
                printf("%c ",n->c);
        }
        printf("\n");
        for (int j=2; j<=6; j++) // 取对应位置的字符，存入新链串
        {
                Node *q = (Node *)malloc(sizeof(Node));
                Node *p = query(j);
                q->c = p->c;
                insert(j+1-2,q);
                printf("%c",q->c);
        }
        return 0;
}
```

## 4.3 串的模式匹配算法

子串在主串中的定位称为模式匹配或串匹配（字符串匹配）。模式匹配成功是指在主串 s 中能够找到模式串 t，否则称模式串 t 在主串 s 中不存在。

模式匹配的应用非常广泛。例如，在文本编辑程序中，我们经常要查找某一特定单词在文本中出现的位置。显然，了解此问题的有效算法能极大地提高文本编辑程序的响应

性能。

模式匹配是一个较为复杂的串操作过程。迄今为止，人们对串的模式匹配提出了许多思想和效率各不相同的计算机算法，下面介绍两种主要的模式匹配算法。

### 4.3.1 Brute-Force 模式匹配算法

设 s 为目标串，t 为模式串，且不妨设：

s= “$s_0s_1s_2\cdots s_{n-1}$” ， t= “$t_0t_1t_2\cdots t_{m-1}$”

串的匹配实际上是对合法的位置 $0 \leqq i \leqq n-m$ 依次将目标串中的子串 s[i⋯i+m−1] 和模式串 t[0⋯m−1] 进行比较：

（1）若 s[i⋯i+m−1]=t[0⋯m−1]：从位置 i 开始的匹配成功，亦称模式 t 在目标 s 中出现；

（2）若 s[i⋯i+m−1] ≠ t[0⋯m−1]：从位置 i 开始的匹配失败。位置 i 称为位移，当 s[i⋯i+m−1]=t[0⋯m−1] 时，i 称为有效位移；当 s[i⋯i+m−1] ≠ t[0⋯m−1] 时，i 称为无效位移。

这样，串匹配问题可简化为找出某给定模式 t 在给定目标串 s 中首次出现的有效位移。

**1. 算法思想**

从目标串 s 的第一个字符起和模式串 t 的第一个字符进行比较，若相等，则继续逐个比较后续字符，否则从串 s 的第二个字符起再重新和串 t 进行比较。依此类推，直至串 t 中的每个字符依次和串 s 的一个连续的字符序列相等，则称模式匹配成功，此时串 t 的第一个字符在串 s 中的位置就是 t 在 s 中的位置，否则模式匹配不成功。

这种匹配模式的主串指针需回溯，速度慢。

**2. 代码实现**

在例 4.2 顺序串的基础上，添加 int Index_BF(char * S, char * T, int pos) Brute-Force 算法函数，并在主函数中添加驱动代码进行测试，具体代码如下：

```
#include "String.h"
//S 为主串，T 为模式串，pos 为从哪个位置开始匹配
int Index_BF(char *S, char *T, int pos) {
    if(pos<0||strlen(T)<=0) return 0;// 非法操作
        int i=pos,j=0;
        while(i<strlen(S)&&j<strlen(T)) {
            if(S[i]==T[j]) {
                i++;j++;
            }
            else{
                i=i-j+2;    //j=0;
```

```
            }
        }
        if(j>=strlen(T))
            return i-strlen(T);     // 或者 i-j+1
        else
            return 0;     // 没找到
    }

    int main( ) {
        char *str=" 赵斌，重庆云阳 ";
        char *strT=(" 庆云 ");
        int rst = Index_BF(str, strT, 0);
        printf("%d\n",rst);
        return 0;
    }
```

**3. 时间复杂度分析**

最好情况：只需比较一次，即比较子串的长度的次数 n=O(n);

最差情况：每次比较时都发现子串的最后一个字符和主串不相等，故需要比较 (m−n)*n+n=(m−n+1)*n=O(m*n) 次

一般情况 :O(m+n); 从最好到最坏情况统计总的比较次数，然后取平均。

## 4.3.2 KMP 模式匹配算法

该改进算法是由 D.E.Knuth、J.H.Morris 和 V.R.Pratt 提出来的，简称为 KMP 算法。

其改进在于：每当一次匹配过程中出现字符不相等时，主串指示器不用回溯，而是利用已经得到的“部分匹配”结果，将模式串的指示器向右“滑动”尽可能远的一段距离后，继续进行比较。

假设有串 s=“abacabab”，t=“abab”。第一次匹配过程中，当主串 s 的指针 i 和模式串 t 的指针 j 同时在 3 时，匹配失败。但重新开始第二次匹配时，不必从 i=1，j=0 开始。因为 $s_1=t_1$，$t_0 \neq t_1$，必有 $s_1 \neq t_0$，又因为 $t_0=t_2$，$s_2=t_2$，所以必有 $s_2=t_0$。由此可知，第二次匹配可以直接从 i=3、j=1 开始。

**1. 算法思想**

在主串 s 与模式串 t 的匹配过程中，一旦出现 $s_i \neq t_j$，主串 s 的指针不必回溯，而是

直接与模式串的 $t_k$（$0 \leqq k<j$）进行比较，而 k 的取值与主串 s 无关，只与模式串 t 本身的构成有关，即从模式串 t 可求得 k 值。

不失一般性，设主串 s= "$s_1s_2\cdots s_n$"，模式串 t= "$t_1 t_2 \cdots t_m$"。

当 $s_i \neq t_j(1 \leqq i \leqq n-m,\ 1 \leqq j<m,\ m<n)$ 时，主串 s 的指针 i 不必回溯，而模式串 t 的指针 j 回溯到第 k(k<j) 个字符继续比较，则模式串 t 的前 k−1 个字符必须满足式 4.1，而且不可能存在 k'>k 满足式 4.1。

$$t_1t_2\cdots t_{k-1}= s_{i-(k-1)}\ s_{i-(k-2)}\cdots\ s_{i-2}\ s_{i-1} \qquad \text{式 4.1}$$

而已经得到的"部分匹配"的结果为：

$$t_{j-(k-1)}\ t_{j-k}\cdots\ t_{j-1}=s_{i-(k-1)}\ s_{i-(k-2)}\cdots\ s_{i-2}\ s_{i-1} \qquad \text{式 4.2}$$

由式 4.1 和式 4.2 得：

$$t_1t_2\cdots t_{k-1}=t_{j-(k-1)}\ t_{j-k}\cdots\ t_{j-1} \qquad \text{式 4.3}$$

实际上，式 4.3 描述了模式串中存在相互重叠的子串的情况，由式 4.3 可知 next[j] 数据与主串无关，而只与匹配串相关联，在求得了 next[j] 值之后，KMP 算法的思想是：

设目标串(主串)为 s，模式串为 t，并设 i 指针和 j 指针分别指示目标串和模式串中正待比较的字符，设 i 和 j 的初值均为 1。若有 $s_i=t_j$，则 i 和 j 分别加 1。否则，i 不变，j 退回到 j=next[j] 的位置，再比较 $s_i$ 和 $t_j$，若相等，则 i 和 j 分别加 1。否则，i 不变，j 再次退回到 j=next[j] 的位置，依此类推。直到下列两种可能：

（1）j 退回到某个下一个 [j] 值时字符比较相等，则指针各自加 1 继续进行匹配。

（2）退回到 j=0，将 i 和 j 分别加 1，即从主串的下一个字符 $s_{i+1}$ 模式串的 $t_1$ 重新开始匹配。

**2. 代码实现**

KMP 中的核心算法，获得记录跳转状态的 next 数组和 Index_KMP 模式匹配，具体代码实现如下：

```
int* next(char * sub) {
        int length=strlen(sub);
        int  *a =(int *)malloc(sizeof(int)* length);
        char * c = (char *)malloc(sizeof(char)*(length+1));
        int i,j;
        a[0] = -1;
        i = 0;
        for(j=1;j<length;j++) {
            i = a[j - 1];
            while(i>=0&&c[j]!=c[i+1]) {
```

```
                i = a[i];
            }
            if(c[j]==c[i+1]) {
                a[j] = i+1;
            }
            else {
                a[j] = -1;
            }
        }
        return a;
    }
    int Index_KMP(char *str,char *sub,int *next) {
            int rst = -1;
            char *ch1 = (char *)malloc(sizeof(char)*(strlen(str)+1));
            char *ch2 = (char *)malloc(sizeof(char)*(strlen(sub)+1));
    int i = 0,j = 0;      //i 控制 ch1,j 控制 ch2;
            for(;i<strlen(ch1); ) {
                if(ch1[i]==ch2[j]) {      // 匹配就自动递增，往后匹配
                    if(j==strlen(ch2)-1)
                    {
                    rst = i- strlen(ch2) +1;
                    break;
                }
                j++;
                i++;
            }
            else if(j==0) {
                i++;
            }
            else {
                j = next[j-1]+1;
            }
            }
    return rst; }
    int main( ) {
```

```
    char * sub = " 庆云 ";
    char * str = " 赵斌，重庆赵斌，重庆云阳 ";
    int *next = (int *)malloc(sizeof(int)*(strlen(sub)+1));
    int rst = Index_KMP(str,sub,next);
        printf("%d\n",rst);
    return 0;
}
```

## 本章小结

本章主要讲解了串的相关概念、串的顺序定长存储、顺序堆分配存储及串的链式存储方式，同时介绍了串的基本操作和串的模式匹配及应用。通过本章的学习，应掌握的重点内容包括如下几点：

（1）串是一种特殊的线性表，其特殊性体现在数据元素是一个字符。串（String）（通常也称字符串）：是由零个或多个字符组成的有限序列。

（2）串和线性表的存储结构相似，包括顺序存储和链式存储两种。顺序存储又包括顺序定长存储和堆存储结构。顺序定长存储就是用一组连续的存储单元依次存储串中的字符序列；堆存储结构是在内存中开辟一个地址连续且足够大的存储空间作为应用程序中所有串的可利用空间，每个串在堆空间里占用的存储区域的大小都是动态的，如果一个串在操作过程中原空间不足，可以根据需要重新申请更大的存储空间，拷贝原串到新的存储空间后再释放原空间；按链式存储结构存储的串称为链串，与链表结构类似，只是链串数据域部分为字符。

（3）子串在主串中的定位称为模式匹配或串匹配。模式匹配是一个较为复杂的串操作过程，其应用非常广泛，本章介绍了 Brute-Force 和 KMP 两种主要的模式匹配算法。

（4）在计算机的应用中，串可谓无处不在。应用程序中的菜单、数据库中保存的人员姓名、文本内容和源程序内容等都是串，本章介绍了串的比较，求子串等应用。

## 习　题

### 一、选择题

1. 下面关于串的的叙述中，哪一个是不正确的？（　　）

A. 串是字符的有限序列

B. 空串是由空格构成的串

C. 模式匹配是串的一种重要运算

D. 串既可以采用顺序存储，也可以采用链式存储

2. 串的长度是指（　）。

A. 串中所含不同字母的个数　　B. 串中所含字符的个数

C. 串中所含不同字符的个数　　D. 串中所含非空格字符的个数

3. 若串 S="software", 其子串的数目是（　）。

A. 8　　B. 37　　C. 36　　D. 9

4. 设有两个串 p 和 q，其中 q 是 p 的子串，求 q 在 p 中首次出现的位置的算法称为（　）。

A. 求子串　　B. 联接　　C. 匹配　　D. 求串长

5. 设有串 s1="welcome to zdsoft colleage!" 和 s2="to"，那么 s2 在 s1 中的索引位置是（　）。

A.7　　B.8　　C.9　　D.10

## 二、上机题

1. 编写算法求取某串的子串。

2. 编写一个算法，比较两个串的大小。

# 第5章 数组与广义表

在前面章节里线性表、栈、队列和串的顺序存储的实现中，都用到了数组，数组到底是什么呢？本章就来进一步研究数组。

## 5.1 数 组

### 5.1.1 数组的概念

数组是 n（n ≥ 1）个相同数据类型的数据元素 $a_0,a_1,a_2,...,a_{n-1}$ 构成的占用一块连续地址的内存单元的有限集合。数组通常以字节为内部计数单位。

数组具有以下特点：

（1）数组中数据元素的数据类型相同。

（2）数组是一种随机存取结构，只要给定一组下标，就可以访问与其对应的数组元素。

（3）数组中数据元素的个数是固定的。

### 5.1.2 数组的存储

在计算机中，表示数组最普通的方式是采用一组连续的存储单元顺序地存放数组元素。由于内存是一维的，而数组是多维结构，我们可以认为二维数组是一个每个数据元素是一维数组的一维数组；三维数组是一个每个数据元素是二维数组的一维数组；四维数组是一个每个数据元素是三维数组的一维数组，以此类推。当然，三维数组也可以看成是一个每个数据元素是一维数组的二维数组，而四维数组也可以看成是一个每个数据元素是一维数组的三维数组或是一个每个数据元素是二维数组的二维数组等。也就是说，n（n>1）维数组可以看成是一个 n−i（i ≥ 1）维数组，每个数据元素是 i 维数组。对于一个 m×n 的二位数组，可以看成一个矩阵，如图 5.1（a）所示，也可以看成一个行向量的一维数组，如图 5.1（b）所示，还可以看成一个列向量的一维数组，如图 5.1（c）所示。

对于一维数组 $A_{[n]}=\{a_0,a_1,\cdots,a_{n-1}\}$ 的存储，直接采用内存中一段连续的存储单元依次进行存储，如图 5.2 所示。

一维数组任意数据元素 $a_i$ 的存储单元地址：$Loc(a_i)=Loc(a_0)+i*k$（$0 \leq i< n$），其中 k 为单个元素所占空间。

对于二维数组 $A_{[m][n]}$ 的表示有两种方法，对应地用一组连续的存储单元存放数组的元素就有两种存储次序：一种是以行序为主序的存储方式，即先存储第 0 行元素，再存储第 1 行元素，…，如图 5.3 所示。

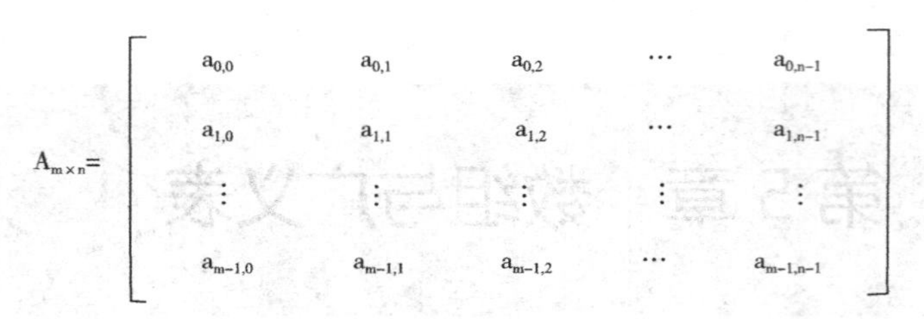

（a）矩阵形式的表示

$$A_{m\times n}=((a_{0,0}\,a_{0,1}\cdots a_{0,n-1}),(a_{1,0}\,a_{1,1}\cdots a_{1,n-1}),\cdots,(a_{m-1,0}\,a_{m-1,1}\cdots a_{m-1,n-1}))$$

（b）行向量的一维数组

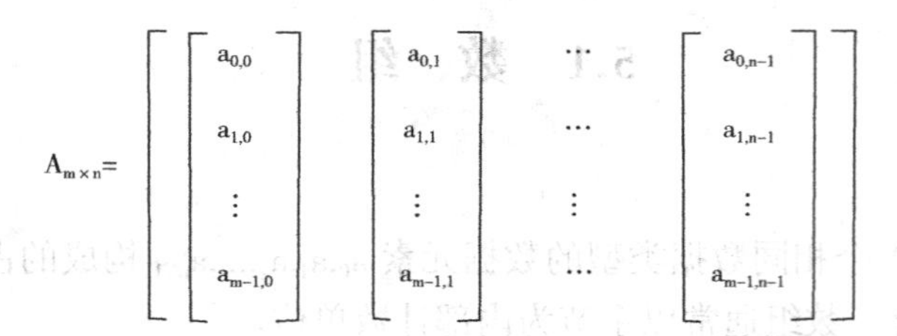

（c）列向量的一维数组

图 5.1　二维数组的不同表示

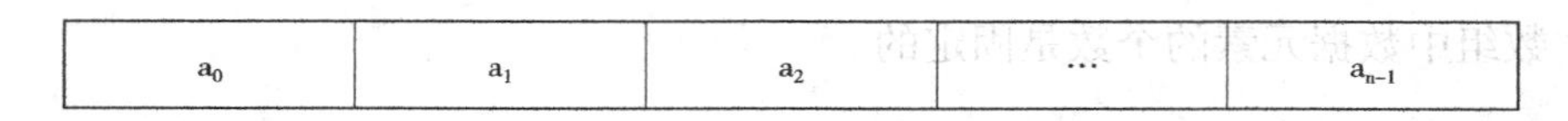


图 5.2　一维数组的存储

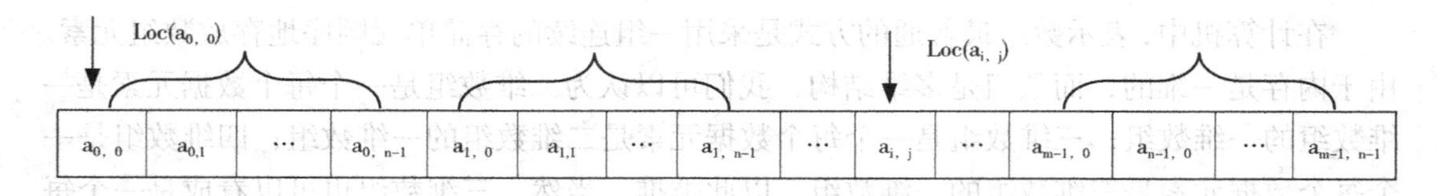


图 5.3　二维数组以行序为主序的存储

以行序为主序二维数组的任一数据元素 $a_{i,j}$ 的存储单元地址: $Loc(a_{i,j})= Loc(a_{0,0})+(i*n+j)*k$ $(0 \leqslant i < m, 0 \leqslant j < n)$，其中 k 为单个元素所占空间。

另一种是以列序为主序的存储方式，即先存储第 0 列元素，再存储第 1 列元素，…，如图 5.4 所示。

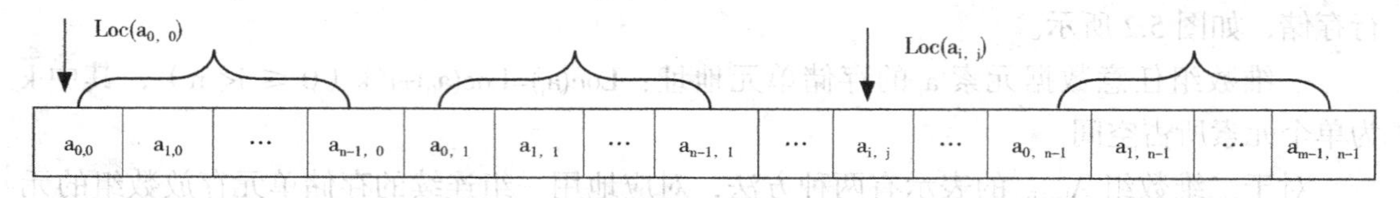


图 5.4　二维数组以列序为主序的存储

以列序为主序二维数组的任一数据元素 $a_{i \cdot j}$ 的存储单元地址: $Loc(a_{i \cdot j}) = Loc(a_{0 \cdot 0}) + (j*m+i)*k$ $(0 \leq i < m, 0 \leq j < n)$，其中 k 为单个元素所占空间。

对于更多维数组，数组元素在内存中的地址可依此类推，这里就不再赘述。

综上所述，我们可以看出数组的两个特点。第一，对同一数组的任何一个元素，由下标求存储地址的运算时间是一样的，也就是说对任何一个数组元素的访问过程是平等的，这是随机存取结构的一个优点。第二，为了在内存中给数组开辟足够的存储单元，数组的维数和大小必须事先给出。这对于数组大小不能预先确定的问题就不方便，数组大小规定过大，浪费空间，规定过小，运行时出现越界，使程序无法运行，这是数组的一个缺点。不过，对于许多应用程序来说，数组仍然是完成任务的合适工具。

【例 5.1】编程输出 1200101 班年龄不小于 18 岁的同学姓名和年龄。

实现同学姓名输出的功能，最简单的就是使用数组把同学年龄和姓名存起来，然后循环判断输出。

算法分析：

（1）先定义一个一维数组 name[9]，存放每个学生的姓名；

（2）对应地定义一个一维数组 age[9]，存放对应学生的年龄；

（3）循环遍历年龄数组，并与 18 比较；

（4）根据比较结果，输出对应学生的姓名和年龄。

具体实现代码如下：

```
struct arrStu{
    char *name[9];     //name 为存放学生姓名的数组
    int age[9];        //age 存放对应学生年龄的数组
};
arrStu as;
void init( ) {
     as.name[0]=" 李华 "; as.age[0]=16 ;
     as.name[1]=" 王丽 "; as.age[1]=15;
     as.name[2]=" 张阳 "; as.age[2]=19;
     as.name[3]=" 赵斌 "; as.age[3]=16;
     as.name[4]=" 孙琪 "; as.age[4]=18;
     as.name[5]=" 马丹 "; as.age[5]=19;
     as.name[6]=" 刘畅 "; as.age[6]=20;
     as.name[7]=" 周天 "; as.age[7]=14;
     as.name[8]=" 黄凯 "; as.age[8]=17;
```

```
}
void output(){
    //从第i个位置开始顺序表所有结点均后移一个位置
    for(int i = 0;i<9;i++){
        if (as.age[i]>=18)
            printf("%s  %d\n",as.name[i],as.age[i]);
    }
}
int main() {
    init();
    output();
    return 0;
}
```

## 5.1.3 矩阵的压缩

矩阵的压缩存储就是对矩阵的存储采取相同值元素只存储一次，对零值元素不分配存储空间的策略。压缩存储的矩阵通常是特殊矩阵和稀疏矩阵。

### 1. 特殊矩阵

特殊矩阵是指矩阵中有许多值相同的元素或有许多零元素，且值相同的元素或零元素的分布有一定规律，如三角矩阵、对角矩等。一般采用二维数组来存储矩阵元素。对于特殊矩阵，可以通过找出矩阵中所有值相同元素的数学映射公式，只存储相同元素的一个副本，从而达到压缩存储数据量的目的。

（1）对称矩阵

若一个 n 阶方阵 $A=(a_{i,j})$ 中的元素满足性质：$a_{i,j}=a_{j,i}$ $1 \leqq i$，$j \leqq n$ 且 $i \neq j$，则称 A 为对称矩阵，对称矩阵中的元素关于主对角线对称，因此，让每一对对称元素 $a_{i,j}$ 和 $a_{j,i}(i \neq j)$ 分配一个存储空间，则 n^2 个元素压缩存储到 n(n+1)/2 个存储空间，能节约近一半的存储空间。

不失一般性，假设按行序为主序存储下三角形(包括对角线)中的元素。设用一维数组 sa[0…n(n+1)/2] 存储 n 阶对称矩阵，为了便于访问，必须找出矩阵 A 中第 i 行第 j 列的元素的下标值（i,j）和向量 sa[k] 的下标值 k 之间的对应关系。图 5.5 所示的对称矩阵元素在数组对应元素中的存储如图 5.6 所示。

矩阵元素 $a_{i,j}$ 位于矩阵 A 的下三角（包括对角线）时（i>=j），k=[i*(i+1)/2]+j；矩阵

$$A=\begin{bmatrix} a_{0,0} & a_{0,1} & \cdots & a_{0,n-1} \\ a_{1,0} & a_{1,1} & \cdots & a_{1,n-1} \\ \vdots & \vdots & \vdots & \vdots \\ a_{n-1,0} & a_{n-1,1} & \cdots & a_{n-1,n-1} \end{bmatrix}$$

图 5.5 对称矩阵

| sa[k] | $a_{0,0}$ | $a_{1,0}$ | $a_{1,1}$ | $a_{2,0}$ | … | $a_{n-1,0}$ | … | $a_{n-1,n-1}$ |
|---|---|---|---|---|---|---|---|---|
| k | 0 | 1 | 2 | 3 | … | n(n−1)/2 | … | n(n+1)/2−1 |

图 5.6 对称矩阵存储

元素 $a_{i,j}$ 位于矩阵 A 的上三角时（i<j），可取其对称元素 $a_{j,i}$，k=[j*(j+1)/2]+i；由此可以推出 n 阶矩阵 A 中的任一数据元素 $a_{i,j}$ 的存储单元地址：Loc($a_{i,j}$)=Loc(Sa[k])= Loc(Sa[0])+k*L，其中 L 为每个数据元素所占的存储单元数。

【例 5.2】4 阶对称矩阵 A 如图 5.7 所示，按行序将其下三角对应的数据存放到一维数组 sa 中，画出存储结构，并计算 $a_{2,1}$ 元素的 sa 下标。同时用计算机实现对称矩阵 A 的压缩存储及压缩后的解压显示。

$$A=\begin{bmatrix} 9 & 2 & 5 & 8 \\ 2 & 3 & 4 & 3 \\ 5 & 4 & 1 & 6 \\ 8 & 3 & 6 & 5 \end{bmatrix}$$

图 5.7 对称矩阵

| sa[k] | 9 | 2 | 3 | 5 | 4 | 1 | 8 | 3 | 6 | 5 |
|---|---|---|---|---|---|---|---|---|---|---|
| k | 0 | 1 | 2 | 3 | 4 | 5 | 6 | 7 | 8 | 9 |

图 5.8 对称矩阵存储

4 阶对称矩阵 A 在 sa 中的存储如图 5.8 所示。

根据公式，元素 $a_{2,1}$ 的 i=2，j=1，则下标为 2*(2+1)/2+1=4，应存放在一维数组 sa[4] 中。

矩阵 A 存放在 4×4 二维数组中，根据对称矩阵压缩到一维数组的下标对应关系 (i>=j 时，k=[i*(i+1)/2]+j) 实现压缩，具体代码如下：

```
#define  N 4
int mtxData[N][N];      // 对称矩阵数据
int sa[N*(N+1)/2];      // 压缩存放数据的一维数组
void init( ) {
    mtxData[0][0]=9;
    mtxData[0][1]=mtxData[1][0]=2;
    mtxData[0][2]=mtxData[2][0]=5;
```

```
    mtxData[0][3]=mtxData[3][0]=8;
    mtxData[1][1]=3;
    mtxData[1][2]=mtxData[2][1]=4;
    mtxData[1][3]=mtxData[3][1]=3;
    mtxData[2][2]=1;
    mtxData[2][3]=mtxData[3][2]=6;
    mtxData[3][3]=5;
}
void compress( ){        // 压缩存放对称矩阵下三角元素
    for(int i = 0;i<N;i++){
            for(int j = 0;j<N;j++){
                    if (i>=j)
                            sa[i*(i+1)/2+j] = mtxData[i][j];
                    }
            }
    }
int main( ) {
    init( );
    compress( );
    for(int i = 0;i<N*(N+1)/2;i++){
                    printf("%d   ", sa[i]);
            }
    return 0;
}
```

同样，压缩后的一维数组，可根据对称矩阵压缩到一维数组的下标对应关系实现解压显示，在压缩代码的基础上，添加解压显示功能即可，具体代码如下：

```
void depress( ){      // 解压显示对称矩阵
    for(int i = 0;i<N;i++){
            for(int j = 0;j<N;j++){
                    if (i>=j)
                            printf("%d + ",sa[i*(i+1)/2+j]);
                    else
                            printf("%d + ",sa[j*(j+1)/2+i] );
            }
```

```
        printf("\n");
    }
}
int main() {
    …
    printf("\n");
    depress();
    return 0;
}
```

（2）三角矩阵

以主对角线划分，三角矩阵有上三角和下三角两种。

若一个 n 阶矩阵 A 满足条件：下三角（不包括对角线）中的数据元素均为常数 C 或零元素，或上三角（不包括对角线）中的数据元素均为常数 C 或零元素，则分别称为上三角矩阵和下三角矩阵。

三角矩阵中的重复元素 C 可共享一个存储空间，其余的元素正好有 n(n+1)/2 个，因此，三角矩阵可压缩存储到向量 sa［0…n（n+1）/2］中，其中 C 存放在向量的最后一个分量中。图 5.9 所示的三角矩阵元素在数组对应元素中的存储如图 5.10 所示。

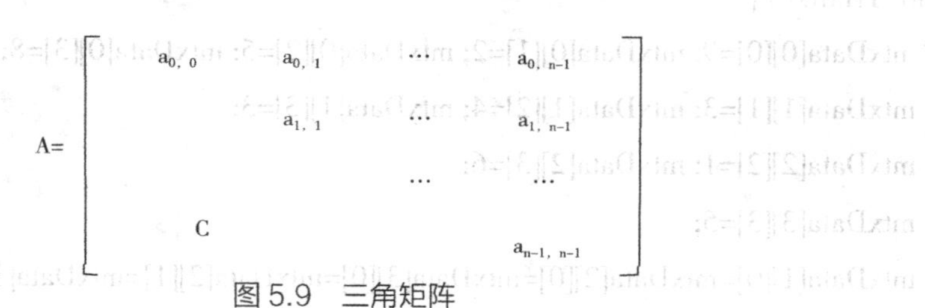


图 5.9　三角矩阵

| sa[k] | $a_{0,0}$ | $a_{0,1}$ | … | $a_{0,n-1}$ | $a_{1,0}$ | $a_{1,1}$ | … | $a_{1,n-1}$ | … | $a_{n-1,n-1}$ | C |
|---|---|---|---|---|---|---|---|---|---|---|---|
| k | 0 | 1 | … | n−1 | n | n+1 | … | 2n−2 | … | n(n+1)/2−1 | n(n+1)/2 |

图 5.10　三角矩阵存储

以行序为主序存储 n 阶三角矩阵 A 的上三角 ( 包括对角线 ) 元素，$a_{i,j}$ 元素之前有 i 行 ( 从第 0 行到第 i−1 行 )，一共有 i*(2n−i+1)/2 个元素，在第 i 行上 $a_{i,j}$ 之间有 j−i 个元素，因此，$a_{i,j}$ 是第 i*(2n−i+1)/2+j−i+1 个元素，由于一维数组的下标是从 0 开始，因而 sa[i*(2n−i+1)/2+j−i]= $a_{i,j}$ 。所以，矩阵 A 中位于第 i 行第 j 列的元素 $a_{i,j}$ 的下标 i、j 与其存储在数组中的位置下标 k 存在如下对应关系：当 i ≤ j 时，k = i*(2n−i+1)/2+j−i；当 i>j 时，k = n*(n+1)/2。

$$A=\begin{bmatrix}9&2&5&8\\2&3&4&3\\2&2&1&6\\2&2&2&5\end{bmatrix}$$

图 5.11　三角矩阵

【例 5.3】4 阶三角矩阵 A 如图 5.11 所示，按行序将上三角矩阵 A 存放到一维数组 sa 中，画出存储结构，并计算 $a_{1,2}$ 元素的 sa 下标，同时实现矩阵 A 的压缩及解压显示。

4 阶三角矩阵 A 在 sa 中的存储如图 5.12 所示。

| sa[k] | 9 | 2 | 5 | 8 | 3 | 4 | 3 | 1 | 6 | 5 | 2 |
|---|---|---|---|---|---|---|---|---|---|---|---|
| k | 0 | 1 | 2 | 3 | 4 | 5 | 6 | 7 | 8 | 9 | 10 |

图 5.12　对称矩阵存储

根据公式，元素 $a_{1,2}$ 的 i=1， j=2，则下标为 1*(2*4−1+1)/2+2−1=5，应存放在一维数组 sa[5] 中。

上三角矩阵 A 存放在 4×4 二维数组中，根据上三角矩阵压缩到一维数组的下标对应关系 (当 i<=j 时， k = i*(2n−i+1)/2+j−i；当 i>j 时， k = n*(n+1)/2) 实现压缩和解压显示，具体代码如下：

```
#define N 4
int mtxData [N][N];        // 上三角矩阵数据
int sa [N*(N+1)/2+1];           // 压缩存放数据的一维数组
void TriMtx( ) {
    mtxData[0][0]=9; mtxData[0][1]=2; mtxData[0][2]=5; mtxData[0][3]=8;
    mtxData[1][1]=3; mtxData[1][2]=4; mtxData[1][3]=3;
    mtxData[2][2]=1; mtxData[2][3]=6;
    mtxData[3][3]=5;
    mtxData[1][0]=mtxData[2][0]=mtxData[3][0]=mtxData[2][1]=mtxData[3]
    [1]=mtxData[3][2]=2;
    }
void compress( ){        // 压缩存放上三角矩阵
    for(int i = 0;i<N;i++){
            for(int j = 0;j<N;j++){
                if (i<=j)
                        sa[i*(2*N−i+1)/2+j−i] = mtxData[i][j];
            }
    }
            sa[N*(N+1)/2] = mtxData[1][0];
}
void depress( ){     // 解压显示上三角矩阵
```

```
        for(int i = 0;i<N;i++){
            for(int j = 0;j<N;j++){
                if (i<=j)
                        printf("%d + ",sa[i*(2*N-i+1)/2+j-i] );
                else
                        printf("%d + ",sa[N*(N+1)/2]);
            }
            printf("\n");
        }
    }
    int main() {
        TriMtx();
        compress();
        for(int i = 0;i<N*(N+1)/2+1;i++){
                printf("%d + ", sa[i]);
            }
        printf("\n");
        depress();
        return 0;
    }
```

（3）对角矩阵

矩阵中，除了主对角线和主对角线上方或下方若干条对角线上的元素之外，其余元素皆为零。即所有的非零元素集中在以主对角线为了中心的带状区域中，如图 5.13 所示，其中 d 为半带宽。

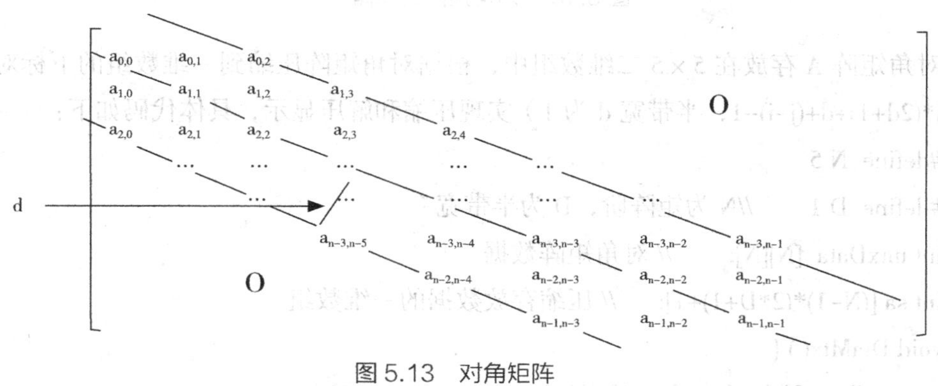


图 5.13　对角矩阵

对角矩阵也可按某个原则（或以行序为主，或以对角线的顺序）将其压缩存储到一维数组中，并只需存储主对角线及其两侧若干主对角线上的元素，其他所有数据元素不用存储。图 5.13 中对角矩阵的存储如图 5.14 所示。

| sa[k] | $a_{0,0}$ | $a_{0,1}$ | $a_{0,2}$ | $a_{1,0}$ | $a_{1,1}$ | $a_{1,2}$ | $a_{1,3}$ | $a_{2,0}$ | $a_{2,1}$ | $a_{2,2}$ | … | $a_{n-1,n-1}$ |
|---|---|---|---|---|---|---|---|---|---|---|---|---|
| k | 0 | 1 | 2 | 3 | 4 | 5 | 6 | 7 | 8 | 9 | … | （2d+1）*n-（1+d）*d-1 |

图 5.14　对角矩阵的存储

以行序为主序存储 n 阶对角矩阵，其对角矩阵中的非零元素 $a_{i,\ j}$ 在一维数组中的存放位置 k(k=0,1,2,⋯, (2d+1)*n−(1+d)*d−1 ) 的对应关系为：

$$k=i*(2d+1)+d+(j-i)-1$$

【例 5.4】5 阶对角矩阵 A 如图 5.15 所示，按行序将上对角矩阵 A 存放到一维数组 sa 中，画出存储结构，并计算 $a_{3,\ 2}$=12 元素的 sa 下标。同时实现矩阵 A 的压缩及解压显示。

按行序将对角矩阵 A 存放到一维数组 sa 中。一维数组 sa 的内容如图 5.16 所示，元素 $a_{3,\ 2}$ 的 i=3，j=2，d=1，根据公式，其应存放在一维数组 S 中下标为 3*(2*1+1)+1+(2−3)−1=8 的位置上。

$$A=\begin{bmatrix} 6 & 1 & 0 & 0 & 0 \\ 4 & 9 & 7 & 0 & 0 \\ 0 & 2 & 6 & 25 & 0 \\ 0 & 0 & 12 & 3 & 8 \\ 0 & 0 & 0 & 9 & 5 \end{bmatrix}$$

图 5.15　对角矩阵

| sa[k] | 6 | 1 | 4 | 9 | 7 | 2 | 6 | 25 | 12 | 3 | 8 | 9 | 5 |
|---|---|---|---|---|---|---|---|---|---|---|---|---|---|
| k | 0 | 1 | 2 | 3 | 4 | 5 | 6 | 7 | 8 | 9 | 10 | 11 | 12 |

图 5.16　对角矩阵的存储

对角矩阵 A 存放在 5 × 5 二维数组中，根据对角矩阵压缩到一维数组的下标对应关系（k=i*(2d+1)+d+(j−i)−1，半带宽 d 为 1）实现压缩和解压显示，具体代码如下：

```
#define  N 5
#define  D 1      //N 为矩阵阶，D 为半带宽
int mtxData  [N][N];     // 对角矩阵数据
int sa [(N−1)*(2*D+1)+1];     // 压缩存放数据的一维数组
void DiaMtx( ) {
    mtxData[0][0]=6;mtxData[0][1]=1;
    mtxData[1][0]=4;mtxData[1][1]=9;mtxData[1][2]=7;
    mtxData[2][1]=2;mtxData[2][2]=6;mtxData[2][3]=25;
```

```
        mtxData[3][2]=12;mtxData[3][3]=3;mtxData[3][4]=8;
        mtxData[4][3]=9;mtxData[4][4]=5;
    }
void compress( ){       // 压缩存放对角矩阵
    for(int i = 0;i<N;i++){
        for(int j = 0;j<N;j++){
            if ( abs(i-j)<=D)
                sa[i*(2*D+1)+D+(j-i)-1] = mtxData[i][j];
        }
    }
}
void depress( ){       // 解压显示对角矩阵
    for(int i = 0;i<N;i++){
        for(int j = 0;j<N;j++){
            if ( abs(i-j)<=D)
                printf("%d + ",sa[i*(2*D+1)+D+(j-i)-1]);
                else
                printf("0");
            }
            printf("\n");
        }
}
int main( ) {
    DiaMtx( );
    compress( );
    for(int i = 0;i<(N-1)*(2*D+1)+1;i++){
        printf("%d + ", sa[i] );
        }
    printf("\n");
    depress( );
    return 0;
}
```

上述各种特殊矩阵，其非零元素的分布都是有规律的，因此总能找到一种方法将它们压缩存储到一个向量中，并且一般都能找到矩阵中的元素与该向量的对应关系。通过这个关系，仍能对矩阵的元素进行随机存取。

**2. 稀疏矩阵**

稀疏矩阵 (Sparse Matrix) 是矩阵中的一种特殊情况，其非零元素的个数远小于零元素的个数。设 m 行 n 列的矩阵 A 含 t 个非零元素，如果 t<<m*n 时，则称 A 为稀疏矩阵。

稀疏矩阵压缩存储有两种方式：三元组表示法和十字链表表示法。

（1）三元组表示法

三元组表示法就是在存储非零元素的同时，存储该元素所对应的行下标和列下标。稀疏矩阵中的每一个非零元素由一个三元组（i，j，$a_{i,j}$）唯一确定。矩阵中所有非零元素存放在由三元组组成的数组中。这样能把一个稀疏矩阵转换为三元组线性表。如图 5.17 所示的稀疏矩阵 A，其对应的三元组表示为：（（6，7，6），（1，3，11)，（1，5，17)，（2，2，5)，（4，1，19)，（5，4，37)，（6，7，50）），其中第 1 个三元组表示矩阵共有 6 行、7 列、6 个元素。

图 5.17 所示的稀疏矩阵用顺序表存储，其三元组顺序存储结构如图 5.18 所示。

$$A=\begin{bmatrix} 0 & 0 & 11 & 0 & 17 & 0 & 0 \\ 0 & 5 & 0 & 0 & 0 & 0 & 0 \\ 0 & 0 & 0 & 0 & 0 & 0 & 0 \\ 19 & 0 & 0 & 0 & 0 & 0 & 0 \\ 0 & 0 & 0 & 37 & 0 & 0 & 0 \\ 0 & 0 & 0 & 0 & 0 & 0 & 50 \end{bmatrix}$$

图 5.17　稀疏矩阵

| 数组的下标 | i(行的下标) | j(列的下标) | 非零元素的值 |
|---|---|---|---|
| 0 | 6 | 7 | 6 |
| 1 | 1 | 3 | 11 |
| 2 | 1 | 5 | 17 |
| 3 | 2 | 2 | 5 |
| 4 | 4 | 1 | 19 |
| 5 | 5 | 4 | 37 |
| 6 | 6 | 7 | 50 |

图 5.18　三元组顺序存储结构

图 5.17 所示的稀疏矩阵用链表存储，其三元组链式存储结构如图 5.19 所示。

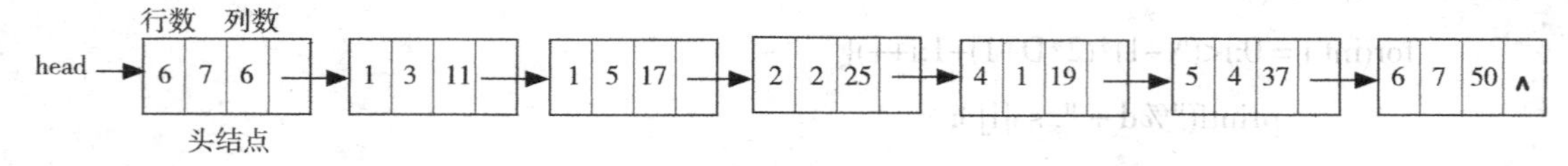


图 5.19　三元组链式存储结构

【例 5.5】6×7 稀疏矩阵 A 如图 5.17 所示，用三元组表示法将矩阵 A 压缩存放到一维三元数组 sa 中，并输出一维三元数组 sa 的内容，同时根据一维三元数组 sa 的内容解压显示稀疏矩阵。

要使用三元组表示法，首先得实现三元组结构 Triple，如下所示：

```
struct Triple {      // 三元组结构
```

```
    int rIndex;        // 非零元的行下标
    int cIndex;        // 非零元的列下标
    int value;         // 非零元的值
};
```

压缩存放稀疏矩阵时，先计算矩阵中非零元素的个数 count，然后申请 count+1 个元素的 Triple 一维数组，最后遍历稀疏矩阵，将非零元素的行、列、值信息存入三元组结构中，具体代码如下：

```
int R=6;
int C=7;     //稀疏矩阵的行和列
int count=0;
int  mtxData[6][7]= {{0,0,11,0,17,0,0},{0,5,0,0,0,0,0},
                    {0,0,0,0,0,0,0},{19,0,0,0,0,0,0},
                    {0,0,0,37,0,0,0},{0,0,0,0,0,0,50}};       //稀疏矩阵数据
Triple  *sa;     //压缩存放数据的一维三元结构数组
void compress( ){   //压缩存放稀疏矩阵
    for(int i = 0;i<R;i++){   //计算非零元素个数
            for(int j = 0;j<C;j++){
                if (mtxData[i][j]!=0)
                    count++;
            }
        }
        sa =(Triple *)malloc(sizeof(Triple)*(count+1));          //申请 Triple 数组
        for (  i=0; i<count+1; i++)
        {
            Triple a;
            sa[i] = a;       //每个数组元素申请 Triple 空间
        }
        int idx=0;           //三元结构数组下标
        sa[idx].rIndex = R;
        sa[idx].cIndex = C; sa[idx].value = count;
        for(  i = 0;i<R;i++){          //压缩存储到三元组结构中
            for(int j = 0;j<C;j++){
                if (mtxData[i][j]!=0){
                    idx++;
                    sa[idx].rIndex = i+1;
```

```
                    sa[idx].cIndex = j+1;
                    sa[idx].value = mtxData[i][j];
                }
            }
        }
    int main( ) {
        compress( );
        for(int i = 0;i<count;i++){
                printf("(%d  %d  %d )\n",sa[i].rIndex,sa[i].cIndex,sa[i].value);
        }
        return 0;
    }
```

根据一维三元数组 sa[0] 的行、列内容，确定循环次数，再根据 sa 中其他元素的行、列内容，依次显示其值，行、列不在一维三元数组 sa 中的，显示 0。在稀疏矩阵压缩代码的基础上，添加解压显示代码，代码具体如下：

```
void depress( ){        // 解压显示稀疏矩阵
    int idx = 0;
    int r = sa[idx].rIndex;
    int c = sa[idx].cIndex;
    int n = sa[idx].value;
    idx++;
    for(int i = 0;i<r;i++){
        for(int j = 0;j<c;j++){
                if (i+1==sa[idx].rIndex && j+1==sa[idx].cIndex){
                    printf("%d + ",sa[idx].value);
                    idx++;
                }
                else
                    printf("0 ");
        }
                printf("\n");
    }
}
int main( ) {
```

```
    …
    printf("\n");
    depress();
    return 0;
}
```

（2）十字链表表示法

对于 m×n 的稀疏矩阵 A，每个非零元素用一个结点表示，每个结点有 5 个成员：行号 (row)，列号 (col) 和值 (value)，列后继引用 (down) 和行后继引用 (right)，分别用来链接同列和同行中的下一个非零元素结点。也就是说，稀疏矩阵中同一列的所有非零元素都通过 down 链接成一个列链表，同一行的所有非零元素都通过 right 链接成一个行链表。每个非零元素好像一个十字路口，故称十字链表。图 5.17 所示的稀疏矩阵用十字链表存储，其存储结构如图 5.20 所示。

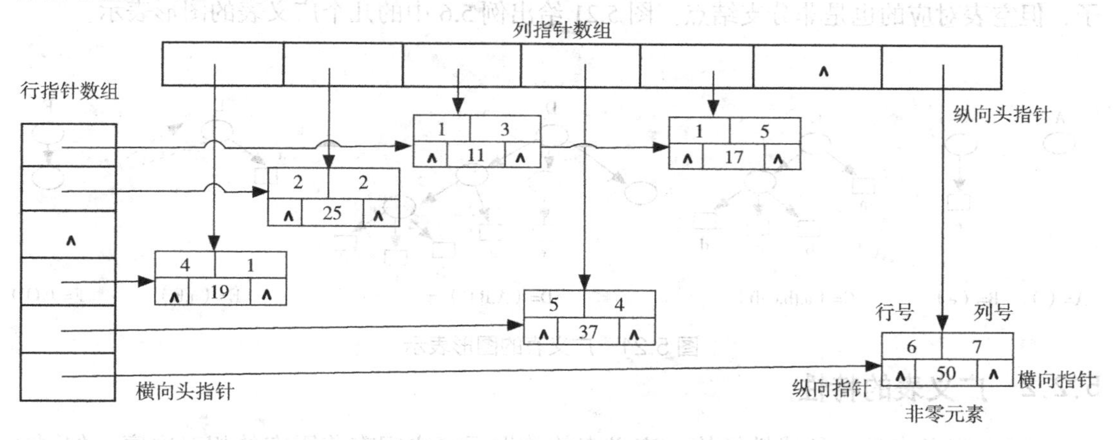


图 5.20 稀疏矩阵十字链表

## 5.2 广义表

### 5.2.1 广义表的定义

广义表是由 n（n ⩾ 0）个相互具有线性关系的数据元素构成的一个有限序列，是线性表的推广。一般记作：$LS=(a_1,a_2,a_3,\cdots,a_i,\cdots,a_n)$

其中，LS 为广义表 $(a_1,a_2,a_3,\cdots,a_i,\cdots,a_n)$ 的名称，n 表示广义表的长度，即广义表的包含元素的个数；当 n=0 时，则称为空表。如果 $a_i$ 是单个元素，则 $a_i$ 是广义表 LS 的原子；如果 $a_i$ 是广义表，则 $a_i$ 是广义表 LS 的子表。当广义表不空时，称第一个数据元素为该广义表的表头，称其余数据元素组成的表为该广义表的表尾。广义表的深度是指表中所含括号的层数。注意，原子的深度为 0。

为了区分原子和表，规定用小写字母表示原子，用大写字母表示广义表的表名。

【例 5.6】分别说明下列广义表的长度、深度、表头、表尾等信息。

（1）A=( )，A 是一个空表，其长度为 0，深度为 1。

（2）B=(e)，B 中只有一个单元素 e，长度和深度都为 1，表头为 e，表尾为空表 ( )。

（3）C=(a, (b,c,d))，C 的长度为 2，两个元素分别为单元素 a 和子表 (b, c, d)，其表头为 a，表尾为 ((b, c, d))，深度为 2。

（4）D=(A, B, C)，D 的长度为 3，三个元素分别为子表 A, B, C，表头是 A，表尾为 (B, C)，其深度为 3。

（5）E=(a, E)，E 是一个长度为 2 的递归广义表，其表头和表尾分别为 a 和 (E)，展开后它是一个无限的广义表 E=(a,(a,(a,⋯)))。

（6）F=(( ))，F 的长度为 1，深度为 2，表头和表尾都为空表 ( )。

广义表也可以用图形表示，其中，图中的分支结点对应广义表，非分支结点一般是原子，但空表对应的也是非分支结点。图 5.21 给出例 5.6 中的几个广义表的图形表示。

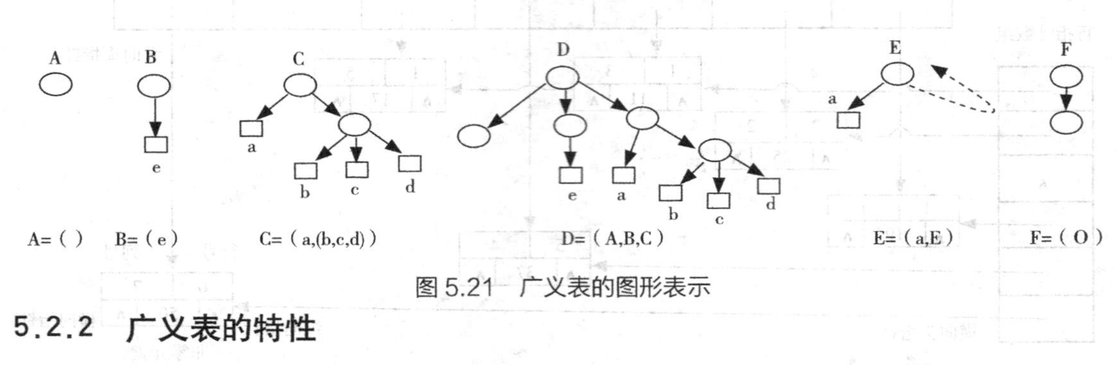


图 5.21　广义表的图形表示

## 5.2.2　广义表的特性

（1）广义表是一种线性结构。广义表的数据元素之间有着固定的相对次序，如同线性表。但广义表并不等价于线性表，仅当广义表的数据元素全部是原子时，该广义表为线性表。广义表是线性表的扩展，而线性表是广义表的特例。如广义表 A(a,b) 就是线性表。

（2）广义表也是一种多层次的结构。当广义表的数据元素中包含子表时，该广义表就是一种多层次的结构。

（3）广义表可为其他广义表共享。当一个广义表可以为其他广义表共享时，共享的广义表称为再入表。在应用问题中，利用广义表的共享特性可以减少存储结构中数据冗余，以节约存储空间。如例 5.5 中，广义表 A，B，C 为 D 的子表，则 D 中可以不必列出子表的值，而是通过子表的名称来引用。

（4）广义表可以是一个递归表，即广义表也可以是其本身的一个子表。如例 5.5 中，广义表 E 就是一个递归表。

（5）任何一个非空广义表 LS 均可分解为表头 head( LS )=$a_1$ 和表尾 tail( LS )=( $a_2,a_3,\cdots,a_n$ ) 两部分。显然，一个广义表的表尾始终是一个广义表。空表无表头表尾。

## 5.2.3 广义表的存储结构

由于广义表中的数据元素具有不同的结构，通常是一种递归的数据结构，很难为每个广义表分配固定大小的存储空间，一般用链式存储结构表示，有头尾表示法和孩子兄弟表示法两种存储方式。

### 1. 头尾表示法

任意非空的广义表，可分解为表头和表尾，反之，一对确定的表头和表尾可唯一确定一个广义表。在头尾表示法中需要有两种结构的结点：一种是表结点，如图 5.22（a）所示，用以表示子表；一种是原子结点，如图 5.22（b）所示，用以表示单元素。

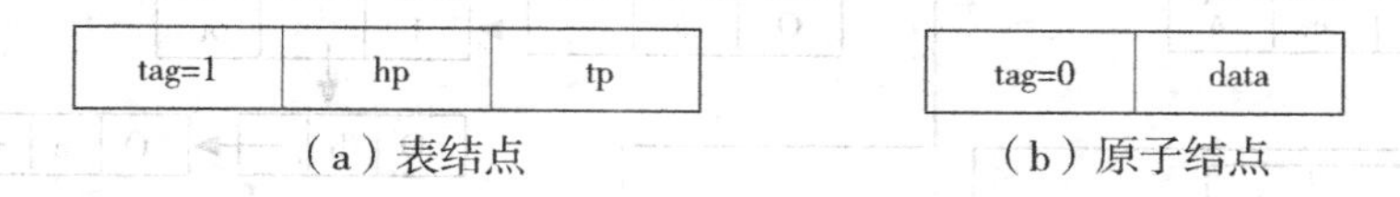

（a）表结点　　（b）原子结点

图 5.22　头尾表示法的结点

在表结点中有三个域组成：标志域、指向表头的指针域和指向表尾的指针域；而原子结点需要两个域：标志域和值域。标志域是用来区分这两种结点的。

【例 5.7】根据头尾表示法，画出例 5.6 中各广义表的存储结构，如图 5.23 所示。

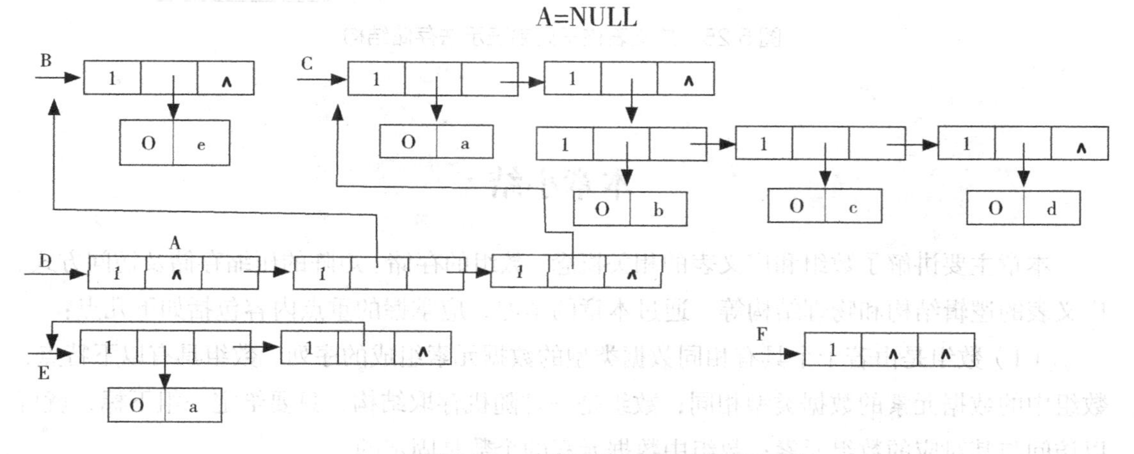


图 5.23　广义表头尾表示法存储结构

### 2. 孩子兄弟表示法

在孩子兄弟表示法中，原子结点和表结点用相似的两种结点来表示。如图 5.24 所示，其中表结点是有孩子的结点，cp 和 bp 分别是指向第一个孩子和一个兄弟的指针域；原子结点是无孩子结点，data 和 bp 分别是值域和指向兄弟的指针域。tag 是标志域，用来区分这两个结构体结点，如 tag 为 1，则表示该结点为表结点即有孩子的结点；tag 为 0，则表示该结点为原子结点即无孩子结点。

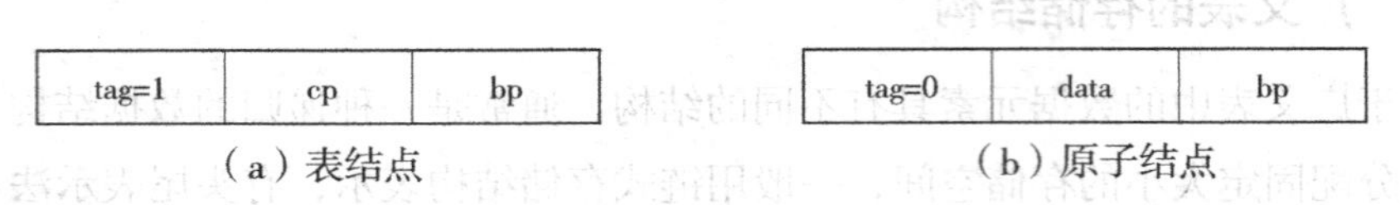


图 5.24　孩子兄弟表示法的结点

【例 5.8】根据孩子兄弟表示法，画出例 5.6 中各广义表的存储结构，如图 5.25 所示。

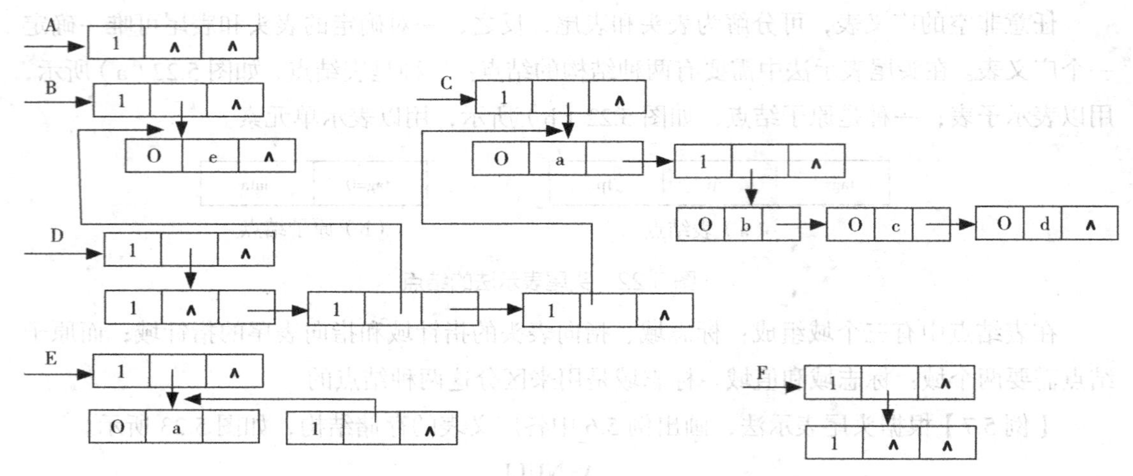


图 5.25　广义表孩子兄弟表示法存储结构

## 本章小结

本章主要讲解了数组和广义表的相关概念、数组的存储、矩阵的压缩存储及访问方式、广义表的逻辑结构和物理结构等。通过本章的学习，应掌握的重点内容包括如下几点：

（1）数组是由若干个具有相同数据类型的数据元素组成的序列。数组具有以下特点：数组中的数据元素的数据类型相同；数组是一种随机存取结构，只要给定一组下标，就可以访问与其对应的数组元素；数组中数据元素的个数是固定的。

（2）在计算机中，存储数组最普通的方式是采用一组连续的存储单元顺序地存放数组元素。对于二维数组，其表示可以有两种方法，对应地用一组连续的存储单元存放数组的元素就有两种存储次序：一种是以行序为主序的存储方式，另一种是以列序为主序的存储方式。

（3）对矩阵的存储采取相同值元素只存储一次，对零值元素不分配存储空间的策略，这种存储方法称为矩阵的压缩存储，压缩存储的矩阵通常是特殊矩阵和稀疏矩阵。各种特殊矩阵，其非零元素的分布都是有规律的，总能找到一种方法将它们压缩存储到一个向量中，并且一般都能找到矩阵中的元素与该向量的对应关系，通过这个关系，仍能对矩阵的元素进行随机存取。稀疏矩阵压缩存储通常采用三元组表示法和十字链表表示法，通过只存储少量的非零元素和矩阵的行列信息达到压缩的目的。

广义表相关概念及存储：广义表是线性表的推广，也是由若干元素组成的有限序列，但线性表中的元素可以是另一个广义表，或其自身。广义表通常采用链式的存储结构，表中的每个元素可以用一个结点来表示。根据结点形式的不同，广义表的链式存储结构可分为头尾表示法和孩子兄弟表示法两种存储方式。

# 习　题

## 一、应用题

1. 设有一个二维数组 A[m][n]，假设 A[0][0] 存放位置在 644，A[2][2] 存放位置在 676，每个元素占一个空间，试问 A[3][3] 存放在什么位置？

2. 设有一个 n 阶的对称矩阵 A，为了节约存储，可以只存储对角线及对角线以上的元素，或者只存储对角线或对角线以下的元素。前者称为上三角矩阵，后者称为下三角矩阵。我们把它们按行存放于一个一维数组 B 中，称之为对称矩阵 A 的压缩存储方式。试问存放对称矩阵 A 上三角部分或下三角部分的一维数组 B 有多少元素？

3. 如下所示的一个稀疏矩阵 A，则对应的三元组线性表是什么？

$$A=\begin{bmatrix} 0 & 7 & 0 & 0 & 9 & 0 & 0 \\ 0 & 0 & 0 & 0 & 0 & 0 & 0 \\ 0 & 0 & 6 & 0 & 0 & 0 & 0 \\ 4 & 0 & 0 & 0 & 0 & 0 & 0 \\ 0 & 0 & 0 & 3 & 0 & 0 & 0 \\ 0 & 0 & 0 & 0 & 0 & 0 & 0 \end{bmatrix}$$

## 二、上机题

1. 用数组实现输出斐波拉契数列的前 20 项。
2. 对 10 个数按降序排序（从大到小）。

# 第6章 树和二叉树

1200101 班的学生信息表如图 6.1 所示，其中学生被分到了不同的学习小组，第一组组长是李华，组员有王丽、张阳、赵斌；第二组组长是孙琪，组员有马丹；第三组组长是刘畅，组员有周天、黄凯。

| 学号（ID） | 姓名 (Name) | 分组 (Group) | 年龄 (Age) | 住址 (Addr) |
|---|---|---|---|---|
| 120010101 | 李华 | 100 | 16 | 四川成都 |
| 120010102 | 王丽 | 010 | 15 | 重庆万州 |
| 120010103 | 张阳 | 011 | 19 | 陕西西安 |
| 120010104 | 赵斌 | 012 | 16 | 重庆云阳 |
| 120010105 | 孙琪 | 020 | 18 | 四川广安 |
| 120010106 | 马丹 | 021 | 19 | 陕西宝鸡 |
| 120010107 | 刘畅 | 030 | 20 | 重庆黔江 |
| 120010108 | 周天 | 031 | 14 | 四川南充 |
| …… | …… | …… | | …… |
| 120010130 | 黄凯 | 032 | 17 | 江苏南京 |

图 6.1　学生信息表

这些分组信息就构成了一棵树，如图 6.2 所示。这就是一种典型的数据结构——树，要实现学生组员的插入、删除、查找等操作，就要用到树的相关知识。

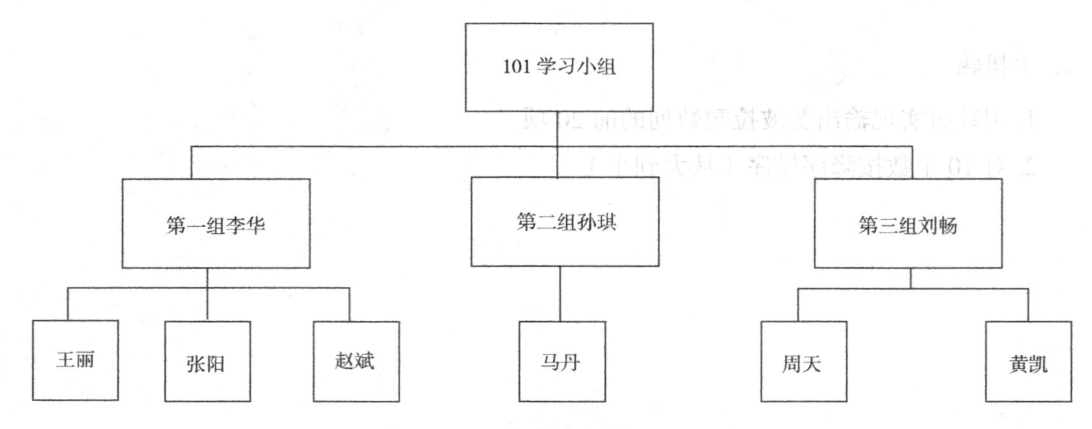


图 6.2　学生分组树形图

# 6.1 树

## 6.1.1 树的概念及基本术语

### 1. 树的概念

树（Tree）是零个或多个结点的有限集合。结点数为 0 的树称为空树，结点数大于 0 的树称为非空树。在一棵非空树中：

（1）有且仅有一个特定的称为根（root）的结点；

（2）当结点数大于 1 时，除根结点外，其他结点被分成 n（n>0）个互不相交的子集：$T_1$，$T_2$，…，$T_n$，其中每个子集本身又是一棵树（称为子树），每一棵子树的根 $x_i$（$1 \leqslant i \leqslant n$）都是根结点 root 的后继，树 $T_1$，$T_2$，…，$T_n$ 称为根的子树。

### 2. 树的基本术语

结点的度（Degree）：指结点拥有的子树的数目。

叶子或终端结点：指度为 0 的结点。

非终端结点或分支结点：指度不为 0 的结点。

树的度：指树内各结点的度的最大值。

孩子（Child）和双亲（Parent）：某个结点的子树的根称为该结点的孩子，相应地，该结点称为其孩子的双亲。

兄弟：同一个双亲的孩子结点互为兄弟。

结点的层次：规定根所在的层次为第 1 层，根的孩子在第二层，依次类推。

树的深度或高度：树中结点最大的层数。

有序树：指树中结点的各子树从左至右是有次序的，否则称为无序树。

森林：指 n（$n \geqslant 0$）棵互不相交的树的集合。

根据树的概念可知：树中任一个结点都可以有零个或多个后继结点（孩子），但最多只能有一个前趋结点（双亲）；根结点无双亲，叶子结点无孩子；祖先与子孙的关系是父子关系的拓展；有序树中兄弟结点之间从左至右有次序之分。

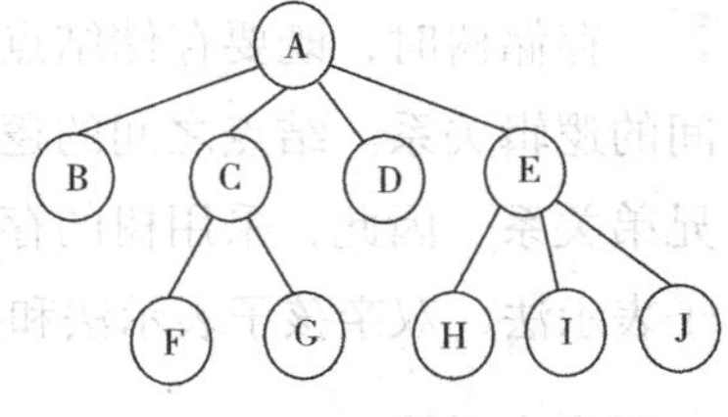

图6.3　树

【例 6.1】列出如图 6.3 所示的树的叶子结点、非终端结点、每个结点的度及树深度。

根据树的基本术语的相关概念有：

（1）叶子结点有：B、D、F、G、H、I、J。

（2）非终端结点有：A、C、E。

（3）每个结点的度分别是：A 的度为 4，C 的度为 2，E 的度为 3，其余结点的度为 0。

（4）树的深度为 3。

## 6.1.2 树的逻辑表示方法

树的常用表示方法有以下 4 种：树形图法、嵌套集合法、广义表表示法和凹入表示法。

**1. 树形图法**

图6.4给出了图形表示树的直观表示法，其中用圆圈表示结点，连线表示结点间的关系，并把树根画在上面。树形图法主要用于直观描述树的逻辑结构。

**2. 嵌套集合法**

嵌套集合法采用集合的包含关系表示树，如图 6.5 所示。

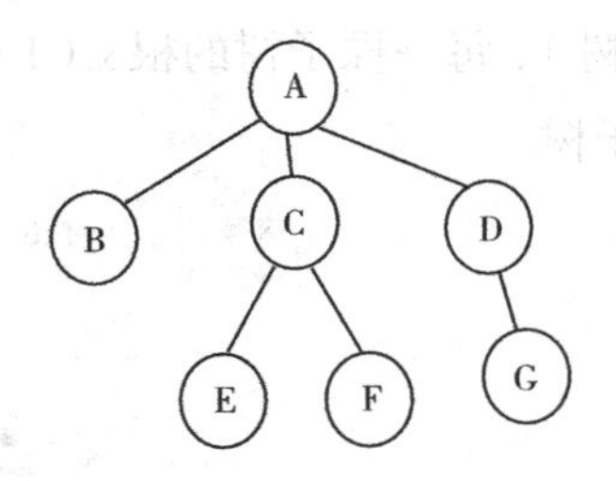


图 6.4 树形图法

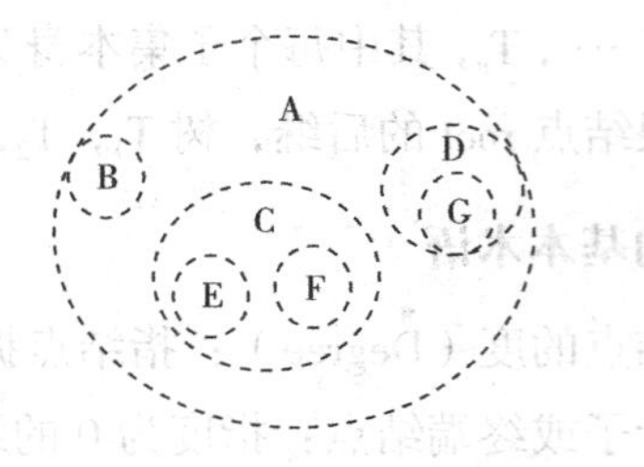


图 6.5 嵌套集合法

**3. 广义表表示法**

广义表表示法以广义表的形式表示树，利用广义表的嵌套区间表示树的结构，如：A（B，C（E，F），D（G））。

**4. 凹入表示法**

凹入表示法采用逐层缩进的方法表示树，有横向凹入表示和竖向凹入表示。图 6.6 所示为横向凹入表示。

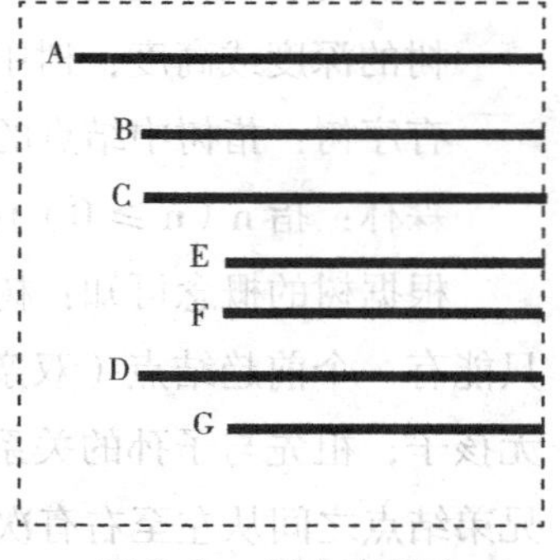


图 6.6 凹入表示法

## 6.1.3 树的存储结构

存储树时，既要存储结点的数据元素，又要存储结点之间的逻辑关系。结点之间的逻辑关系有：双亲—孩子关系、兄弟关系。因此，采用树的存储结构主要有双亲表示法、孩子表示法、双亲孩子表示法和孩子兄弟表示法。

**1. 双亲表示法**

使用指针表示每个结点的双亲结点，即双亲表示法。每个结点包含两个域：数据域和指针域。双亲表示法存储如图 6.7 所示。

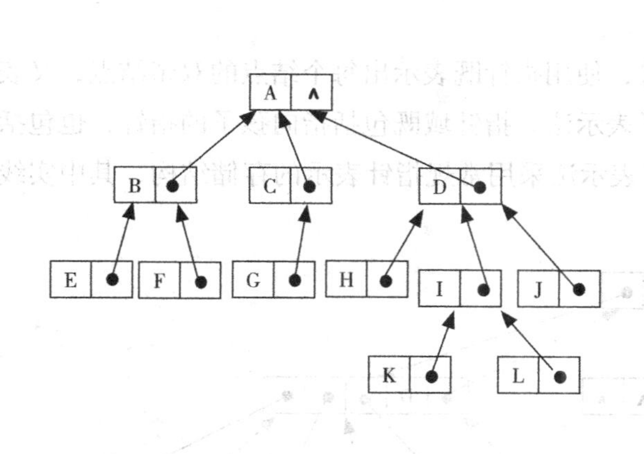


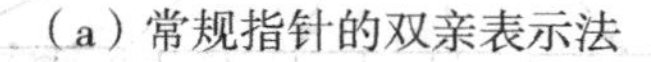
（a）常规指针的双亲表示法

| | Data | Farent |
|---|---|---|
| 0 | A | -1 |
| 1 | B | 0 |
| 2 | C | 0 |
| 3 | D | 0 |
| 4 | E | 1 |
| 5 | F | 1 |
| 6 | G | 2 |
| 7 | H | 3 |
| 8 | I | 3 |
| 9 | J | 3 |
| 10 | K | 8 |
| 11 | L | 8 |

（b）仿真指针的双亲表示法

图 6.7　树的双亲表示法

在常规指针表示法中，每一个节点是一个结构，包含两个域：数据域和指针域。指针域指向该节点的双亲节点，没有双亲节点的指针域是空指针。在仿真指针表示法中，每个节点是数组的一个元素，每个元素也包含数据域和指针域，但是指针域存放的是双亲节点所在的数组下标地址（即仿真指针），没有双亲的节点指针域为 –1。

双亲表示法对查找一个节点的双亲节点及祖先节点的操作十分便利，但是查找其孩子节点并不方便。

**2. 孩子表示法**

使用指针表示出每个结点的孩子结点，即孩子表示法。由于每个结点的孩子结点个数不同，为了简便起见，孩子表示法中的每个结点的指针域个数是树的度。图 6.8 是孩子表示法采用常规指针表示的存储结构。

孩子表示法与双亲表示法的特点相反。孩子表示法可方便地找到一个结点的孩子及其后裔，并能方便地实现树的遍历。

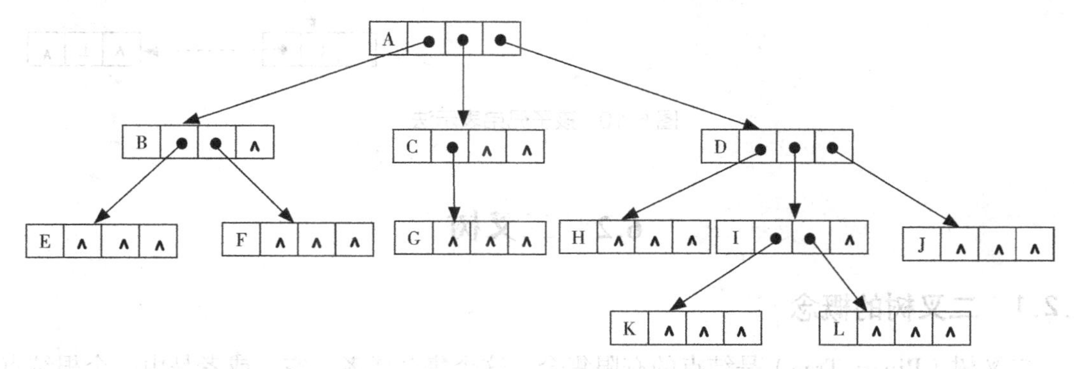


图 6.8　孩子表示法

**3. 双亲孩子表示法**

采用双亲表示法和孩子表示法的优势，使用指针既表示出每个结点的双亲结点，又表示出每个结点的孩子结点，就是双亲孩子表示法。指针域既包括指向孩子的指针，也包括指向双亲结点的指针。图 6.9 是双亲孩子表示法采用常规指针表示的存储结构，其中实线表示孩子指针，虚线表示双亲指针。

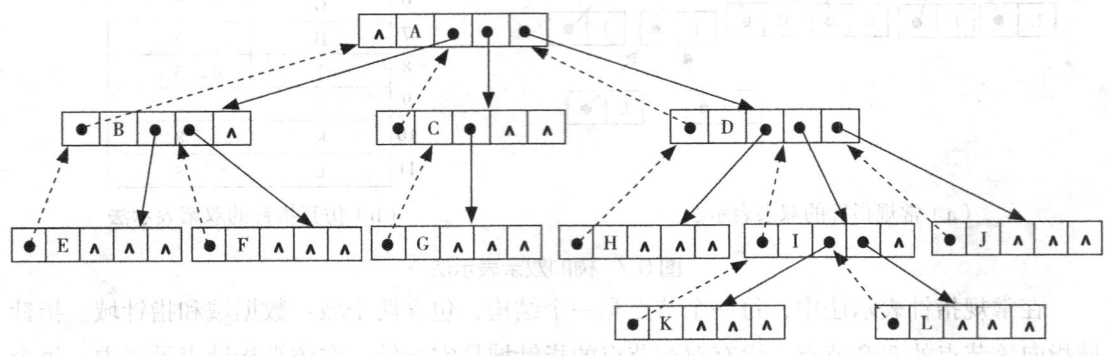


图 6.9 孩子双亲表示法

**4. 孩子兄弟表示法**

使用指针既指向每个结点的孩子结点，又指向每个结点的兄弟结点，就是孩子兄弟表示法。指针域包含两个指针，指向孩子结点的指针和指向最邻近兄弟结点的指针。

图 6.10 是常规指针表示的存储结构，其中实线表示孩子指针，虚线表示兄弟指针。

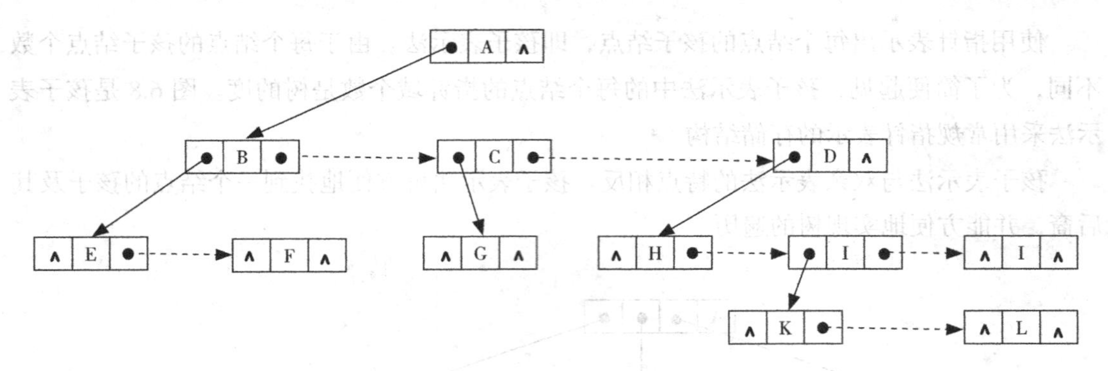


图 6.10 孩子兄弟表示法

## 6.2 二叉树

### 6.2.1 二叉树的概念

二叉树（Binary Tree）是结点的有限集合，这个集合或者为空，或者是由一个根结点和两棵互不相交的分别称为左子树和右子树的二叉树组成。二叉树中的每个结点至多有两棵子树，且子树有左右之分，次序不能颠倒。

二叉树是一种重要的树型结构，但二叉树不是树的特例。二叉树的5种形态分别为：空二叉树、只有根结点的二叉树、根结点和左子树、根结点和右子树、根结点和左右子树。

二叉树与树的区别：二叉树中每个结点的孩子至多不超过两个，而树对结点的孩子数无限制；另外，二叉树中结点的子树有左右之分，而树的子树没有次序。思考一棵度为2的树与一棵二叉树有什么区别？

【例6.2】树与二叉树有什么区别？

区别有两点：

（1）二叉树的一个结点至多有两个子树，树则不然；

（2）二叉树的一个结点的子树有左右之分，而树的子树没有次序。

【例6.3】分别画出具有3个结点的树和具有3个结点的二叉树的所有不同形态。

如图6.11（a）所示，具有3个结点的树有两种不同形态。

如图6.11（b）所示，具有3个结点的二叉树有以下5种不同形态。

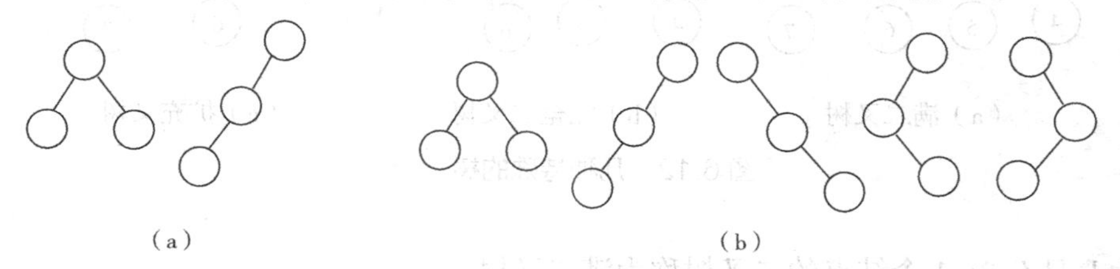


图6.11 树和二叉树的不同形态

### 6.2.2 二叉树的性质

**性质1**：二叉树第i层上的结点数目最多为 $2^{i-1}$ (i>=1)

数学归纳法证明。

证明：归纳基础：i=1时，有 $2^{i-1}=2^0=1$。因为第1层上只有一个根结点，所以命题成立。

归纳假设：假设对所有的j(1<=j<i)命题成立，即第j层上至多有 $2^{i-1}$ 个结点，证明j=i时命题也成立。

归纳步骤：根据归纳假设，第i–1层上至多有 $2^{i-2}$ 个结点。由于二叉树的每一个结点至多有两个孩子，故第i层上的结点数，至多是第i–1层上的最大结点数的2倍，即j=i时，该层上至多有 $2\times 2^{i-2}=2^{i-1}$ 个结点，故命题成立。

**性质2**：深度为k的二叉树至多有 $2^k-1$ 个结点 (k>=1)

证明：在具有相同深度的二叉树中，仅当每一层都含有最大结点数时，其树中结点数最多。因此，利用性质1可得，深度为k的二叉树的结点数至多为：

$2^0+2^1+\cdots+2^{k-1}=2^{k-1}$ 故命题成立。

**性质3**：任意二叉树中，若叶结点的个数为 $n_0$，度为2的结点数为 $n_2$，则 $n_0=n_2+1$。

证明：设 $n_1$ 为二叉树T中度为1的结点数。因为二叉树中所有结点的度均小于或等于2，所以其结点总数：

$$n=n_0+n_1+n_2 \qquad \text{式 7.1}$$

另一方面，1度结点有一个孩子，2度结点有两个孩子，故二叉树中孩子结点的总数是 $n_1+2*n_2$，但树中只有根结点不是任何结点的孩子，故二叉树中的结点总数又可表示为：

$$n=n_1+2*n_2+1 \qquad \text{式 7.2}$$

由式7.1和式7.2得

$$n_0=n_2+1$$

两种特殊形态的二叉树：满二叉树和完全二叉树，如图6.12所示。

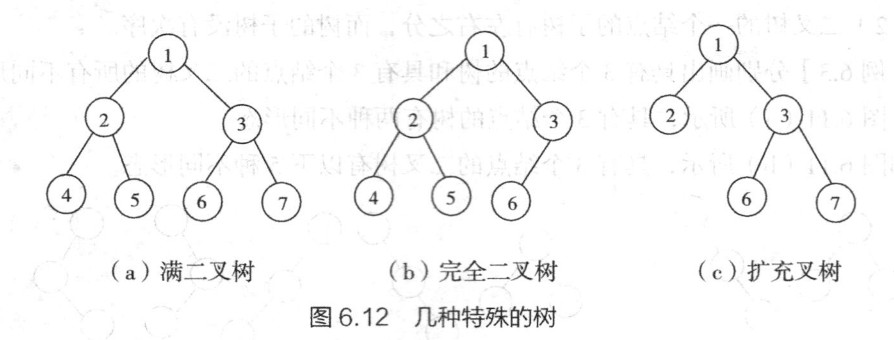


图6.12 几种特殊的树

深度为k且有 $2^k-1$ 个结点的二叉树称为满二叉树。

若一棵二叉树至多只有最下面的两层上结点的度数可以小于2，并且最下一层上的结点都集中在该层最左边的若干位置上，则此二叉树称为完全二叉树。

根据定义：

（1）满二叉树是完全二叉树，反之不成立；

（2）对于完全二叉树，若某结点无左孩子，则必无右孩子，该结点为叶结点。

**性质4**：具有n个结点的完全二叉树的深度为 $\lfloor \log_2 n \rfloor+1$（$\lfloor \log_2 n \rfloor$ 表示该值的最大整数）

证明：设深度为k，则根据性质2和完全二叉树的定义有

2^(k−1)−1<n<=2^k−1 即 2^(k−1)<=n<2^k

于是 $k-1<=\log_2 n<k$，又因为k是整数，

所以 $k-1=\lfloor \log_2 n \rfloor$，

即 $k=\lfloor \log_2 n \rfloor+1$

**性质5**：如果对一棵有n个结点的完全二叉树的结点按层次编号（即自上而下，自左至右），则对任一结点 i(1<=i<=n)，有

（1）如果i=1，则结点i是二叉树的根，无双亲；如果i>1，则其双亲是编号为 $\lfloor i/2 \rfloor$ 的结点。

（2）如果2*i>n，则结点i无左孩子；否则其左孩子是编号为2*i的结点。

（3）如果 2*i+1>n，则结点 i 无右孩子；否则其右孩子是编号为 2*i+1 的结点。

（4）若 i 为奇数且不为 1，则结点 i 的左兄弟的编号是 i–1；否则，结点 i 无左兄弟。

（5）若 i 为偶数且小于 n，则结点 i 的右兄弟的编号是 i+1；否则，结点 i 无右兄弟。

## 6.2.3　二叉树存储结构

### 1. 二叉树的顺序存储结构

对于完全二叉树可以采用顺序存储结构（即一维数组）进行存储，按照性质 5 对结点进行编号，编号为 i 的结点存放在数组第 i 个元素所分配的存储单元中，完全二叉树结点之间的逻辑关系通过数组元素的下标体现。图 6.13 是图的顺序存储结构。

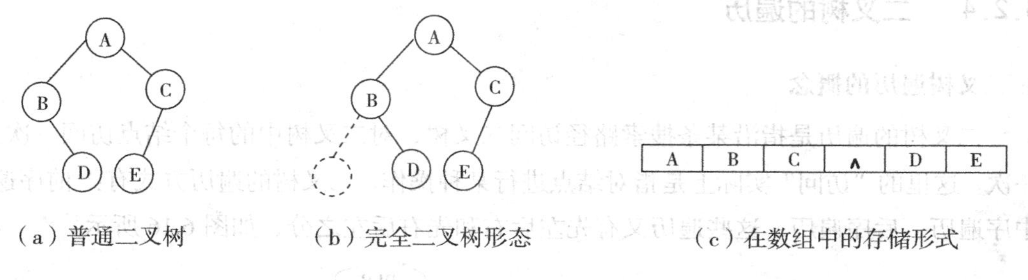


（a）普通二叉树　　（b）完全二叉树形态　　（c）在数组中的存储形式

图 6.13　普通二叉树的顺序存储

对于非完全二叉树，通过补设一些“虚结点”，使得二叉树的结点的编号与完全二叉树相同，再进行顺序存储。

每个“虚结点”都将占据一个数组元素存储单元。

非完全二叉树采用顺序存储结构会造成存储空间的浪费。

### 2. 二叉树的链式存储结构

二叉树除了可以采用顺序存储结构实现存储外，还可以采用链式存储结构进行存储，与采用顺序存储结构相比，采用链式存储结构实现二叉树的存储显得更自然。二叉树最常用的链式存储结构是二叉链，每个结点包含三个域，分别是数据元素域 data、左孩子链域 lChild 和右孩子链域 rChild，结点结构如图 6.14 所示。

| lChild | data | rChild |
|---|---|---|

图 6.14　二叉树的结点结构图

与单链表带头结点和不带头结点的两种情况相似，二叉链存储结构的二叉树也有带头结点和不带头结点两种。对于图 6.13（a）所示的二叉树，带头结点和不带头结点的二叉链存储结构的二叉树如图 6.15（a）和图 6.15（b）所示。

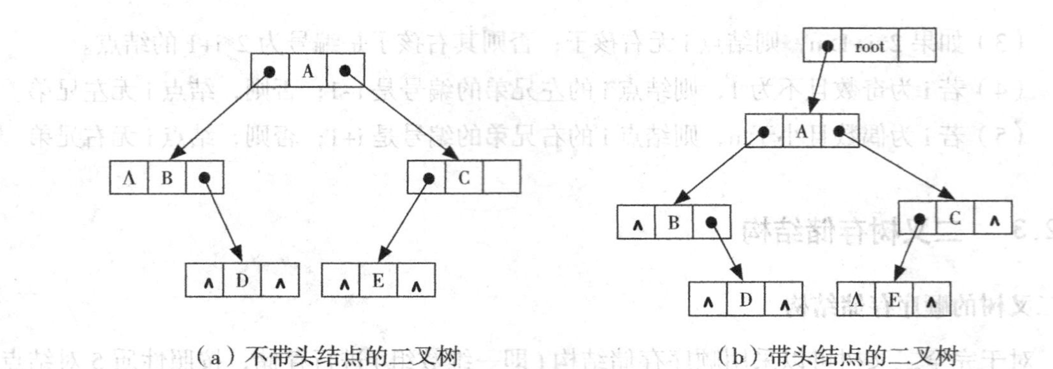


图 6.15　二叉链存储的二叉树

## 6.2.4　二叉树的遍历

### 1. 二叉树遍历的概念

二叉树的遍历是指沿某条搜索路径访问二叉树，对二叉树中的每个结点访问一次且仅一次。这里的"访问"实际上是指对结点进行某种操作。二叉树的遍历方式有：前序遍历、中序遍历、后序遍历，这些遍历又有先左后右和先右后左之分，如图 6.16 所示。

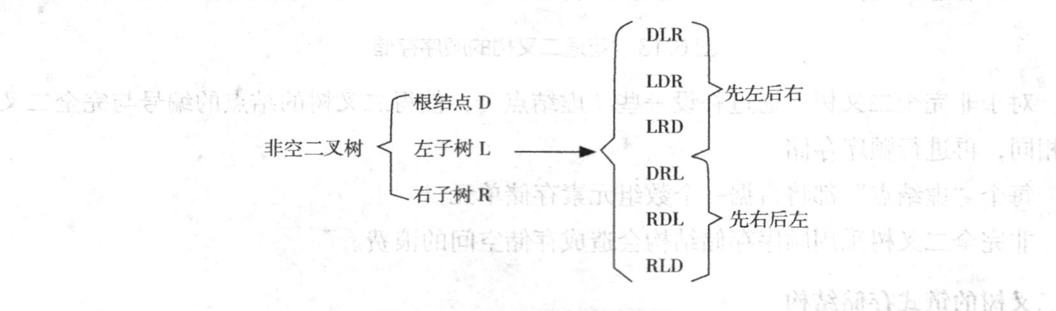


图 6.16　二叉树的遍历分类

### 2. 前序遍历二叉树

前序遍历算法：若二叉树非空，先访问根结点，再前序遍历左子树，最后前序遍历右子树。如图 6.17 所示为二叉树的搜索路线。

遍历图 6.17 所示的二叉树时，得到的先序序列为：A，B，D，C，E，F。

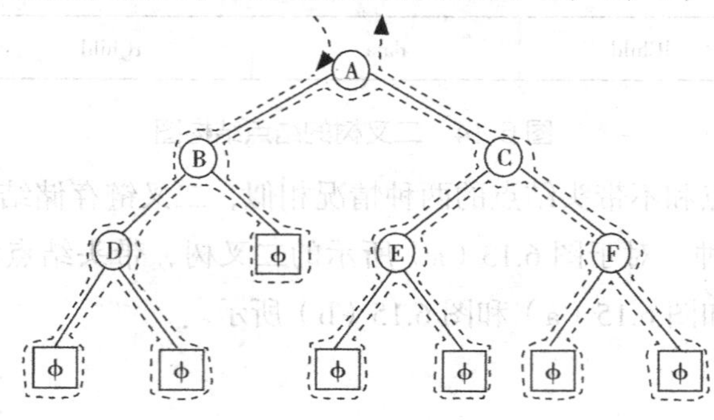


图 6.17　二叉树的搜索路线

### 3. 中序遍历二叉树

中序遍历算法：若二叉树非空，先中序遍历左子树，再访问根节点，最后中序遍历右子树。

遍历图6.17所示的二叉树时，得到的中序序列为：D，B，A，E，C，F。

### 4. 后序遍历二叉树

后序遍历算法：若二叉树非空，先后序遍历左子树，再后续遍历右子树，最后访问根节点。

后序遍历图6.17所示的二叉树时，得到的后序序列为：D，B，E，F，C，A。

在遍历的过程中，需要注意：

（1）在搜索路线中，若访问结点均是第一次经过结点时进行的，则是前序遍历；若访问结点均是在第二次(或第三次)经过结点时进行的，则是中序遍历(或后序遍历)。只要将搜索路线上所有在第一次、第二次和第三次经过的结点分别列表，即可分别得到该二叉树的前序序列、中序序列和后序序列。

（2）上述3种序列都是线性序列，有且仅有一个开始结点和一个终端结点，其余结点都有且仅有一个前趋结点和一个后继结点。为了区别于树形结构中前趋(即双亲)结点和后继(即孩子)结点的概念，对上述3种线性序列，要在某结点的前趋和后继之前冠以其遍历次序名称。

图6.17所示的二叉树中的结点C，其前序前趋结点是D，前序后继结点是E；中序前趋结点是E，中序后继结点是F；后序前趋结点是F，后序后继结点是A。但就该树的逻辑结构而言，C的前趋结点是A，后继结点是E和F。

### 5. 二叉树遍历算法的实现

二叉树的遍历采用递归算法比较简单，在定义二叉树二叉链存储结构后，先手工创建图6.17所示的无头结点的二叉链树，再调用3种遍历算法来输出遍历结果，具体代码如下：

```
struct  BinTree {
    char data;    // 根节点数据
    BinTree *left;   // 左子树
    BinTree *right;  // 右子树
};
BinTree *root;
BinTree * init(char data) {   // 初始化函数
        root=(BinTree*)malloc(sizeof(BinTree));
```

```
        root->data = data;
        root->left = NULL;
        root->right = NULL;
        return root;
    }
    void preOrder(BinTree *root){ // 前序遍历
        if(root!=NULL){
            printf("%c-",root->data);
            preOrder(root->left);
            preOrder(root->right);
        }
    }
    void inOrder(BinTree *root){    // 中序遍历
        if(root!=NULL){
            inOrder(root->left);
                printf("%c--",root->data);
                inOrder(root->right);
        }
    }
    void postOrder(BinTree *root){    // 后序遍历
        if(root!=NULL){
            postOrder(root->left);
            postOrder(root->right);
            printf("%c---",root->data);
        }
    }
    int main( ) {
        BinTree *root = init('A');  // 创建二叉树
        root->left = init('B');
        root->right = init('C');
        BinTree *b = root->left;
        b->left = init('D');
```

```
    BinTree *c = root->right;
    c->left = init('E');
    c->right = init('F');
    printf(" 前序遍历：");
    preOrder(root);
    printf("\n");
    printf(" 中序遍历：");
    inOrder(root);
    printf("\n");
    printf(" 后序遍历：");
    postOrder(root);
    printf("\n");
    return 0;
}
```

# 6.3　线索二叉树

## 6.3.1　线索二叉树的概念

在二叉树的链式存储结构中，增加指向前驱和后继结点的信息，称为线索。加上线索的二叉树称为线索二叉树（Threaded Binary Tree）。对二叉树以某种次序进行遍历使其成为线索二叉树的过程称为线索化。

## 6.3.2　线索化二叉树

在由 n 个结点构成的二叉树链式存储结构中，存在着 n+1 个空链域。可利用这些空链域建立起相应结点的前驱结点信息和后继结点信息。在二叉链中，如果某结点有左子树，则其 lChind 域指向其左孩子，否则其 lChild 域指向该结点在遍历序列中的前驱结点；如果某结点有右子树，则其 rChild 域指向其右孩子，否则其 rChild 域指向该结点在遍历序列中的后继结点。

为了区分一个结点中的 lChild 域和 rChild 域指向的是左、右孩子还是前驱、后继，需要在结点中再增设两个线索标志域 ltag 和 rtag 来区分这两种情况。线索标志域定义如下：

$$ltag=\begin{cases}0 & \text{lChild 域指向结点的左孩子}\\ 1 & \text{lChild 域指向结点的前驱}\end{cases}$$

$$rtag=\begin{cases}0 & \text{rChild 域指向结点的右孩子}\\ 1 & \text{rChild 域指向结点的后继}\end{cases}$$

因此，每个结点包含 5 个域，如图 6.18 所示：

| lChild | ltag | data | rtag | rChild |
| --- | --- | --- | --- | --- |

图 6.18　线索二叉树结点结构图

在二叉树中，结点的前驱和后继需要根据遍历的不同而不同，因此线索二叉树也分为前序线索二叉树、中序线索二叉树和后序线索二叉树。

如图 6.19（b）所示为图 6.19（a）所对应的中序线索二叉树，如图 6.19（c）所示为图 6.19（a）所对应的前序线索二叉树，如图 6.19（d）所示为图 6.19（a）所对应的后序线索二叉树。

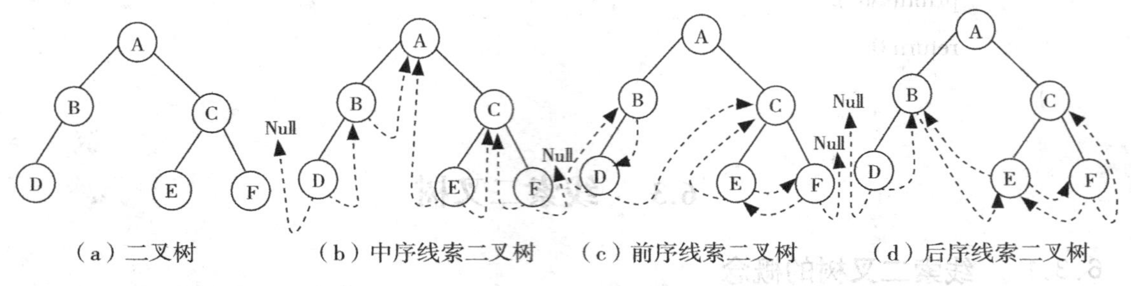


图 6.19　线索二叉树

和其他结构一样，线索二叉树也可包含头结点。头结点的 data 域为空，lChild 域指向二叉树的根结点，ltag 为 0，rChild 域指向某种遍历的最后一个结点，rtag 为 1。图 6.20 所示为图 6.19（a）的中序线索链表。

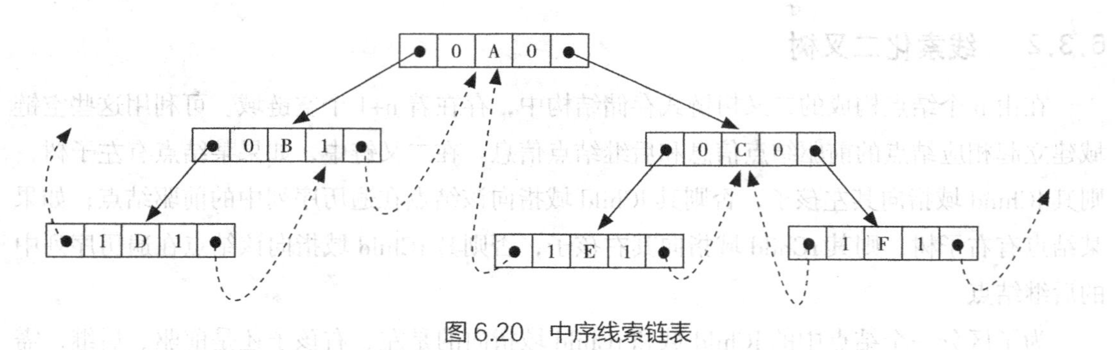


图 6.20　中序线索链表

二叉树中序线索化同二叉树中序遍历相似，利用递归实现比较简单。在根结点非空时，先线索化其左子树，再处理根结点的前驱和后继，最后线索化其右子树。先手工创建图 6.17 所示的无头结点的二叉链树，再调用中序遍历线索化算法形成图 6.20 所示的线索二叉树，同时输出线索化结果，具体代码如下：

```
struct BinThrTree {
    char data; // 根节点数据
    bool leftIsThread;    // 左孩子是否为线索
    BinThrTree *left;    // 左子树
    bool rightIsThread; // 右孩子是否为线索
    BinThrTree *right;  // 右子树
    BinThrTree *pre ;   // 线索化的时候保存前驱
};
BinThrTree *root ;
BinThrTree*        init(char data) {  // 实例化二叉树类
    root=(BinThrTree *)malloc(sizeof(BinThrTree));
    root->pre=NULL;
    root->data = data;
    root->leftIsThread = false;
    root->left = NULL;
    root->rightIsThread = false;
    root->right = NULL;
    return root;
    }
void inThread(BinThrTree *root,BinThrTree *pre){        // 中序线索化
    if(root != NULL){
        inThread(root->left,root) ;    // 线索化左孩子
        if(NULL == root->left){          // 左孩子为空
            root->leftIsThread = true ;      // 将左孩子设置为线索
            root->left = pre;
            if(pre!=NULL)
                    printf(" null<-%c ",root->data);
        }
        if(pre!=NULL&&NULL == pre->right){          // 右孩子为空
            pre->rightIsThread = true;
            pre->right = root;
            printf(" %c->%c ",pre->data,root->data);
        }
```

```
            pre = root;
            inThread(root->right,root) ;        //线索化右孩子
    }
}
int main( ) {
    BinThrTree *root =init('A');  //创建二叉树
    root->left = init('B');
    root->right = init('C');
    BinThrTree *b = root->left;
    b->left = init('D');
    BinThrTree *c = root->right;
    c->left = init('E');
    c->right = init('F');
    inThread(root,root->pre); // 二叉树中序线索化
}
```

### 6.3.3 遍历线索化二叉树

在图 6.20 所示中序线索化二叉树的基础上，讨论中序遍历线索化二叉树，其算法思想是：从根结点开始，只要根结点非空，并且其左孩子不是线索，就循环递进用其左孩子迭代根结点，直到其左孩子是线索为止；然后访问当前根结点；如果右孩子是线索，则迭代线索所指的后继为根结点，访问之，否则存在右孩子，继续循环递进用其左孩子迭代根结点，直到其左孩子是线索为止。在前面线索二叉树代码的基础上，遍历中序线索二叉树的算法代码具体如下：

```
void inThreaOrder(BinThrTree *root){        // 中序遍历线索二叉树
    if(root != NULL){
            while(root!=NULL && !root->leftIsThread){// 如果左孩子不是线索
                    root = root->left;//
            }

                    do{
                    printf("%c, ",root->data);
                    if(root->rightIsThread){        // 如果右孩子是线索
                            root = root->right;
```

```
                }else{ // 有右孩子
                        root = root->right;
                        while(root!=NULL && !root->leftIsThread){
                                root = root->left;
                        }
                }
        }while(root != NULL) ;
    }
}
int main( ){
        …
    inThreaOrder(root);
    return 0;
}
```

## 6.4 哈夫曼树

### 6.4.1 哈夫曼树概述

路径：若在树中存在一个结点序列 $k_1$，$k_2$，…，$k_j$，使得 $k_i$ 是 $k_{i+1}$ 的双亲（$1 \leqslant i \leqslant j$），则此结点序列称为从 $k_1$ 到 $k_j$ 的路径。

路径长度：从 $k_1$ 到 $k_j$ 所经过的分支数称为这两点之间的路径长度，它等于路径上的结点数减 1。

结点的权：在许多应用中，常常将树中的某个结点赋上一个具有某种意义的数值，这个和某个结点相关的数值称为该结点的权或权值。

结点的带权路径长度：指从树根到该结点之间的路径长度与结点的权值的乘积。

树的带权路径长度：指树中所有叶子结点的带权路径长度之和，通常记为 $WPL=\sum_{i=1}^{n}W_iL_i$。其中 n 表示叶子结点的个数，$W_i$ 表示叶子结点 $K_i$ 的权值，$L_i$ 表示根结点到 $K_i$ 的路径长度。

哈夫曼树（Huffman Tree）：又称为最优二叉树，它是 n 个带权的叶子结点构成的所有二叉树中带权路径长度 WPL 最小的二叉树。

### 6.4.2 哈夫曼树的构造算法

假设有 n 个权值，则构造出的哈夫曼树有 n 个叶子结点。n 个权值分别设为 $w_1$，$w_2$，…，$w_n$，则哈夫曼树的构造算法为：

(1)将 $w_1$，$w_2$，…，$w_n$ 看成是有 n 棵树的森林(每棵树仅有一个结点)；

(2)在森林中选出两个根结点的权值最小的树合并，作为一棵新树的左、右子树，且新树的根结点权值为其左、右子树根结点权值之和；

(3)从森林中删除选取的两棵树，并将新树加入森林；

(4)重复(2)、(3)步，直到森林中只剩一棵树为止，该树即为所求得的哈夫曼树。

【例 6.4】假定用于通信的电文由 8 个字符 A、B、C、D、E、F、G、H 组成，各字母在电文中出现的概率为 5%、25%、4%、7%、9%、12%、30%、8%，试用 8 个字母构造哈夫曼编码。

根据题意可知，这 8 个字母对应的权值分别为 5，25，4，7，9，12，30，8，并且 n=8。

根据哈夫曼树的构造算法，具体构造如图 6.21 所示。

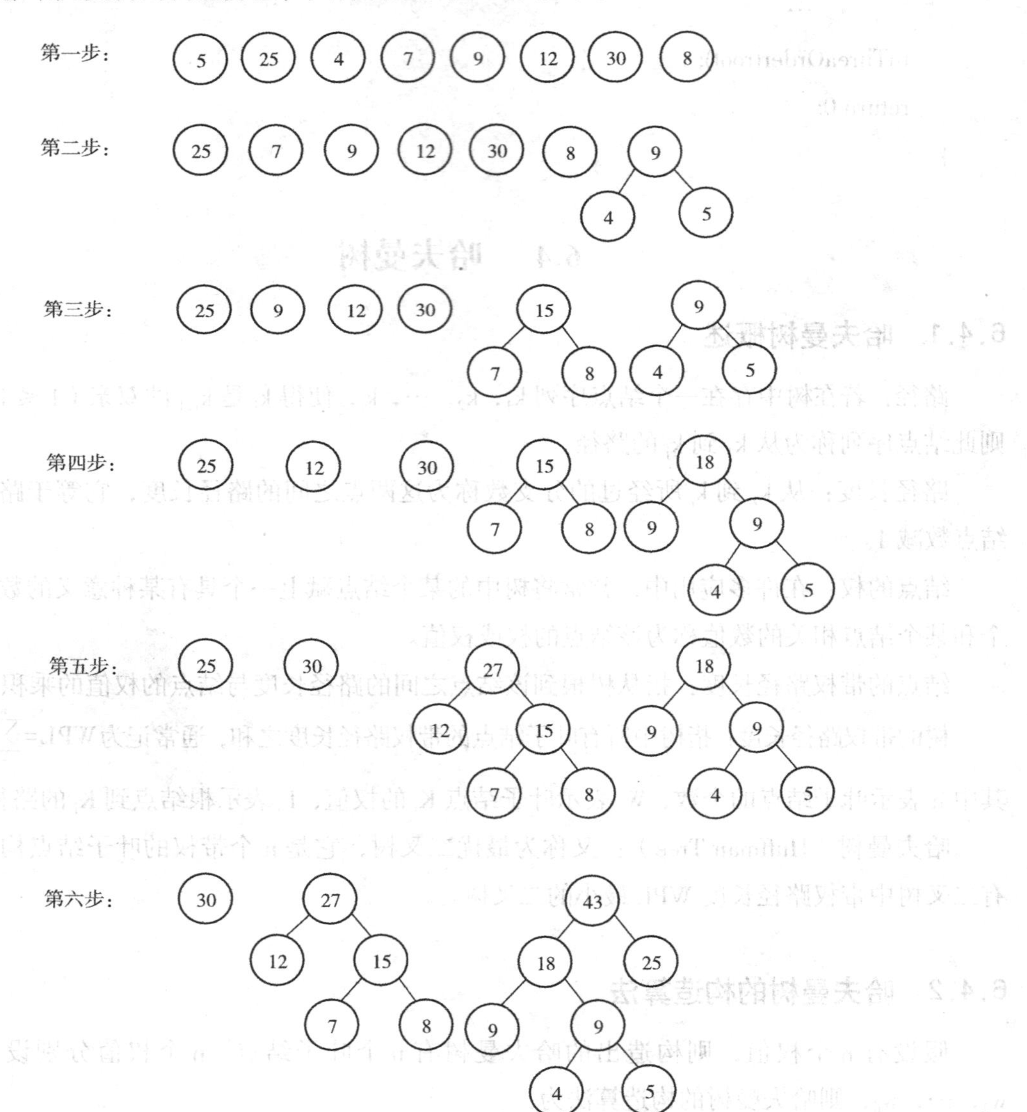

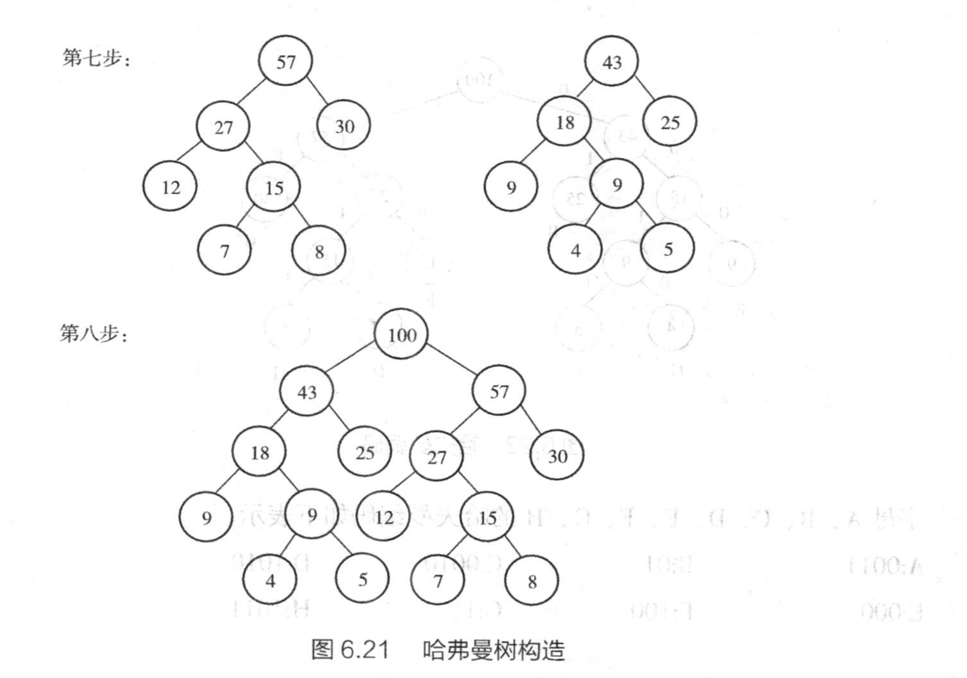


图 6.21 哈弗曼树构造

### 6.4.3 哈夫曼编码

在数据通信中，需要将传送的文字转换成二进制的字符串，用 0，1 码的不同排列来表示字符。最简单的二进制编码方式是等长编码，例 6.4 中通信的电文用固定 3 位二进制，可分别用 000、001、010、011、100、101，110，111 对“A，B，C，D，E，F，G，H”进行编码发送，当对方接收报文时再按照三位一分进行译码。显然编码的长度取决报文中不同字符的个数。若报文中可能出现 26 个不同字符，则固定编码长度为 5。然而，传送报文时总是希望总长度尽可能短。在实际应用中，各个字符的出现频度或使用次数是不相同的，如 A、B、C 的使用频率远远高于 X、Y、Z，自然会想到设计编码时，让使用频率高的用短码，使用频率低的用长码，以优化整个报文编码。

为使不等长编码为前缀编码(即要求一个字符的编码不能是另一个字符编码的前缀)，可用字符集中的每个字符作为叶子结点生成一棵编码二叉树(即哈弗曼树)，为了获得传送报文的最短长度，可将每个字符的出现频率作为字符结点的权值赋予该结点上，显然字使用频率越小权值越小，权值越小叶子就越靠下，于是频率小编码长，频率高编码短，这样就保证了此树的最小带权路径长度在效果上就是传送报文的最短长度。因此，求传送报文的最短长度问题转化为求由字符集中的所有字符作为叶子结点，由字符出现频率作为其权值所产生的哈夫曼树的问题。利用哈夫曼树来设计二进制的前缀编码，既满足前缀编码的条件，又保证报文编码总长最短。

利用例 6.4 中第八步得到的哈夫曼树来设计哈夫曼编码，规定左分支用 0 表示，右分支用 1 表示，如图 6.22 所示。

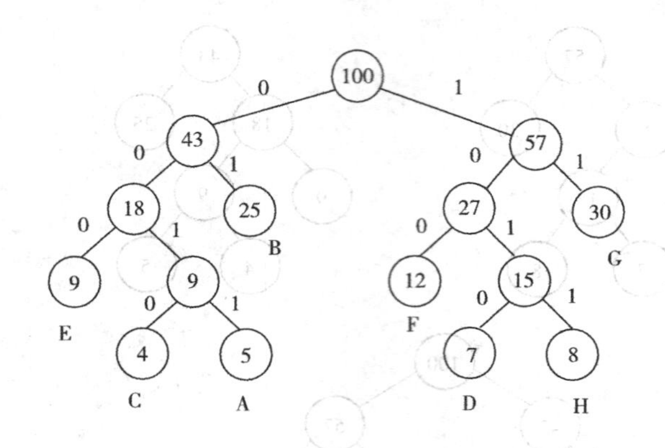


图 6.22　哈夫曼编码

字母 A、B、C、D、E、F、G、H 的哈夫曼编码如下表示：

A:0011　　B:01　　C:0010　　D:1010

E:000　　F:100　　G:11　　H:1011

# 6.5　树、森林和二叉树

## 6.5.1　二叉树与树、森林之间的转换

树或森林与二叉树之间存在一一对应的关系。任何一棵树或一个森林可唯一地对应到一棵二叉树；反之，任何一棵二叉树也能唯一地对应到一个森林或一棵树。

**1. 将树转换为二叉树**

树中每个结点最多只有一个最左边的孩子(长子)和一个右邻的兄弟。按照这种关系很自然地就能将树转换成相应的二叉树，具体步骤是：

（1）在所有兄弟结点之间加一连线；

（2）对每个结点，除了保留与其长子的连线外，去掉该结点与其他孩子的连线。

【例 6.5】将图 6.23 所示的树转换为二叉树。

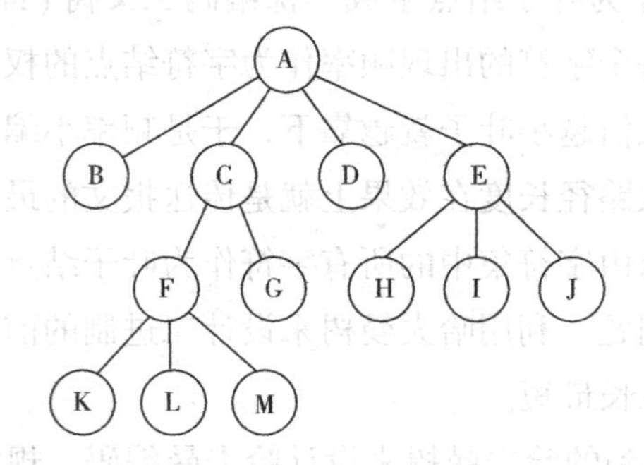


图 6.23　树

根据树转换成二叉树的规则：第一步，加线；第二步，抹线；第三步，旋转。具体过程如图 6.24 所示。

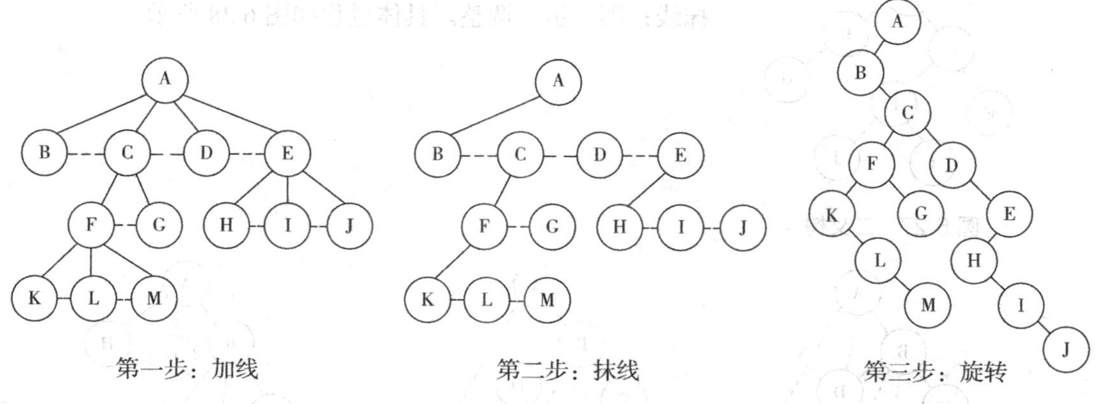


图 6.24 树转换成二叉树的过程

**注意：**

由于树根没有兄弟，故树转化为二叉树后，二叉树的根结点的右子树必为空。

**2. 将一个森林转换为二叉树**

具体方法是：

（1）将森林中的每棵树变为二叉树；

（2）因为转换所得的二叉树的根结点的右子树均为空，故可将各二叉树的根结点视为兄弟从左至右连在一起，就形成了一棵二叉树。

【例 6.6】将如图 6.25 所示的森林转换成二叉树。

具体过程略，结果如图 6.26 所示。

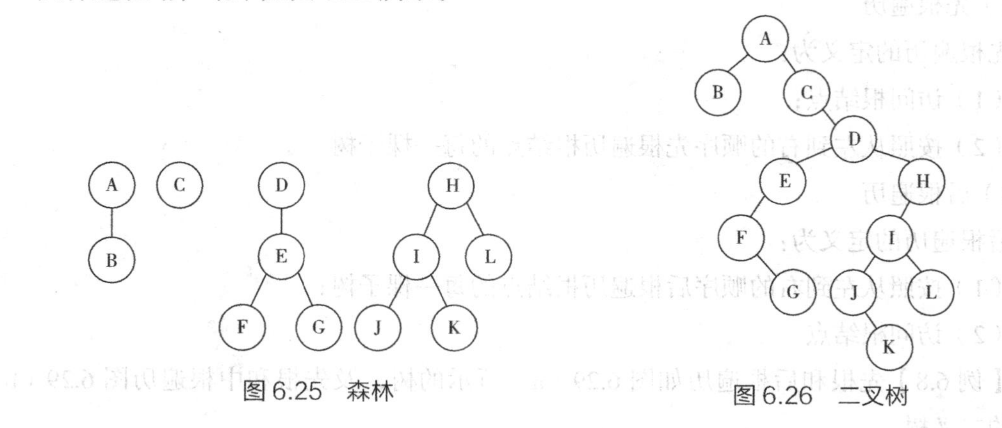

图 6.25 森林　　图 6.26 二叉树

**3. 二叉树到树、森林的转换**

把二叉树转换成树和森林的方式是：若结点 x 是双亲 y 的左孩子，则把 x 的右孩子，右孩子的右孩子，……，都与 y 用连线连起来，最后去掉所有双亲到右孩子的连线。

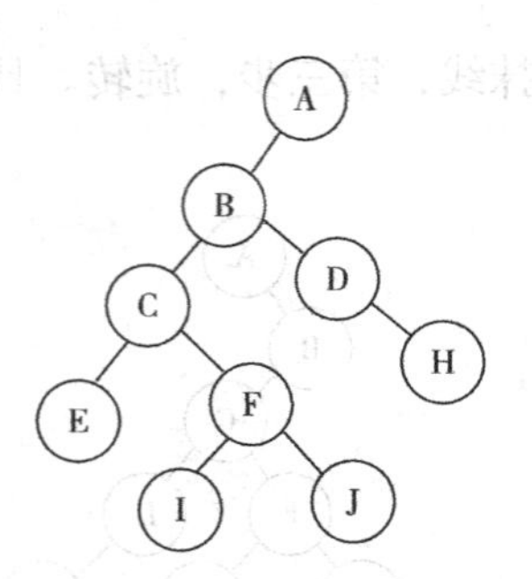


图 6.27　二叉树

【例 6.7】将图 6.27 所示的二叉树转换为树。

根据二叉树转换成树的规则：第一步，加线；第二步，抹线；第三步，调整。具体过程如图 6.28 所示。

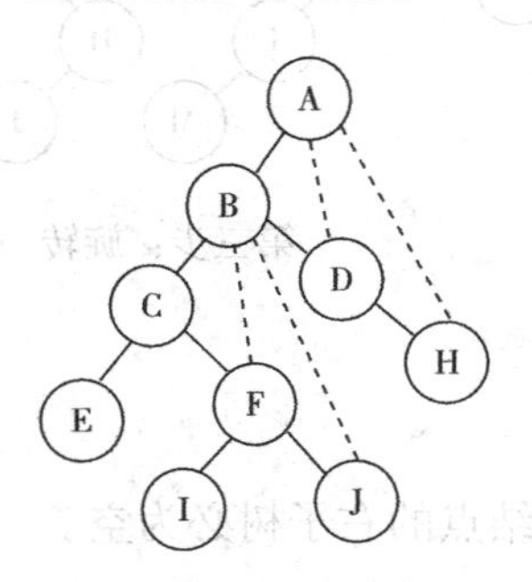


第一步：加线

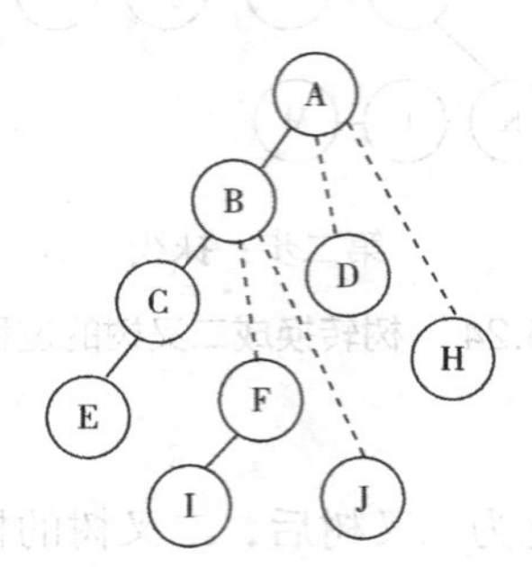


第二步：抹线

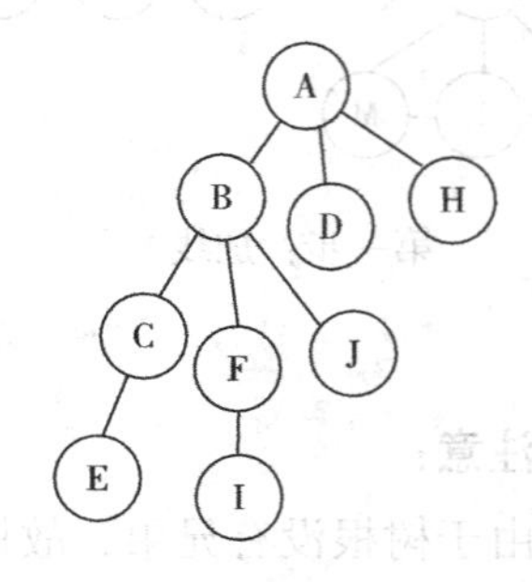


第三步：调整

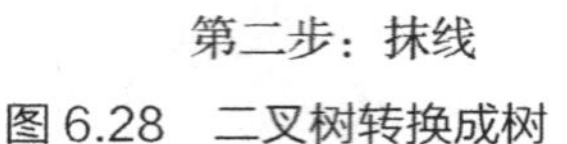
图 6.28　二叉树转换成树

## 6.5.2　树、森林的遍历

### 1. 树的遍历

树的遍历通常有先根遍历和后根遍历两种方式。

1）先根遍历

先根遍历的定义为：

（1）访问根结点；

（2）按照从左到右的顺序先根遍历根结点的每一棵子树。

2）后根遍历

后根遍历的定义为：

（1）按照从左到右的顺序后根遍历根结点的每一棵子树；

（2）访问根结点。

【例 6.8】先根和后根遍历如图 6.29（a）所示的树，及先根和中根遍历图 6.29（b）所示的二叉树。

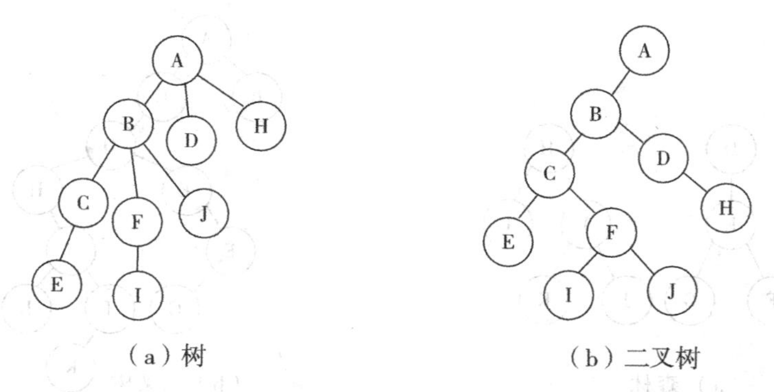


图 6.29　树和二叉树

根据树的遍历规则，图 6.29（a）所示的树的先根遍历结果是：A，B，C，E，F，I，J，D，H；后根遍历结果是：E，C，I，F，J，B，D，H，A。

根据二叉树的遍历规则，图 6.29（b）所示的二叉树的先根遍历结果是：A，B，C，E，F，I，J，D，H；中根遍历结果是：E，C，I，F，J，B，D，H，A。

图 6.29（b）所示的二叉树其实是图 6.29（a）所示的树转换而来的，由例 6.8 的遍历结果可推知：

（1）前序遍历一棵树恰好等价于前序遍历该树对应的二叉树。

（2）后序遍历树恰好等价于中序遍历该树对应的二叉树。

**2. 森林的遍历**

森林的遍历有前序遍历和后序遍历两种方式。

1）前序遍历

前序遍历的定义为：

（1）访问森林中第一棵树的根结点；

（2）前序遍历第一棵树的根结点的子树；

（3）前序遍历去掉第一棵树后的子森林。

2）后序遍历

后序遍历的定义为：

（1）后序遍历第一棵树的根结点的子树；

（2）访问森林中第一棵树的根结点；

（3）后序遍历去掉第一棵树后的子森林。

【例 6.9】先根和后根遍历如图 6.30（a）所示的森林，及先根和中根遍历图 6.30（b）所示的二叉树。

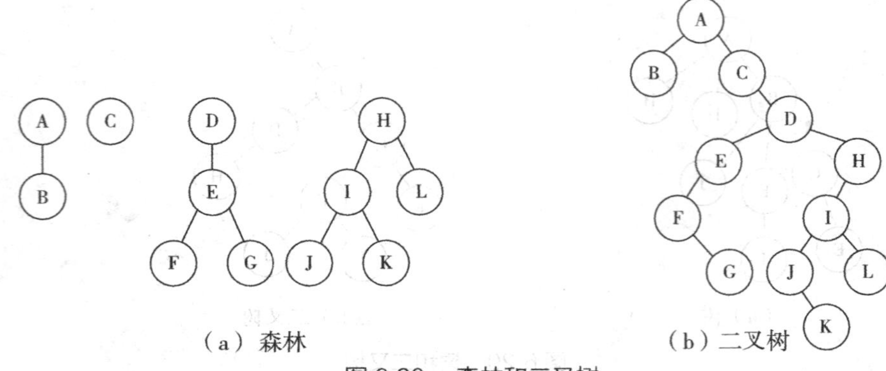


（a）森林　　（b）二叉树

图 6.30　森林和二叉树

根据森林的遍历规则，图 6.30（a）所示的树的先根遍历结果是：A，B，C，D，E，F，G，H，I，J，K，L；后根遍历结果是：B，A，C，F，G，E，D，J，K，I，L，H。

根据二叉树的遍历规则，图 6.30（b）所示的二叉树的先根遍历结果是：A，B，C，D，E，F，G，H，I，J，K，L；中根遍历结果是：B，A，C，F，G，E，D，J，K，I，L，H。

图 6.30（b）所示的二叉树其实是图 6.30（a）所示的森林转换而来的，由例 6.9 的遍历结果可推知：

（1）前序遍历一个森林恰好等价于前序遍历该森林对应的二叉树。

（2）后序遍历森林恰好等价于中序遍历该森林对应的二叉树。

## 本章小结

本章主要讲解了树和二叉树的基本概念和两种存储方式，分别介绍了二叉树的遍历、线索化，哈夫曼树的构造及哈夫曼编码应用，二叉树与树、森林之间的转换，树与森林的遍历。通过本章的学习，应掌握的重点内容包括如下几点：

（1）树的概念：树（Tree）是零个或多个结点的有限集合。

在一棵非空树中：

①有且仅有一个特定的称为根（root）的结点；

②当结点数大于 1 时，除根结点外，其他结点被分成 n（n>0）个互不相交的子集：$T_1, T_2, \cdots, T_n$，其中每个子集本身又是一棵树（称之为子树），每一棵子树的根 $x_i$（$1 \leqslant i \leqslant n$）都是根结点 root 的后继，树 $T_1$，$T_2$，…，$T_n$ 称为根的子树。

（2）树的常用表示方法：树形图法、嵌套集合法、广义表表示法和凹入表示法。

（3）树的存储结构：双亲表示法、孩子表示法、双亲孩子表示法和孩子兄弟表示法。

（4）二叉树的概念和性质：二叉树（Binary Tree）是结点的有限集合，这个集合或者为空，或者是由一个根结点和两棵互不相交的分别称为左子树和右子树的二叉树组成。二叉树中的每个结点至多有两棵子树，且子树有左右之分，次序不能颠倒。二叉树有 5 条重要的性质。

（5）二叉树的链式存储及遍历：前序遍历、中序遍历、后序遍历。

（6）在二叉树的链式存储结构中，增加指向前驱和后继结点的信息，称为线索。加上线索的二叉树叫作线索二叉树。

（7）哈夫曼树（Huffman Tree）：又称为最优二叉树，它是n个带权的叶子结点构成的所有二叉树中带权路径长度WPL最小的二叉树。

（8）树或森林与二叉树之间的相互转换，树和森林的遍历以及与其对应二叉树遍历的比较。

# 习　题

## 一、选择题

1. 假设在一棵二叉树中，双分支结点数为15，单分支结点数为30个，则叶子结点数为（　　）个。

A. 15　　B. 16　　C. 17　　D. 47

2. 假定一棵三叉树的结点数为50，则它的最小高度为（　　）。

A. 3　　B. 4　　C. 5　　D. 6

3. 在一棵二叉树上第4层的结点数最多为（　　）。

A. 2　　B. 4　　C. 6　　D. 8

4. 用顺序存储的方法将完全二叉树中的所有结点逐层存放在数组中R[1…n]，结点R[i]若有左孩子，其左孩子的编号为结点（　　）。

A. R[2i+1]　　B. R[2i]　　C. R[i/2]　　D. R[2i-1]

5. 由权值分别为3,8,6,2,5的叶子结点生成一棵哈夫曼树，它的带权路径长度为（　　）。

A. 24　　B. 48　　C. 72　　D. 53

6. 线索二叉树是一种（　　）结构。

A. 逻辑　　B. 逻辑和存储　　C. 物理　　D. 线性

7. 引入线索二叉树的目的是（　　）。

A. 提交遍历算法的时效　　B. 便于在二叉树中进行插入与删除

C. 便于找到孩子　　D. 使二叉树的遍历结果唯一

8. 设n，m为一棵二叉树上的两个结点，在中序遍历序列中n在m前的条件是（　　）。

A. n在m右方　　B. n在m左方

C. n是m的祖先　　D. n是m的子孙

9. 如果F是由有序树T转换而来的二叉树，那么T中结点的前序就是F中结点的（　　）。

A. 中序　　B. 前序　　C. 后序　　D. 层次序

10. 下面叙述正确的是（　　）。

A. 只有一个结点的二叉树度为 0

B. 二叉树等价于度为 2 的树

C. 完全二叉树必为满二叉树

D. 二叉树中不存在度大于 2 的结点

## 二、判断题

1. 二叉树中每个结点的度不能超过 2，所以二叉树是一种特殊的树。（　　）
2. 二叉树的前序遍历中，任意结点均处在其子女结点之前。（　　）
3. 线索二叉树是一种逻辑结构。（　　）
4. 哈夫曼树的总结点个数（多于 1 时）不能为偶数。（　　）
5. 由二叉树的先序序列和后序序列可以唯一确定一棵二叉树。（　　）
6. 树的后序遍历与其对应的二叉树的后序遍历序列相同。（　　）
7. 根据任意一种遍历序列即可唯一确定对应的二叉树。（　　）
8. 满二叉树也是完全二叉树。（　　）
9. 哈夫曼树一定是完全二叉树。（　　）
10. 树的子树是无序的。（　　）

## 三、填空题

1. 假定一棵树的广义表表示为 A（B（E），C（F（H，I，J），G），D），则该树的度为 ______，树的深度为 ______，终端结点的个数为 ______，单分支结点的个数为 ______，双分支结点的个数为 ______，三分支结点的个数为 ______，C 结点的双亲结点为 ______，其孩子结点为 ______ 和 ______。

2. 如果用给定的一组数据作为叶结点的值构造出的二叉树带权路径长度最小，则该二叉树为 ______。

3. 在一棵二叉排序树上按 ______ 遍历得到的结点序列是一个有序序列。

4. 对于一棵具有 n 个结点的二叉树，当进行链接存储时，其二叉链表中的指针域的总数为 ______ 个，其中 ______ 个用于链接孩子结点，______ 个空闲着。

5. 在一棵二叉树中，度为 0 的结点个数为 $n_0$，度为 2 的结点个数为 $n_2$，则 $n_0$=______。

6. 由三个结点构成的二叉树，共有 ______ 种不同的形态。

7. 一棵含有 n 个结点的树，______ 形态达到最大深度，______ 形态达到最小深度。

8. 对于一棵具有 n 个结点的满二叉树，若一个结点的编号为 i(1 ≤ i ≤ n)，则它的左孩子结点的编号为 ________，右孩子结点的编号为 ________，双亲结点的编号为 ________。

9. 哈夫曼树是指 ________________________________ 的二叉树。

10. 二叉树的链式存储结构有 ____________ 和 ____________ 两种。

**四、应用题**

1. 试分别画出具有 3 个结点的树和二叉树的所有不同形态。

2. 已知用一维数组存放的一棵完全二叉树：ABCDEFGHIJKL，写出该二叉树的先序、中序和后序遍历序列。

3. 假设一棵二叉树的先序序列为 EBADCFHGIKJ，中序序列为 ABCDEFGHIJK，请写出该二叉树的后序遍历序列。

4. 已知二叉树的前序、中序和后序遍历序列如下，其中有一些看不清的字母用 * 表示，请先填写 * 处的字母，再构造一棵符合条件的二叉树，最后画出带头结点的中序线索链表。

（1）前序遍历序列是：*BC***G*

（2）中序遍历序列是：CB*EAGH*

（3）后序遍历序列是：*EDB**FA

5. 将下图所示的二叉树还原成森林。

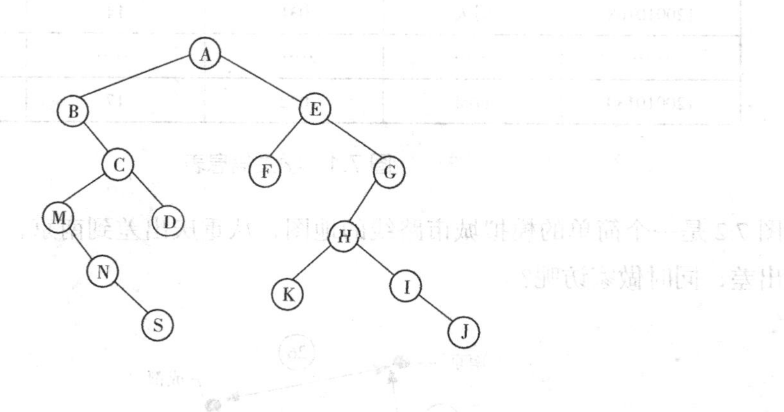

# 第7章 图

某班级的学生信息表如图 7.1 所示，每个学生都来自不同的城市，如果老师从重庆出差到南京，顺路要选择部分学生做一次家访，怎样选择才最合理呢？

| 学号（ID） | 姓名 (Name) | 分组 (Group) | 年龄 (Age) | 住址 (Addr) |
|---|---|---|---|---|
| 120010101 | 李华 | 100 | 16 | 四川成都 |
| 120010102 | 王丽 | 010 | 15 | 重庆万州 |
| 120010103 | 张阳 | 011 | 19 | 陕西西安 |
| 120010104 | 赵斌 | 012 | 16 | 重庆云阳 |
| 120010105 | 孙琪 | 020 | 18 | 四川广安 |
| 120010106 | 马丹 | 021 | 19 | 陕西宝鸡 |
| 120010107 | 刘畅 | 030 | 20 | 重庆黔江 |
| 120010108 | 周天 | 031 | 14 | 四川南充 |
| …… | …… | …… | …… | …… |
| 120010130 | 黄凯 | 032 | 17 | 江苏南京 |

图 7.1　学生信息表

图 7.2 是一个简单的模拟城市路线的地图，从重庆出差到南京，如何选择用时最短的路线出差，同时做家访呢？

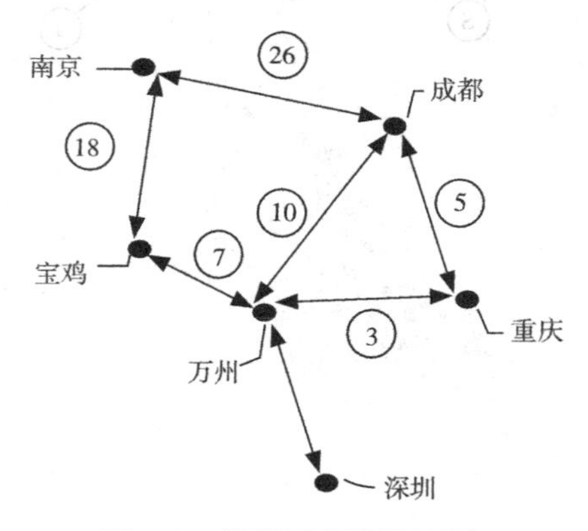


图 7.2　模拟城市路线地图

注：图中黑点代表城市，数字代表往返两城市间所需的时间（单位：小时）。

要解决该问题，最好的方法是使用数据结构中图的知识。下面将对图的知识进行进一步的讲解。

## 7.1 图的概念及基本术语

**图：**图 G 是由两个集合 V 和 E 所限定的一种数据结构，记作 G=（V,E），其中 V 是顶点的有限非空集合，E 是表示顶点之间关系的边的集合。在图的实际应用中，可能会同时接触若干个图，为了区别不同图的顶点集和边集，常常将图记作 G=（V（G），E（V））。

**无向图：**在图 G 中，如果代表边的顶点偶对是无序的，则称 G 为无向图，如图 7.3 中的 $G_1$、$G_2$ 所示。

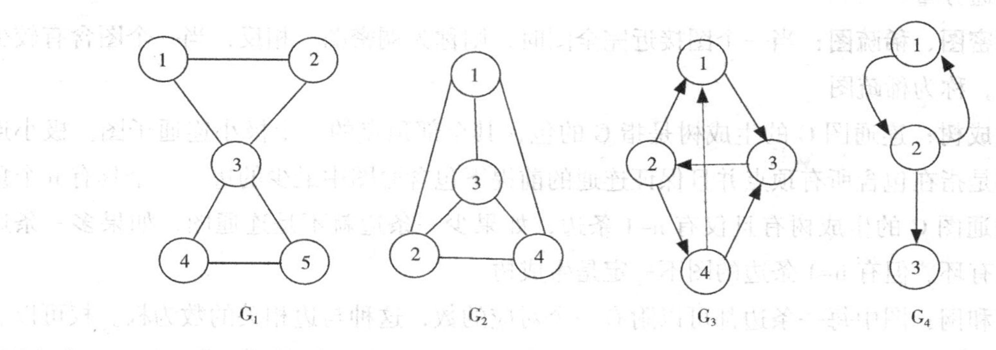


图 7.3 图的示例

**有向图：**在图 G 中，如果代表边的顶点偶对是有序的，则称 G 为有向图，如图 7.3 中的 $G_3$、$G_4$ 所示。

**完全图：**若图中的每两个顶点之间都存在着一条边，称该图为完全图。完全有向图有 n（n–1）条边；完全无向图有 n（n–1）/2 条边。

**端点和邻接点：**在一个无向图中，若存在一条边（$v_i$,$v_j$），则称 $v_i$（顶点 i 的简称）和 $v_j$ 为此边的两个端点，并称它们互为邻接点。在一个有向图中，若存在一条边 $<v_i,v_j>$，则称 $v_i$ 和 $v_j$ 为此边的两个端点，也称它们互为邻接点，这里，$v_i$ 为起点，$v_j$ 为终点。

**顶点的度、入度和出度：**在无向图中，顶点所具有的边的数目称为该顶点的度。在有向图中，顶点 v 的度又分为入度和出度，以顶点 v 为终点的入边的数目，称为该顶点的入度。以顶点 v 为起点的出边的数目，称为该顶点的出度。一个顶点的入度和出度的和为该顶点的度。

**子图：**设有两个图 G=（V（G）,E（G））和 G′=（V（G′）,E（G′）），若 V（G′）是 V（G）的子集，即 V（G′）≤ V(G) 且 E（G′）是 E（G）的子集，即 E（G′）⊆ E(G)，则称 G′ 是 G 的子图。

**路径和路径长度：**在一个图 G=（V,E）中，从 $v_i$ 到 $v_j$ 的一条路径是一个顶点序列

（$v_i,v_{i1},v_{i2},\cdots,v_{im},v_j$），若此图 G 是无向图，则边（$v_i,v_{i1}$），（$v_{i1},v_{i2}$），…，（$v_{im-1},v_{im}$），（$v_{im},v_j$）属于 E（G）；若此图是有向图，则（$v_i,v_{i1}$），（$v_{i1},v_{i2}$），…，（$v_{im-1},v_{im}$），（$v_{im},v_j$）属于 E(G)。路径长度是指一条路径上经过的边的数目。若一条路径上除开始点和结束点可以相同外，其余顶点均不相同，则称此路径为简单路径。

**回路或环：**若在一条路径上的开始点和结束点为同一个顶点，则此路径被称为回路或环。开始点与结束点相同的简单路径被称为简单回路或简单环。

**连通、连通图和连通分量：**在无向图中，若从 $v_i$ 到 $v_j$ 有路径，则称 $v_i$ 和 $v_j$ 是连通的。若图 G 中任意两个顶点连通，则称 G 为连通图，否则称为非连通图。无向图 G 中的极大连通子图称为连通分量。显然，任何连通图的连通分量只有一个，即本身，而非连通图有多个连通分量。

**稠密图、稀疏图：**当一个图接近完全图时，则称为稠密图。相反，当一个图含有较少边数时，称为稀疏图。

**生成树：**连通图 G 的生成树是指 G 的包含其全部顶点的一个极小连通子图。极小连通子图是指在包含所有顶点并且保证连通的前提下包含原图中最少的边。一个具有 n 个顶点的连通图 G 的生成树有且仅有 n–1 条边，如果少一条边就不是连通图，如果多一条边就一定有环。但有 n–1 条边的图不一定是生成树。

**权和网：**图中每一条边都可以附有一个对应的数，这种与边相关的数为权。权可以表示从一个顶点到另一个顶点的距离或花费的代价。边上带有权的图称为带权图，也称为网，如图 7.4 中的 $G_8$ 所示。

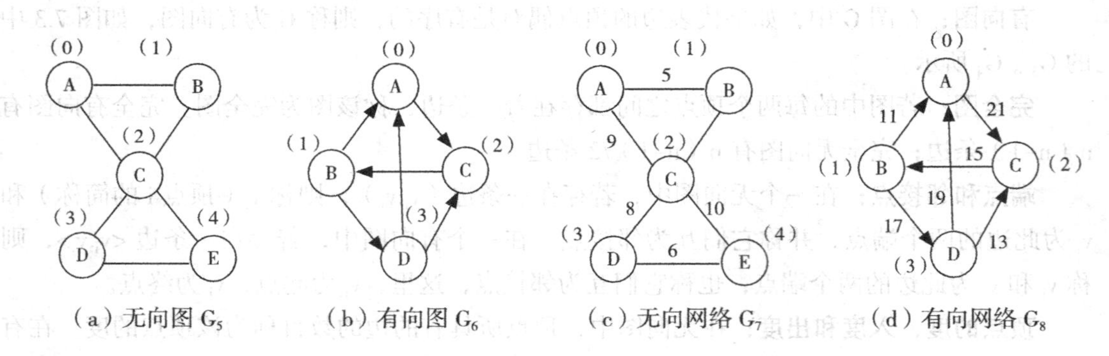


图 7.4 图的示例

## 7.2 图的存储结构

图的结构较为复杂，任意两个顶点间都可能存在联系，因而图的存储方法有很多，如邻接矩阵表示法，邻接表表示法，邻接多重链表和十字链表等。下面讲解其中最为常用的邻接矩阵表示法和邻接表表示法。

### 7.2.1 邻接矩阵表示法

邻接矩阵是顶点之间相邻的矩阵。其中一个一维数组存储图中各个顶点的信息（顶点值），而顶点的编号隐含地用数组元素的下标表示；而用一个二维数组存储图中边的信息（即顶点之间邻接关系的信息），该二维数组称为图的邻接矩阵（Adjacency Matrix）。对于具有 n（n ≥ 1）个顶点的图 G=（V,E），其顶点编号按顺序 1,2，…，n 顺序编号，则存储表示图中边的信息的邻接矩阵 arcs 是一个 n 阶方阵，其元素定义为：

$$\text{对于无权图 arcs[i][j]}=\begin{cases}1 & \text{若}(i,j)\in E\text{或}<i,j>\in E\\0 & \text{其他情况}\quad\text{其中：}1\leqslant i\leqslant n,1\leqslant j\leqslant n\end{cases}$$

$$\text{对于有权图（网络）arcs[i][j]}=\begin{cases}W_{ij} & \text{若}(i,j)\in E\text{或}<i,j>\in E\ (W_{ij}\text{为边上的权值})\\0 & \text{若}i=j\quad\text{其中：}1\leqslant i\leqslant n,1\leqslant j\leqslant n\\\infty & \text{其他情况}\end{cases}$$

图 7.5 中的（a），（b），（c），（d）分别给出了图 7.4 中 $G_5$，$G_6$，$G_7$ 和 $G_8$ 的邻接矩阵存储结构图。

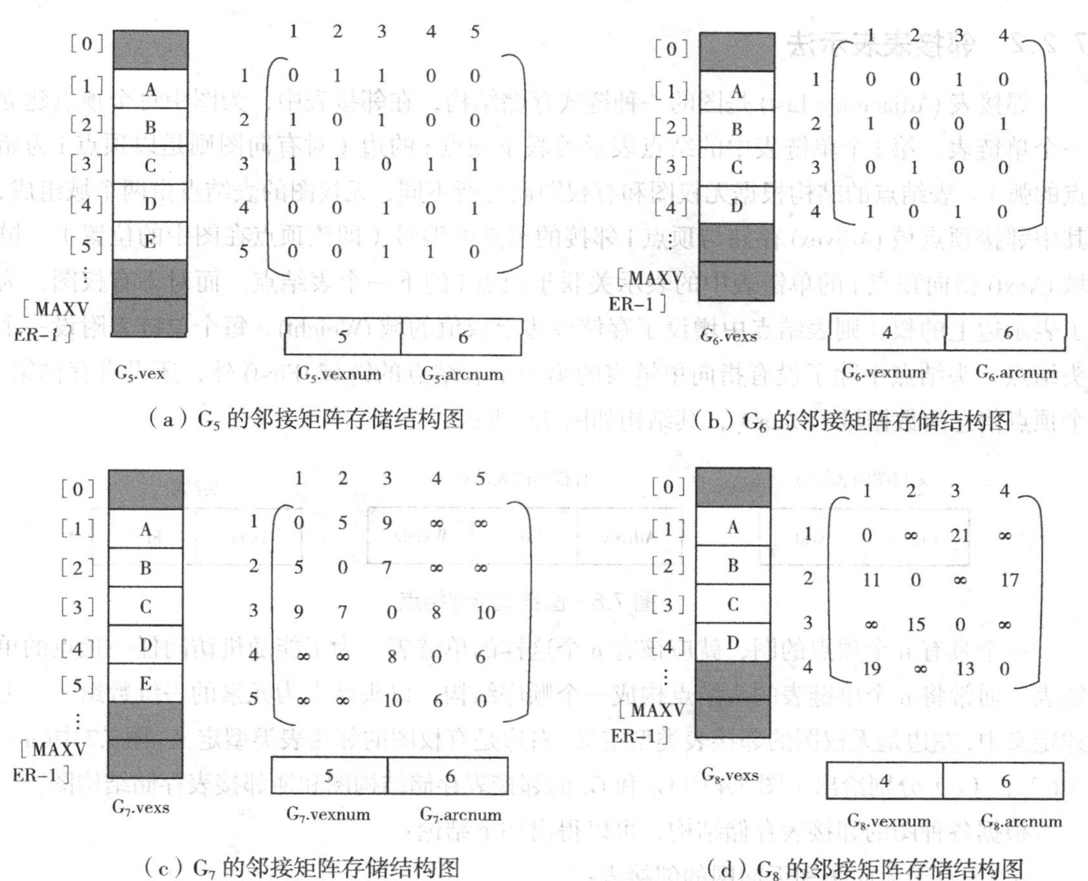


图 7.5 无向图、有向图、无向网、有向网的邻接矩阵存储表示

根据各种图的邻接矩阵，可以得出如下结论：

（1）无向图的邻接矩阵具有如下特点：

- 它是对称阵 ( 因为 (i , j) = ( j , i) )；
- 第 i 行 ( 或第 i 列 ) 上 1 元素的个数等于顶点 i 的度数；
- 整个矩阵中 1 元素的个数等于边数的 2 倍；

（2）有向图邻接矩阵具有如下特点：

- 一般情况下，它不是对称阵（因为 <i , j> ≠ <j ,i>）；
- 第 i 行上 1 元素的个数等于顶点 i 的出度；
- 第 i 列上 1 元素的个数等于顶点 i 的入度；
- 整个矩阵中 1 元素的个数等于弧数；
- 无向图的邻接矩阵与无向图大致相同，只是将 1 元素数改为非零或无穷大元素数（即权值数）即可。
- 有向图的邻接矩阵的特点与有向图大致相同，只是将 1 元素数改为非零或无穷大元素数即可。

### 7.2.2 邻接表表示法

邻接表 (Adjacency List) 是图的一种链式存储结构，在邻接表中，为图中每个顶点建立一个单链表。第 i 个单链表中的结点表示关联于顶点 i 的边（对有向图则是以顶点 i 为始点的弧）。表结点的结构根据无权图和有权图而有所不同，无权图的表结点由两个域组成，其中邻接顶点域 (Adjvex) 存储与顶点 i 邻接的顶点的编号（即该顶点在图中的位置），链域 (Next) 指向顶点 i 的单链表中的表示关联于顶点 i 的下一个表结点。而对于有权图，为了表示边上的权，则表结点中增设了存储该边上权值的域 (Weight)。每个单链表附设一个头结点，头结点中除了设有指向单链表的第一个表结点的链域 (First) 外，还设有存储第 i 个顶点信息的数据域（Data），其结构如图 7.6 所示。

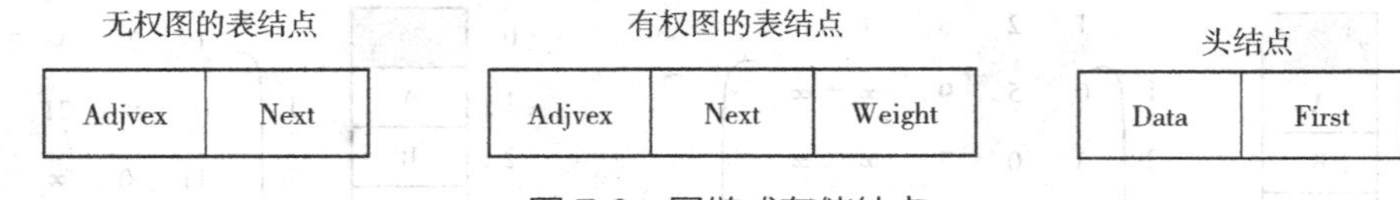


图 7.6　图链式存储结点

一个具有 n 个顶点的图，就应该有 n 个这样的单链表。为了能随机访问任一顶点的单链表，通常将 n 个单链表的头结点构成一个顺序结构（以头结点为元素的一维数组）。上述定义中，左边是无权图的邻接表类型定义，右边是有权图的邻接表类型定义。图 7.7 中(a)、(b)、(c) 分别给出了图 7.4 中 $G_5$ 和 $G_8$ 的邻接表存储结构图和逆邻接表存储结构图。

根据各种图的邻接表存储结构，可以得出如下结论：

（1）对于无向图和无向网的邻接表：

- 第 i 个单链表的长度等于顶点 i 的度数；

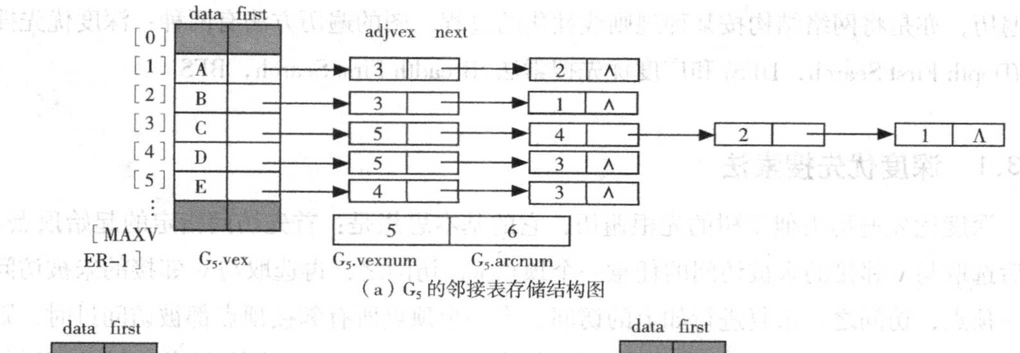

（a）$G_5$ 的邻接表存储结构图

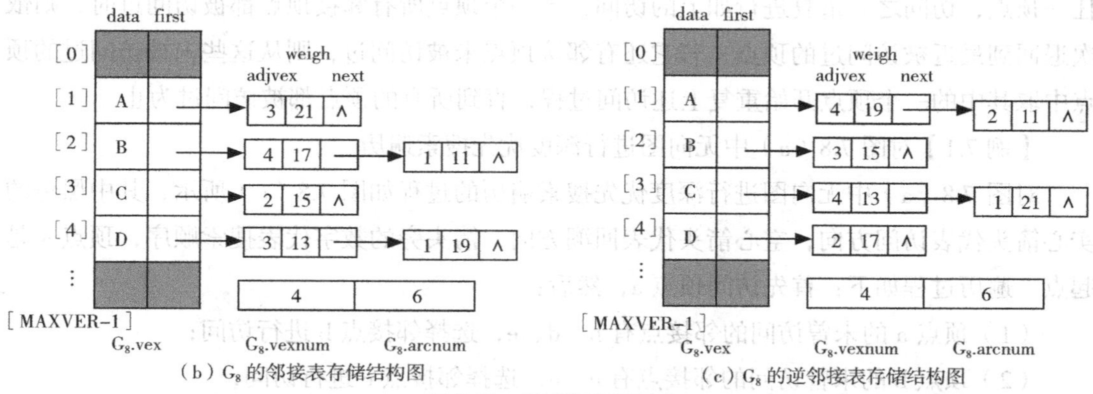

（b）$G_8$ 的邻接表存储结构图　　（c）$G_8$ 的逆邻接表存储结构图

图 7.7　邻接表存储结构

- 总表结点数等于边数的 2 倍。

（2）对于有向图和有向网的邻接表：

- 第 i 个单链表的长度等于顶点 i 的出度；
- 总表结点数等于弧数。

一个具有 n 个顶点和 e 条边的无向图（包括无向网），它的邻接表存储结构需要 n 个头结点和 2e 个表结点。显然在边稀疏（$e<<n(n-1)/2$）情况下，用邻接表表示图比邻接矩阵节省存储空间。而有向图（包括有向网）只需 n 个头结点和 e 个表结点，比无向图所需存储更少。

有向图的邻接表表示对求顶点 i 的出度很方便，只需在遍历第 i 个单链表过程中对表结点进行计数就可以求得。但是要求顶点 i 的入度却很麻烦，必须遍历邻接表的全部表结点才行。因此，有时为了便于求得顶点 i 的入度或以顶点 i 为弧头（终点）的弧，可以建立一个有向图的逆邻接表。所谓逆邻接表，就是为图中每个顶点 i 建立一个以 i 为终点的单链表。图 7.7（c）所示是图 7.4 中 $G_8$ 的逆邻接表。

## 7.3　图的遍历

图的遍历是树的遍历的推广，从给定图中任意指定的顶点（称为初始点）出发，按照某种搜索方法沿着图的边访问图中所有顶点，使每个顶点仅被访问一次，这个过程称为图的遍历，亦是将网络结构按某种规则线性化的过程。图的遍历方法有两种：深度优先搜索法 (Depth First Search，DFS) 和广度优先搜索法 (Breadth First Search，BFS)。

### 7.3.1 深度优先搜索法

深度优先遍历类似于树的先根遍历，它的基本思想是：首先访问指定的起始顶点 v，然后选取与 v 邻接的未被访问的任意一个顶点 w，访问之，再选取与 w 邻接的未被访问的任一顶点，访问之。重复进行如上的访问，当一个顶点所有邻接顶点都被访问过时，则依次退回到最近被访问过的顶点，若它还有邻接顶点未被访问过，则从这些未被访问过的顶点中取其中的一个顶点开始重复上述访问过程，直到所有的顶点都被访问过为止。

【例 7.1】对图 7.8（a）中无向图进行深度优先搜索遍历。

对图 7.8（a）中无向图进行深度优先搜索遍历的过程如图 7.8（c）所示，其中黑色的实心箭头代表访问方向，空心箭头代表回溯方向，箭头旁的数字代表搜索顺序，顶点 a 是起点。遍历过程如下：首先访问顶点 a，然后：

（1）顶点 a 的未曾访问的邻接点有 b、d、e，选择邻接点 b 进行访问；

（2）顶点 b 的未曾访问的邻接点有 c、e，选择邻接点 c 进行访问；

（3）顶点 c 的未曾访问的邻接点有 e、f，选择邻接点 e 进行访问；

（4）顶点 e 的未曾访问的邻接点只有 f，访问 f；

（5）顶点 f 无未曾访问的邻接点，回溯至 e；

（6）顶点 e 无未曾访问的邻接点，回溯至 c；

（7）顶点 c 无未曾访问的邻接点，回溯至 b；

（8）顶点 b 无未曾访问的邻接点，回溯至 a；

（9）顶点 a 还有未曾访问的邻接点 d，访问 d；

（10）顶点 d 无未曾访问的邻接点，回溯至 a。

到此，a 再没有未曾访问的邻接点，也不能向前回溯，从 a 出发能够访问的顶点均已访问，并且此时图中再没有未曾访问的顶点，遍历结束。由以上过程得到的遍历序列为：a，b，c，e，f，d。

对于有向图而言，深度优先搜索的执行过程是一样的，例如图 7.8（b）中有向图的深度优先搜索过程如图 7.8（d）所示。在这里需要注意的是从顶点 a 出发深度优先搜索只能访问到 a，b，c，e，f，而无法访问到图中所有顶点，所以搜索需要从图中另一个未曾访问的顶点 d 开始进行新的搜索，即图 7.8（d）中的第 9 步。

显然从某个顶点 v 出发的深度优先搜索过程是一个递归的搜索过程，因此可以简单地使用递归算法实现从顶点 v 开始的深度优先搜索。然而从 v 出发深度优先搜索未必能访问到图中所有顶点，因此还需找到图中下一个未曾访问的顶点，从该顶点开始重新进行搜索。深度优先搜索算法的具体实现如下：

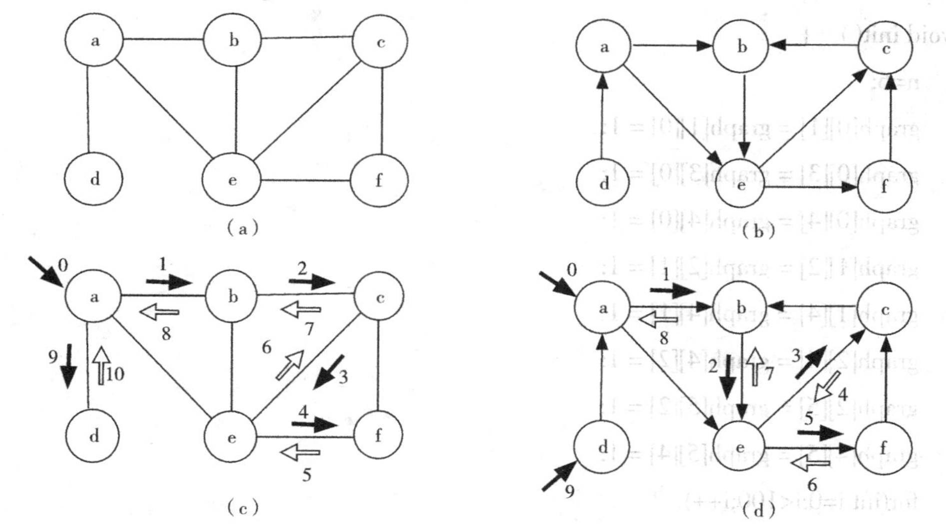


图 7.8 图的深度优先遍历过程

```
int graph[100][100];
int visited[100];
int n;
int predfn, postdfn;
void dfs(int i, int flag) {
    visited[i] = 1;
    printf("%c",i+1+96);
    for (int j = 0; j < n; j++) {
        if (graph[i][j] == 1 && visited[j] == 0) {
            dfs(j, flag);
        }
    }
}
void DFS( ) {
  int flag = 0;
  for (int i = 0; i < n; i++) {
      if (visited[i] == 0) {
          flag++;
          dfs(i, flag);
      }
  }
}
```

```
void init()   {
    n=6;
    graph[0][1] = graph[1][0] = 1;
    graph[0][3] = graph[3][0] = 1;
    graph[0][4] = graph[4][0] = 1;
    graph[1][2] = graph[2][1] = 1;
    graph[1][4] = graph[4][1] = 1;
    graph[2][4] = graph[4][2] = 1;
    graph[2][5] = graph[5][2] = 1;
    graph[4][5] = graph[5][4] = 1;
    for(int i=0;i<100;i++)
     visited[i]=0;
    DFS( );
 }
int main( )
{
    init( );
    return 0;
}
```

### 7.3.2 广度优先搜索法

广度优先遍历(也称为宽度优先搜索遍历)类似于树的层次遍历，它的基本思想是：首先访问指定的起始顶点 v，然后选取与 v 邻接的全部顶点 $w_1$，$w_2$，…，$w_t$，再依次访问与 $w_1$，$w_2$，…，$w_t$ 邻接的全部顶点(已被访问的顶点除外)，再从这些被访问的顶点出发，逐次访问与它们邻接的全部顶点(已被访问的顶点除外)。依次类推，直到所有顶点都被访问为止。

【例 7.2】对图 7.8（a）中无向图进行广度优先搜索遍历。

对 7.8（a）中无向图进行广度优先遍历的搜索过程如图 7.9（a）所示，根据广度优先搜索遍历的算法，假定 a 为初始点，首先访问结点 a，接下来访问 a 的邻接结点，因为 a 的邻接结点 b,d,e 均未被访问过，访问结点 b,d,e。访问结点 a 的邻接结点之后，再找 a 的第一个邻接结点 b 的未被访问过的邻接结点，结点 b 的邻接结点有 d，e，结点 d 未被访问过，访问 d 结点，结点 e 被访问过了，跳过。接下来找 a 的第二个邻接结点 d 的未被访问过的邻接结点，没有。再下来找 a 的第三个邻接结点 e 的未被访问过的邻接结点，结点 e 的邻接结点有f，未被访问过，访问f结点。所以对图7.9（a）中有向图的深度优先搜索遍历序列为：a，b，d，e，c，f。同样，在这里从顶点a出发广度优先搜索 只能访问到a，b，e，c，f，所以搜索需要从图中另一个未曾访问的顶点d开始进行新的搜索，即图7.9（b）中的第5步。

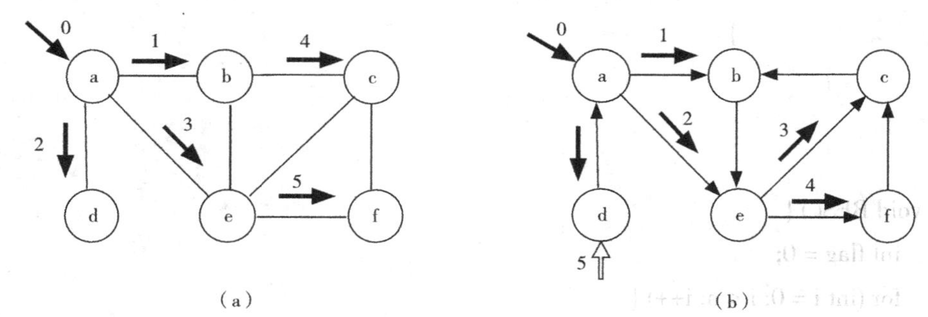


图7.9 广度优先遍历过程

在广度优先遍历中，若对x的访问先于y，则对x的邻接结点的访问先于y的邻接结点的访问。也就是说广度优先遍历邻接结点具有“先进先出”的特征。因此，为了保证结点的这种先后关系，可采用队列暂存那些访问过的结点。广度优先搜索算法的具体实现如下：

```
#include "stdlib.h"
#include "stdio.h"
typedef struct{// 定义顺序栈
    int elem[100];
    int rear, front;
} Queue;
int graph[100][100];
int visited[100];
Queue *queue;
int n ;
void bfs(int i, int flag) {
        visited[i] = 1;
        queue->rear++;
        queue->elem[queue->rear]=i;
        printf("%c",i+1+96);
        while (queue->front!=queue->rear) {
            int v=queue->elem[++queue->front];
            for (int j = 0; j < n; j++) {
                if (graph[v][j] == 1 && visited[j] == 0) {
```

```
                    visited[j] = 1;
                    queue->rear++;
                    queue->elem[queue->rear]=j;
                    printf("%c",j+1+96);
                }
            }
        }
}
    void BFS( ) {
      int flag = 0;
      for (int i = 0; i < n; i++) {
            if (visited[i] == 0) {
                flag++;
                bfs(i, flag);
            }
      }
    }
    void init( ) {
      queue = (Queue *)malloc(sizeof(Queue));
      //(struct Node *)malloc(sizeof(struct Node));
      queue->front=queue->rear=-1;
      n=6;
      graph[0][1] = graph[1][0] = 1;
      graph[0][3] = graph[3][0] = 1;
      graph[0][4] = graph[4][0] = 1;
      graph[1][2] = graph[2][1] = 1;
      graph[1][4] = graph[4][1] = 1;
      graph[2][4] = graph[4][2] = 1;
      graph[2][5] = graph[5][2] = 1;
      graph[4][5] = graph[5][4] = 1;
      for(int i=0;i<100;i++)
      visited[i]=0;
      BFS( );
    }
int main( )
{
```

```
    init();
    return 0;
}
```

# 7.4　图的应用

## 7.4.1　最小生成树

### 1. 生成树

无回路的图称为树或自由树或无根树。若连通图 G 有 n 个顶点，取 G 中 n 个顶点，取连接 n 个顶点的 n−1 条边且无回路的子图称为 G 的生成树。满足这个定义的生成树可能有多棵，即生成树不唯一。

在对具有 n 个顶点的连通图进行遍历时，要访问图中的所有顶点，在访问 n 个顶点过程中一定经过 n−1 条边，由深度优先遍历和广度优先遍历所经过的 n−1 条边是不同的，通常把由深度优先遍历所经过的 n−1 条边和 n 个顶点组成的图形称为深度优先生成树。而由广度优先遍历所经过的 n−1 条边和 n 个顶点组成的图形称为广度优先生成树。

### 2. 最小生成树

图的生成树不是唯一的，也即一个图可以产生若干棵生成树。对于带边权的图来说同样可以有许多生成树，通常把树中边权之和定义为树的权，则在所有生成树中树权最小的那棵生成树就是最小生成树。

求最小生成树的基本算法有普里姆（Prim）算法和克鲁斯卡尔（Kruskal）算法两种。如图 7.10 所示为无向图及其邻接矩阵。

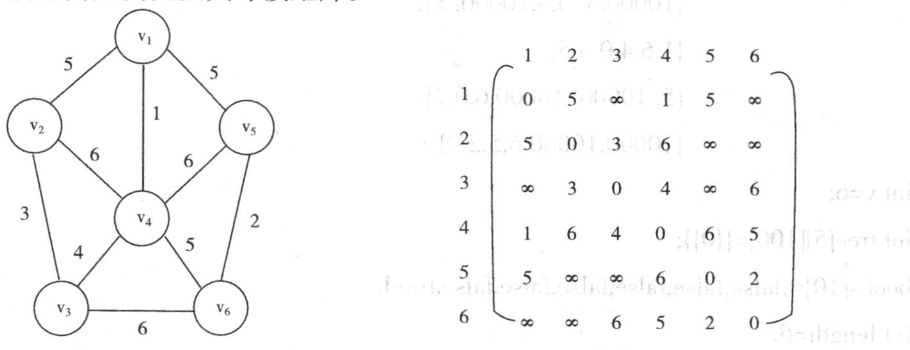


图 7.10　无向网络 N 及其邻接矩阵

【例 7.3】根据图 7.10 给出的无向图，使用普里姆算法生成最小生成树。

假设 N=（V，E）是具有 n 个顶点的连通图，T=（U，TE）为 N 的最小生成树，U 是 T 的顶点集，TE 是 T 的边集。Prim 算法的基本思想是：

（1）初始化：U={$u_0$}，TE={ }；（即 $u_0$ 为决策的出发顶点，TE 为空集）

（2）在所有的 u ∈ U，v ∈ V–U 的边（u,v）中选取一条权值最小的边（u′,v′），并将 v′ 并入 U，（u′,v′）并入 TE；

重复步骤（2），直至 U=V 为止。

当算法结束时 TE 中正好有 n–1 条边，此时 T=(U, TE) 就是 N 的一棵最小生成树。图 7.11 给出了根据 Prim 算法构造图 7.10 无向网络 N 的最小生成树的过程（出发顶点为 $v_1$）。

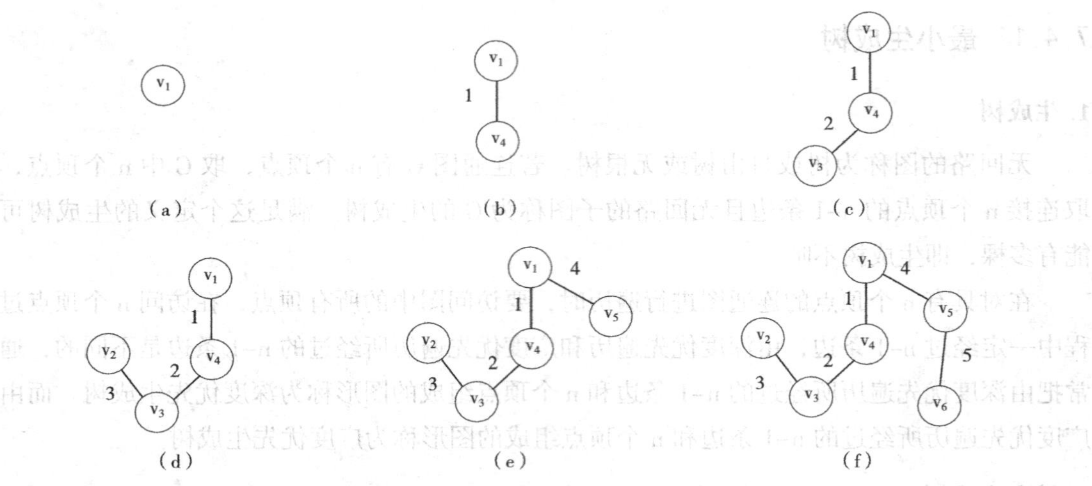

图 7.11　Prim 算法构造最小生成树的过程

下面是用 C 实现其功能，其中图的信息是用邻接矩阵存储的，0 表示结点自己和自己的边，10000 表示结点间无边，具体代码如下：

```
int graph[6][6]={{0, 5, 10000, 1,5, 10000},
                 {5, 0, 3,6 ,10000, 10000},
                 {10000,3, 0,4,10000, 8},
                 {1,6,4,0,6,5},
                 {5, 10000, 10000,6,0,2},
                 {10000,10000,6,5,2,0}};
int v=6;
int tree[5][100]={{0}};
bool s[10]={false,false,false,false,false,false,true};
int length=6;
void calculate( ) {
    for(int i=0;i<length-1;i++){
        int edge[10][100]={{0,0,10000,},};
        for(int j=0;j<length;j++){
```

```
                for(int k=0;s[j]==true&&k<length;k++){
                    if (s[k]==false&&graph[j][k]<edge[0][2]) {
                        edge[0][0]=j;
                        edge[0][1]=k;
                        edge[0][2]=graph[j][k];
                    }
                }
            }
            for(int k=0;k<length;k++)
                tree[i][k]=edge[0][k];
            s[tree[i][1]]=true;
        }
    }
    int main( ) {
        calculate( );
        for(int i=0;i< length-1;i++){
            printf(" 边 : %d - %d 权值 :%d\n",tree[i][0],tree[i][1],tree[i][2]);
        }
        return 0;
    }
```

上面给出了图 7.10 无向图的普里姆算法生成的最小生成树。Kruscal 提出了另外一种求解最小生成树的方法。

【例 7.4】根据图 7.10 给出的无向图，使用 Kruscal 算法生成最小生成树。

若 N=(V，E) 是具有 n 个顶点的连通网，T=(U，TE) 为 N 的最小生成树，其求解的方法和步骤是：

（1）初始化：U=V，TE={ }；

（2）在网络 N 中选择一条权值最小的边 (u,v)。若将其加入 TE 不产生回路，则将其并入 TE；否则就舍弃掉该边。对这条被选择的边 (u,v) 经过判断处理后，则从网络 N 的边集 E 中删除；

重复步骤（2），直至 TE 正好含有 n−1 条边为止。

图 7.12 给出了根据 Kruscal 算法构造图 7.10 所示无向网络 N 的最小生成树的过程。

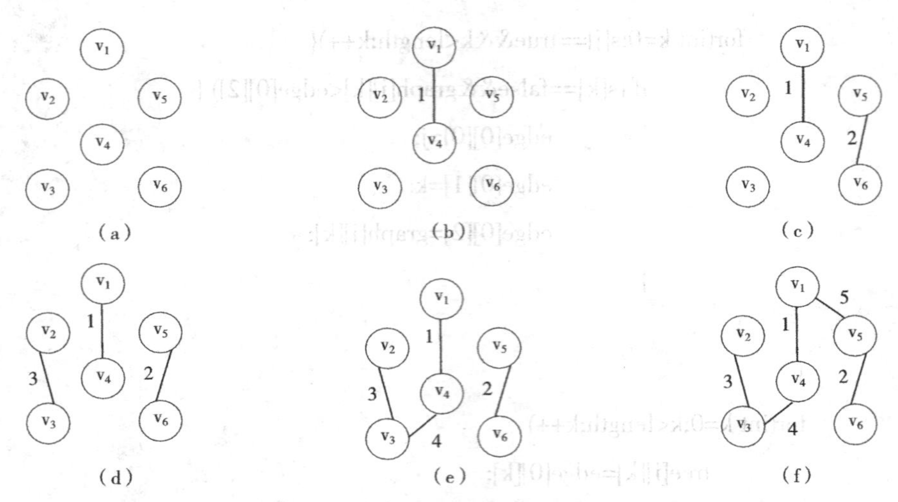


图 7.12 Kruscal 算法构造最小生成树的过程

为了便于对图边按权值比较排序，设计边结构体 struct Edge，具体代码如下：

```
#include <stdio.h>
#include <stdlib.h>
#define MAX 1000
#define MAXE MAX
#define MAXV MAX
typedef struct {
    int beginvex1;                          // 边的起始顶点
    int endvex2;                            // 边的终止顶点
    int weight;                             // 边的权值
}Edge;

void kruskal(Edge E[ ],int n,int e) {
    int i,j,m1,m2,sn1,sn2,k;
    int vset[MAXV];
    for(i=1;i<=n;i++)              // 初始化辅助数组
    {
            vset[i]=i;
    }
            k=1;            // 表示当前构造最小生成树的第 k 条边，初值为 1
            j=0;            //E 中边的下标，初值为 0
```

```
        while(k < e)        // 判断是否加入了最小生成树中
        {
            m1=E[j].beginvex1;
            m2=E[j].endvex2;   // 取一条边的两个邻接点
            sn1=vset[m1];
            sn2=vset[m2];    // 分别得到两个顶点所属的集合编号
            if(sn1 != sn2)   // 判断是否有回路
            {
            printf("(v%d,v%d): %d\n",m1,m2,E[j].weight);
            k++;            // 生成边数增 1
            if(k>=6)
                        break;
            for(i=1;i<=n;i++) // 两个集合统一编号
            {
                    if (vset[i]==sn2) // 集合编号为 sn2 的改为 sn1
                            vset[i]=sn1;
            }
            }
            j++;              // 扫描下一条边
        }
}

int main( )
{
    Edge E[MAXE];
    int nume,numn,i;
    // 输入边数和顶点数
    printf(" 输入边数和顶点数 :\n");
    scanf("%d%d",&nume,&numn);
    printf(" 请输入各边及对应的的权值 ( 起始顶点 终止顶点 权值 )\n");
    for(i=0;i<nume;i++){
        scanf("%d%d%d",E[i].beginvex1,E[i].endvex2,E[i].weight);
```

```
    }
    kruskal(E,numn,nume);
    return 0;
}
```

### 7.4.2 最短路径

如果用顶点表示城市,边表示城市之间的道路,边上的权表示道路的里程(或所需时间,或交通费用等),考虑到交通的有向性(如航运时的顺水、逆水等情况),则可以用一个有向网络表示一个交通网络。如果从顶点 $v_i$ 沿着有向边可以到达顶点 $v_j$,就称从 $v_i$ 到 $v_j$ 有一条路径,且称路径上的第一个顶点 $v_i$ 为源点(Sourse),称路径上最后一个顶点 $v_j$ 为终点(Destination),称这条路径上所有有向边的权值之和为这条路径的长度。对于这样一个交通网络可以研究两类最短路径问题。

第一类最短路径问题是:固定图中一个顶点作为源点,而将图中其余的顶点分别作为终点,则我们关心从源点到其余任一个终点间是否存在最短路径?如果存在,则最短路径是什么?最短路径长是多少?这就是单源最短路径问题。

第二类最短路径问题是:如果站在运输管理的全局来看,我们关心每对顶点之间的最短路径是什么?它们的路径长是多少?这就是每对顶点间的最短路径问题。

通常采用狄克斯特拉(Dijkstra)算法求一个顶点到其余各顶点的最短路径。针对单目标最短路径问题:找出图中每个节点 v 到某指定节点 u 的最短路径。只需将图中每条边反向,就可将这一问题转变为单源最短路径问题;而对所有节点之间的最短路径问题:对图中每对节点 u 和 v,找到节点 u 到 v 的最短路径问题。这一问题可用每个节点作为源点调用一次单源最短路径问题算法予以解决。

对于一个有向带权图,利用 Dijkstra 算法求最短路径。根据 Dijkstra 算法求解最短路径过程如下:

(1)初始时,集合 S 只包含源点,即 S={v},v 的距离是 0。集合 U 包含除 v 以外的其他节点,集合 U 中节点 u 的距离为边上的权或者为∞。

(2)从集合 U 中选取节点 k,使得 v 到 k 的最短路径长度最小,将 k 加入集合 S 中。

(3)以 k 为新的中间点,修改集合 U 中各节点的距离:如果从源点 v 到节点 u 的距离比原来的距离还短,则修改节点 u 的距离值,修改后的距离值是节点 k 的距离加上 <k,u> 上的权。

(4)重复步骤(2)和(3),直到所有节点都包含在集合 S 中。

【例 7.5】图 7.13 为带权有向图,用 Dijkstra 算法求解 $v_1$ 结点为始点的所有最短路径。

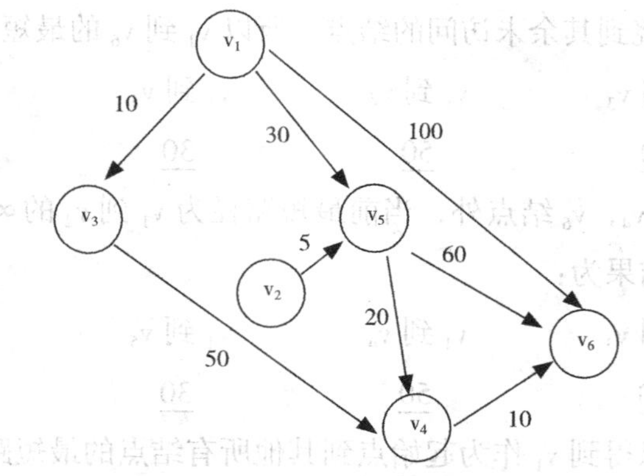


图 7.13 带权有向图

针对图 7.13，求解 $v_1$ 结点为始点的所有最短路径的过程如下：

第一次：

| $v_1$ 到 $v_2$ | $v_1$ 到 $v_3$ | $v_1$ 到 $v_4$ | $v_1$ 到 $v_5$ | $v_1$ 到 $v_6$ |
|---|---|---|---|---|
| ∞ | 10 | ∞ | 30 | 100 |

所以，当前最短路径为 10。然后检查能否从 $v_3$ 结点绕到其余未访问的结点且距离更近。

由于 $v_1$ 到 $v_3$ 再到 $v_4$ 的距离为 10+50=60，小余原有的∞，所以 $v_1$ 到 $v_4$ 的距离更新为 60。

| $v_1$ 到 $v_2$ | $v_1$ 到 $v_3$ | $v_1$ 到 $v_4$ | $v_1$ 到 $v_5$ | $v_1$ 到 $v_6$ |
|---|---|---|---|---|
| ∞ | 10 | 60 | 30 | 100 |

第二次：除 $v_2$ 结点外，当前最短路径为 $v_1$ 到 $v_5$ 的 30。然后检查能否从 $v_5$ 结点绕到其余未访问的结点且距离更近。

由于 $v_1$ 到 $v_5$ 再到 $v_4$ 的距离为 30+20=50，小余原有的 60，所以 $v_1$ 到 $v_4$ 的距离更新为 50，$v_1$ 到 $v_5$ 再到 $v_6$ 的距离为 30+60=90，小余原有的 100，所以 $v_1$ 到 $v_6$ 的距离更新为 90。

| $v_1$ 到 $v_2$ | $v_1$ 到 $v_3$ | $v_1$ 到 $v_4$ | $v_1$ 到 $v_5$ | $v_1$ 到 $v_6$ |
|---|---|---|---|---|
| ∞ | 10 | 50 | 30 | 90 |

第三次：除 $v_3$，$v_5$ 结点外，当前最短路径为 $v_1$ 到 $v_4$ 的 50。然后检查能否从 $v_4$ 结点绕到其余未访问的结点且距离更近。

由于 $v_1$ 到 $v_4$ 再到 $v_6$ 的距离为 50+10=60，小余原有的 90，所以 $v_1$ 到 $v_6$ 的距离更新为 60。

| $v_1$ 到 $v_2$ | $v_1$ 到 $v_3$ | $v_1$ 到 $v_4$ | $v_1$ 到 $v_5$ | $v_1$ 到 $v_6$ |
|---|---|---|---|---|
| ∞ | 10 | 50 | 30 | 60 |

第四次：除 $v_3$，$v_5$，$v_4$ 结点外，当前最短路径为 $v_1$ 到 $v_6$ 的 60。然后检查能否从 $v_6$ 结点绕到其余未访问的结点且距离更近。

由于不能从 $v_6$ 结点绕到其余未访问的结点。所以 $v_1$ 到 $v_6$ 的最短距离为 60。

| $v_1$ 到 $v_2$ | $v_1$ 到 $v_3$ | $v_1$ 到 $v_4$ | $v_1$ 到 $v_5$ | $v_1$ 到 $v_6$ |
|---|---|---|---|---|
| ∞ | 10 | 50 | 30 | 60 |

第五次：除 $v_3$，$v_5$，$v_4$，$v_6$ 结点外，当前最短路径为 $v_1$ 到 $v_2$ 的∞。已经没有未访问的结点，算法结束，最后结果为：

| $v_1$ 到 $v_2$ | $v_1$ 到 $v_3$ | $v_1$ 到 $v_4$ | $v_1$ 到 $v_5$ | $v_1$ 到 $v_6$ |
|---|---|---|---|---|
| ∞ | 10 | 50 | 30 | 60 |

通过上述步骤，可以得到 $v_1$ 作为起始点到其他所有结点的最短路径依次为：

| | |
|---|---|
| 10 | 路径为 <$v_1$，$v_3$> |
| 30 | 路径为 <$v_1$，$v_5$> |
| 50 | 路径为 <$v_1$，$v_5$><$v_5$，$v_4$> |
| 60 | 路径为 < $v_1$，$v_5$>< $v_5$，$v_4$>< $v_4$，$v_6$> |
| ∞ | 表示无路径 |

下面是用 C 实现带权有向图 7.13 的 $v_1$ 结点为始点的所有最短路径的代码。

```
int graph[6][6] = {{10000,10000,10,10000,30,100},
                   {10000,10000,5,10000,10000,10000},
                   {10000,10000,10000,50,10000,10000},
                   {10000,10000,10000,10000,10000,10},
                   {10000,10000,10000,20,10000,60},
                   {10000,10000,10000,10000,10000,10000}};

int v=0;
int path[5][100] ;
int length =6;
void calculate(){
    int s[6]={2};
    for(int i=0;i<length-1;i++){
            int pointToSet[100][100]={{1,1000,-1},{1,1000,-1,},};
            for(int j=0;j<length;j++){
                if (s[j]==0&&graph[v][j]<pointToSet[0][1]) {
                    pointToSet[0][1]=graph[v][j];
                    pointToSet[0][0]=j;
                }
            }
```

```
int setToSet[100][100] ={{1,1000,-1,},};
for( j=0;j<i;j++){
    pointToSet[1][1]=1000;pointToSet[1][2]=j;
    for(int k=0;k<length;k++){
        if(s[k]==0&&graph[path[j][0]][k]<pointToSet[1][1]){
            pointToSet[1][1]=graph[path[j][0]][k];
            pointToSet[1][0]=k;
        }
    }
    pointToSet[1][1]=pointToSet[1][1]+path[j][1];
    if (pointToSet[1][1]<setToSet[0][1]) {
        for(int k=0;k<100;k++)
            setToSet[0][k]=pointToSet[1][k];
    }
}
if(pointToSet[0][1]<setToSet[0][1])
    for(int k=0;k<100;k++)
        path[i][k]=pointToSet[0][k];
else
{
    for(int k=0;k<100;k++)
    path[i][k]=setToSet[0][k];
}
s[path[i][0]]=1;
}
}
int main( ) {
    calculate( );
    for (int i = 0; path[i][1]!=1000; i++) {
        printf(" 起点 : %d; 终点 : %d; 长度 : %d  终点前驱结点 : %d \n",v,path[i]
[0],path[i][1],path[i][2]);
    }
    return 0;
}
```

### 7.4.3 AOV 网与拓扑排序

有一类特殊的有向图在实际中有一些重要的应用，其特殊性表现在它不存在由有向边构成的有向环。这种无环的有向图称作有向无环图(Directed Acyline Graph)，简称为DAG图。DAG 图又分为 AOV 网和 AOE 网。对于 AOV 网我们将研究拓扑排序问题，对于 AOE 网我们将研究关键路径问题。

**1. AOV 网**

设 G={V,E} 是一个具有 n 个顶点的有向无环图，V 中顶点序列 $v_1,v_2,\cdots,v_n$ 称为一个拓扑序列，当且仅当该顶点序列满足下列条件：若 $<v_i,v_j> \in E(G)$，则在序列中顶点 $v_i$ 必须排在顶点 $v_j$ 之前。AOV 网中的弧表示弧尾活动与弧头活动之间存在的制约关系。

在解决拓扑排序的实际问题时，有向无环图通常用来表示活动之间的先后关系。顶点表示活动，有向边表示活动的先后关系。若活动 u 的完成是活动 v 可以开始的条件，则在顶点 u 和 v 之间有一条边 <u,v>。若从顶点 u 到顶点 v 有一条有向路径，则 u 是 v 的前驱，v 是 u 的后继。这样的有向图称为 AOV 网。

在 AOV 网中，不应该出现有向环，因为存在环意味着某项活动以自身为先决条件。

**2. 拓扑排序**

在一个有向无环图中找到一个拓扑序列的过程称为拓扑排序，拓扑排序过程如下所示：

（1）在 AOV 网中选取一个没有前趋（即入度为 0）的顶点并输出之；

（2）从 AOV 网中删除该顶点以及从该顶点发出的所有有向边（可以用有向边射入的顶点入度减 1 实现）；

重复步骤（1）、（2），直至全部顶点输出完毕（称为拓扑排序成功），或者再也找不到没有前趋的顶点（对应于拓扑排序失败，即图中存在有向环）为止。

对于 AOV 网，采用栈存储结构实现拓扑排序。根据拓扑排序算法和邻接矩阵的特点，将 AOV 网表示为 graph[n][]，其中 graph[i][0] 为节点 i 的入度，其余为其后继节点，生成一个拓扑排序序列 list。

【例 7.6】根据有向图 7.14（a），实现并生成其拓扑排序序列。

AOV 网产生拓扑排序序列的过程如图 7.14 所示，得到拓扑排序序列为：b,a,e,c,d,f。

要实现拓扑排序，先实现结点信息存放结构体，具体代码如下：

```
struct Vertex{                          //图中的结点
   char value;
};
```

接下来实现拓扑排序，AOV 图的结点信息存放于 Vertex 数组中，结点的插入通过 add 方法实现，图的有向边的联通标志存放于邻接矩阵 Object[ ][ ] adjMat 中，结点的连接通过 connect 方法填充邻接矩阵，具体代码如下：

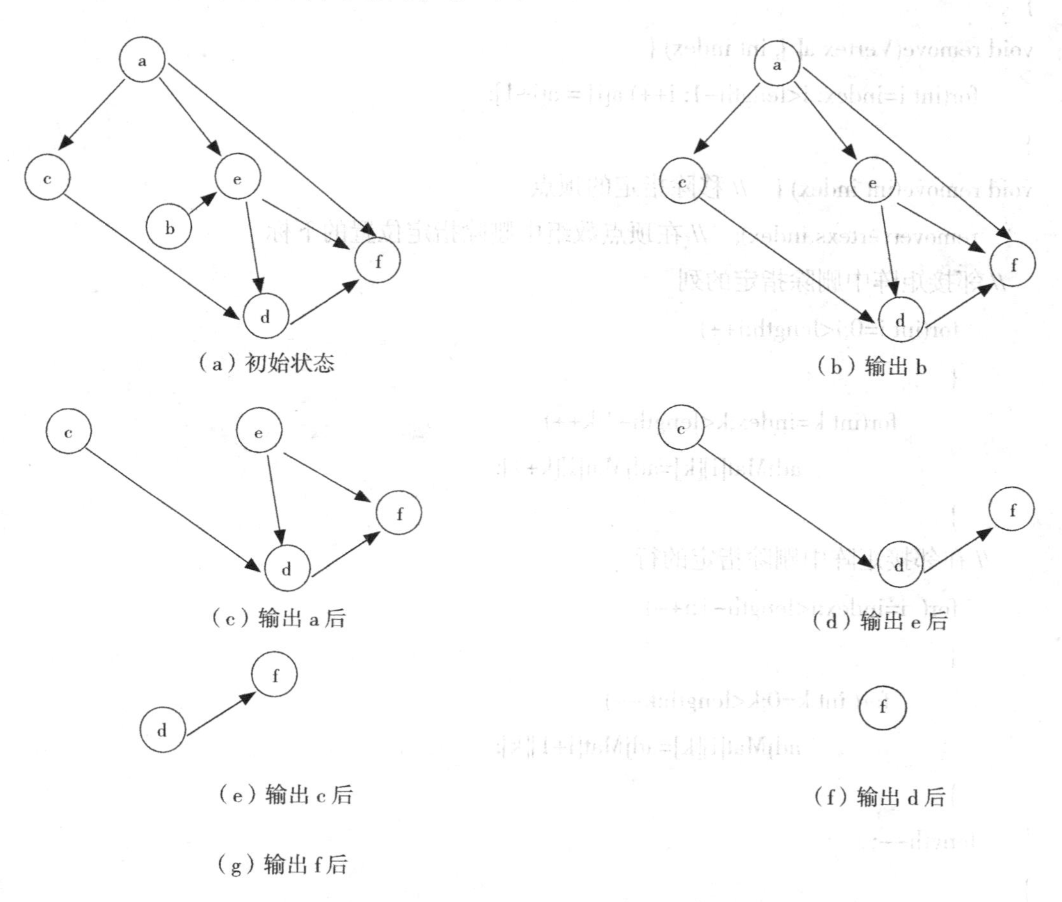


图 7.14　AOV 网产生拓扑排序序列的过程

通过 connect 方法填充邻接矩阵，具体代码如下：

```
#define CONN 1 // 标致是否联通
Vertex vertexs[20];
int adjMat[20][20];// 记载是否联通
int length ;
void add(char value) {
    vertexs[length++].value=value;
}
```

```
void connect(int from, int to) {
        adjMat[from][to] = CONN;   // 标志联通
}
void remove(Vertex a[ ], int index) {
    for(int i=index; i<length-1; i++) a[i] = a[i+1];
}
void remove(int index) {   // 移除指定的顶点
    remove(vertexs,index);   // 在顶点数组中删除指定位置的下标
  // 邻接矩阵中删除指定的列
      for(int i=0;i<length;i++)
      {
           for(int k=index;k<length-1;k++)
                  adjMat[i][k]=adjMat[i][k+1];
      }
   // 在邻接矩阵中删除指定的行
      for( i=index;i<length-1;i++)
      {
           for( int k=0;k<length;k++)
                  adjMat[i][k]=adjMat[i+1][k];
      }
    length--;
}

int noNext( ) {   // 寻找没有后继的节点
    int result = -1;
    for(int i=0; i<length; i++) {
      for(int j=0; j<length; j++) {
        if(adjMat[i][j] == CONN)
          continue;// // 如果有后继则从外循环继续寻找
      }
      return i;   // 如果没有与任何节点相连，则返回该节点下标
    }
    return -1;   // 否则返回 -1
```

```
}

Vertex * topo( ) {
    Vertex *result=(Vertex *)malloc(sizeof(Vertex)*20) ;  // 准备结果数组
    int index;
    int pos = length;
    while(length > 0) {
        index = noNext();  // 找到第一个没有后继的节点
        if( index != -1 ) printf(" 图中存在环 \n");
        result[--pos] = vertexs[index]; // 放入结果中
        remove(index);  // 从图中把它删除
    }
    return result;
}

int main( ) {
    add('a');          // 加入结点
    add('b');
    add('c');
    add('d');
    add('e');
    add('f');
    connect(0,2);  // 连接结点
    connect(0,4);
    connect(0,5);
    connect(1,4);
    connect(2,3);
    connect(3,5);
    connect(4,3);
    connect(4,5);
        Vertex *s=topo( );
        for(int i=0;i<20;i++)
                printf("%c",s[i].value);
        return 0;
}
```

### 7.4.4 AOE 网与关键路径

**1. AOE 网**

如果在带权的有向图中，用顶点表示事件，用有向边表示活动，边上的权表示活动持续的时间，这种带权的有向图称为 AOE 网（Activity On Edge Network）。AOE 网中顶点所表示的事件实际上就是它的入边所表示的活动都已完成，它的出边所表示的活动均可以开始这样一种状态。

AOE 网可以用来估算一件工程所需的完成时间。通常在 AOE 网中列出完成预定工程所需进行的活动（子工程或工序）及它所需的完成时间；要发生哪些事件及这些事件与活动之间的关系。例如图 7.15 所示的 AOE 网含有 11 项活动，9 个事件。事件 $v_1$ 表示整个工程的开始；事件 $v_9$ 表示整个工程的结束；事件 $v_5$ 表示活动 $a_4$ 和 $a_5$ 已经完成，活动 $a_7$、$a_8$ 可以开始。有向边上的权表示执行对应于该边的活动所需的时间（如天数等），如活动 $a_3$ 需 5 天，活动 $a_7$ 需 7 天等。

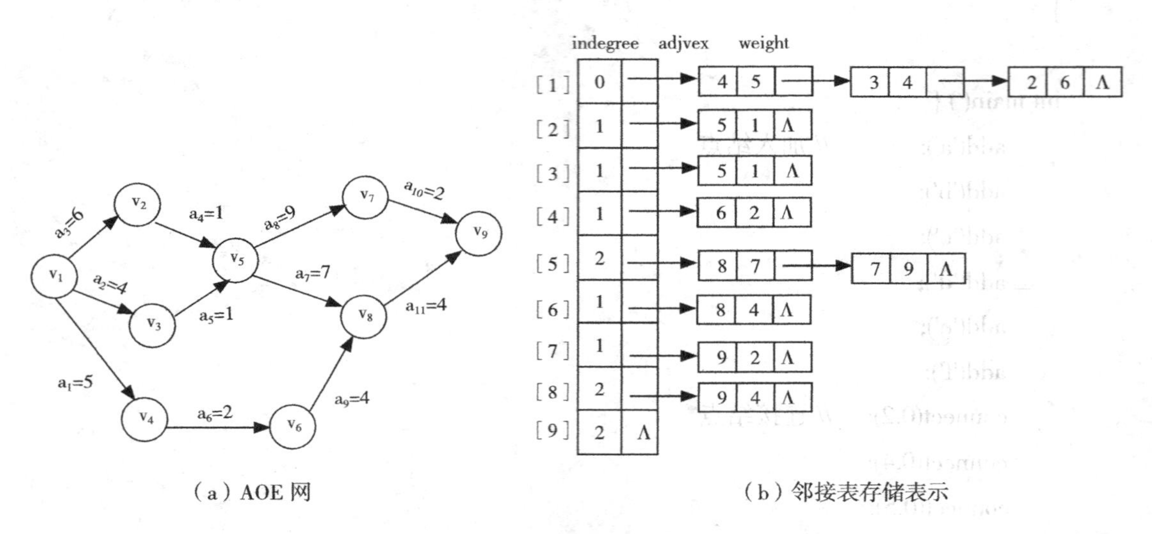


（a）AOE 网　　（b）邻接表存储表示

图 7.15　AOV 网及其邻接表存储结构图

表示实际工程的 AOE 网应该是无回路的，并且只有一个表示整个工程开始的顶点（称作源点，其入度为 0）和一个表示整个工程结束的顶点（称为汇点，其出度为 0）。

**2. 关键路径**

在 AOE 网中，从源点到汇点的所有路径中，具有最大路径长度的路径称为关键路径。完成整个工程的最短时间就是网中关键路径的长度，也就是网中关键路径上各活动持续时间的综合，把关键路径上的活动称为关键活动。

在图 $G=\{V,E\}$ 中，假设 $V=\{v_0, v_1, \cdots, v_{n-1}\}$，其中 $n=|V|$，$v_0$ 是源点，$v_{n-1}$ 是汇点。为求关键活动，我们定义以下变量：

事件 $v_i$ 的最早可能开始时间 ve[i]：是从源点 $v_0$ 到顶点 $v_i$ 的最长路径长度。

活动 ak 的最早可能开始时间 e[k]：设活动 ak 在边 <$v_i$ , $v_j$> 上，则 e[k] 是从源点 $v_0$ 到顶点 $v_i$ 的最长路径长度。因此，e[k] = ve[i]。

事件 $v_i$ 的最迟允许开始时间 vl[i]：是在保证汇点 $v_{n-1}$ 在 ve[n−1] 时刻完成的前提下，事件 $v_i$ 允许的最迟开始时间。

活动 ak 的最迟允许开始时间 l[k]：设活动 ak 在边 <$v_i$ , $v_j$> 上，l[k] 是在不会引起时间延误的前提下，该活动允许的最迟开始时间。l[k] = Vl[j] − dur(<i , j>)。其中，dur(<i , j>) = weight(<$v_i$ , $v_j$>) 是完成 ak 所需的时间。

时间余量 l[k] − e[k]：表示活动 ak 的最早可能开始时间和最迟允许开始时间的时间余量。l[k] = e[k] 表示活动 ak 是没有时间余量的关键活动。

为找出关键活动，需要求各个活动的 e[k] 与 l[k]，以判别是否是 l[k] = e[k]。为求得 e[k] 与 l[k]，需要先求得从源点 $v_0$ 到各个顶点 $v_i$ 的 ve[i] 和 vl[i]。为求 ve[i] 和 vl[i] 需分两步进行：

（1）从 ve[0] = 0 开始向汇点方向推进 ve[j] = Max{ ve[i] + dur(<i , j>)| $v_i$ 是 $v_j$ 的所有直接前驱顶点 }；

（2）从 vl[n−1] = Ve[n−1] 开始向源点方向推进 vl[i] = Min{ vl[j] − dur(<i , j>)| $v_j$ 是 $v_i$ 的所有直接后续顶点 }。

这两个递推公式的计算必须分别在拓扑有序和逆拓扑有序的前提下进行。也就是说，ve[j] 必须在其所有直接前驱顶点的最早开始时间求得之后才能进行；vl[i] 必须在其所有直接后续顶点的最迟开始时间求得之后才能进行。因此，可以在拓扑序列的基础上求解关键活动。

【例 7.7】在图 7.15（a）所示的 AOE 网络上，实现其关键路径的求解。

在图 7.15（a）所示的 AOE 网络上找关键路径的思想如下：

求解 AOE 网中所有事件的最早发生时间 ve( )。

求解 AOE 网中所有事件的最迟发生时间 vl( )。

求解 AOE 网中所有活动的最早开始时间 e( )。

求解 AOE 网中所有活动的最迟开始时间 l( )。

求解 AOE 网中所有活动的 d( )。

找出所有 d( ) 为 0 的活动构成关键路径。

求解 AOE 网中的关键路径。根据 AOE 网的特性和求解关键路径的方法，将所有可能的关键路径存储于二维数组 path[][] 中，path[i][0] 和 path[i][1] 表示边的节点，path[i][2] 表示权值。

下面用 C 实现其功能，其中 AOE 网存放于邻接链表中。

```
struct LIST{// 定义顺序栈
    int elem[100];
    int top;
} stack1,stack2;
int graph[9][100]={{0,1,6,2,4,3,5,},
                   {1,4,1,},
                   {1,4,1,},
                   {1,5,2,},
                   {2,6,9,7,7,},
                   {1,7,4,},
                   {1,8,2,},
                   {2,8,4,},
                   {2,},};
int path[8][100];
int len=0;
int length=9;
void init( )
{
    stack1.top=-1;
    stack2.top=-1;
}
void calculate( ){
    int ve[9]={0};
    int i,j,v;
    stack1.top++;stack1.elem[stack1.top]=0;
    while(stack1.top!=-1){
        v=stack1.elem[stack1.top]; stack1.top--;
        for (i = 1;  i< 100; i=i+2)
        {
                if(graph[v][i]==0) break;
                j=graph[v][i];
                if (--graph[j][0]==0) {
                        stack1.top++;stack1.elem[stack1.top]=j;
```

```
                }
                if (ve[v]+graph[v][i+1]>ve[j]) {
                        ve[j]=ve[v]+graph[v][i+1];
                }
        }
        stack2.top++;stack2.elem[stack2.top]=v;
    }
    int vl[9];
    for(i=0;i<length;i++) vl[i]=1000;
    vl[length-1]=ve[length-1];
    while(stack2.top!=-1){
        v=stack2.elem[stack2.top]; stack2.top--;
        for(i=1;i<100;i=i+2){
            if(graph[v][i]==0) break;
            j=graph[v][i];
            if(vl[j]-graph[v][i+1]<vl[v]){
                vl[v]=vl[j]-graph[v][i+1];
            }
        }
    }
    for (v = 0; v < length-1; v++) {
        for(i=1;i<length;i=i+2){
                j=graph[v][i];
                if (ve[v]==(vl[j]-graph[v][i+1])) {
                int p[10][100]={{v,j,graph[v][i+1],},};
                        for(int k=0;k<100;k++)
                            path[len][k]=p[0][k];
                        len++;
                }
        }
    }
}
int main( ) {
    init( );
```

```
    calculate( );
        for(int i=0;i<len;i++){
            printf(" 边 :%d - %d 权值 :%d \n",path[i][0],path[i][1],path[i][2]);
        }
        return 0;
}
```

## 本章小结

本章主要讲解了图的概念和基本术语，图的常用存储方式，还介绍了图的遍历和图的典型应用等。通过本章的学习，应掌握的重点内容包括如下几点：

（1）邻接矩阵是顶点之间相邻的矩阵。其中一个一维数组存储图中各个顶点的信息（顶点值），而顶点的编号隐含地用数组元素的下标表示；而用一个二维数组存储图中边的信息（即顶点之间邻接关系的信息），该二维数组称为图的邻接矩阵 (Adjacency Matrix)。

（2）邻接表 (Adjacency List) 是图的一种链式存储结构，在邻接表中，为图中每个顶点建立一个单链表。第 i 个单链表中的结点表示关联于顶点 i 的边（对有向图则是以顶点 i 为始点的弧）。表结点的结构根据无权图和有权图而有所不同，无权图的表结点由三个域组成，其中邻接顶点域 (Adjvex) 存储与顶点 i 邻接的顶点的编号（即该顶点在图中的位置），链域 (Next) 指向顶点 i 的单链表中的表示关联于顶点 i 的下一个表结点。而对于有权图，为了表示边上的权，则表结点中增设了存储该边上权值的域 (Weight)。

（3）图的深度优先遍历类似于树的先序遍历，它的基本思想是：首先访问指定的起始顶点 v，然后选取与 v 邻接的未被访问的任意一个顶点 w，访问之，再选取与 w 邻接的未被访问的任一顶点，访问之。重复进行如上的访问，当一个顶点所有邻接顶点都被访问过时，则依次退回到最近被访问过的顶点，若它还有邻接顶点未被访问过，则从这些未被访问过的顶点中取其中的一个顶点开始重复上述访问过程，直到所有的顶点都被访问过为止。

（4）图的广度优先遍历（也称为宽度优先搜索遍历）类似于树的层次遍历，它的基本思想是：首先访问指定的起始顶点 v，然后选取与 v 邻接的全部顶点 $w_1$，$w_2$，…，$w_t$，再依次访问与 $w_1$，$w_2$，…，$w_t$ 邻接的全部顶点（已被访问的顶点除外），再从这些被访问的顶点出发，逐次访问与它们邻接的全部顶点（已被访问的顶点除外）。依次类推，直到所有顶点都被访问为止。

（5）图的典型应用包括：最小生成树、最短路径、拓扑排序、关键路径等，对于带边权的图来说同样可以有许多生成树，通常把树中边权之和定义为树的权，则在所有生成树中树权最小的那棵生成树就是最小生成树，最小生成树的基本算法有普里姆（Prim）算法和克鲁斯卡尔（Kruskal）算法两种；用于计算一个节点到其他所有节点的最短路径，

Dijkstra算法能得出最短路径的最优解；在一个有向无环图中找到一个拓扑序列的过程称为拓扑排序；在AOE网中，从源点到汇点的所有路径中，具有最大路径长度的路径称为关键路径。

# 习 题

## 一、填空题

1. 具有n个顶点的连通图，至少有 ____________条边。

2.对于无向图，其邻接矩阵是一个关于___________ 的对称矩阵。

3.在图的邻接表表示法中，每个顶点邻接表中的顶点数，对于有向图来说是_____ __________。

4.在图的邻接表表示法中，每个顶点邻接表中的顶点数，对于无向图来说是_______。

5.任何一个带权的无向连通图的最小生成树有_____________ 。

6.具有n个顶点的无向完全图的边为__________________ 。

7.具有n个顶点的有向完全图的弧为__________________ 。

8.如果一个图中有n条边，则此图的生成树含有_____________条边。

9.若以图的顶点来表示活动，有向边表示活动之间的优先关系，则这样的有向图为__________网。

10.按权值递增的次序来构造最小生成树的方法，是由________提出的。

## 二、选择题

1.在一个图中，所有顶点的度数之和等于所有边数的（　　）倍。

A.1/2　　B.1　　C.2　　D.3

2.在一个有向图中，所有顶点的入度之和等于所有顶点出度之和的（　　）倍。

A.1/2　　B.1　　C.2　　D.3

3.一个有N个顶点的有向图最多有（　　）条边。

A.N　　B.N(N−1)　　C.N(N−1)/2　　D.2N

4.具有4个顶点的无向完全图有（　　）条边。

A.6　　B.12　　C.18　　D.20

5.具有6个顶点的无向图至少有（　　）条边才能确保是一个连通图。

A.5　　B.6　　C.7　　D.8

6.对于一个具有N个顶点的无向图，若采用邻接矩阵表示，则该矩阵大小是（　　）。

A.N　　B.(N−1)2　　C.N−1　　D.N2

7.一个具有N个顶点的无向图中，要连通全部顶点至少要（　　）条边。

A.N　　B.N+1　　C.N−1　　D.N/2

8.判定一个有向图是否存在回路除了可以利用拓扑排序法外，还可以利用（　）。

A. 求关键路径方法　　B. 求最短路径的 Dijdstra 法

C. 广度优先遍历算法　　D. 深度优先遍历算法

## 三、应用题

1.设一个有向图 G=(V,E)，其中 V={$v_1$,$v_2$,$v_3$,$v_4$}，E={<$v_2$,$v_1$>,<$v_2$,$v_3$>,<$v_4$,$v_1$>,<$v_1$,$v_4$>,<$v_4$,$v_3$>}。请画出该有向图，并求出每个顶点的入度和出度。

2.列出下图的所有拓扑有序序列。

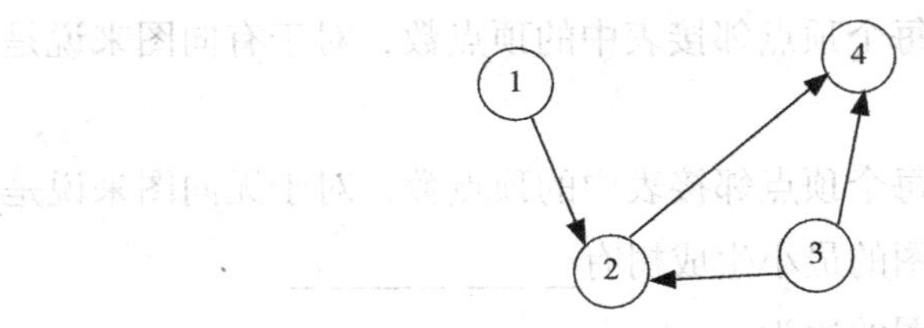

# 第8章 查 找

某班级的学生信息表如图 8.1 所示，如何确定本班有没有年龄是 21 岁的学生呢？

| 学号（ID） | 姓名 (Name) | 分组 (Group) | 年龄 (Age) | 住址 (Addr) |
| --- | --- | --- | --- | --- |
| 120010101 | 李华 | 100 | 16 | 四川成都 |
| 120010102 | 王丽 | 010 | 15 | 重庆万州 |
| 120010103 | 张阳 | 011 | 19 | 陕西西安 |
| 120010104 | 赵斌 | 012 | 16 | 重庆云阳 |
| 120010105 | 孙琪 | 020 | 18 | 四川广安 |
| 120010106 | 马丹 | 021 | 19 | 陕西宝鸡 |
| 120010107 | 刘畅 | 030 | 20 | 重庆黔江 |
| 120010108 | 周天 | 031 | 14 | 四川南充 |
| …… | …… | …… | …… | …… |
| 120010130 | 黄凯 | 032 | 17 | 江苏南京 |

图 8.1 学生信息表

其实，图 8.1 所示的学生信息记录就构成了一张线性表，要确定该班有没有某个年龄的学生，就是一个线性表查询操作，下面介绍查找的相关知识。

## 8.1 查找的概念及基本术语

### 1. 查找的概念

查找的定义：给定一个值 k，在含有 n 个记录的表中找出关键字等于 k 的记录。若找到，则查找成功，返回该记录的信息或该记录在表中的位置；否则查找失败，返回相关的指示信息。

通俗地讲，查找是指在给定的由同一数据类型构成的整数范围内（如一个数据库），寻找用户需要的数据的过程。若满足条件的数据存在，则称为查找成功，否则称为查找失败。查找的过程要依据用于识别某元素的字段，该字段可以唯一识别数据元素，称其为查找关键字。

若在查找的同时对相应表中的记录作修改运算，如插入和删除，相应表称为动态查找表，否则称为静态查找表。

查找也有内查找和外查找之分。若整个查找过程都在内存中进行，称为内查找；反之，若查找过程中需要访问外存，称为外查找。

**2. 查找方法**

查找的主要方法有：顺序查找法、二分查找法(折半查找法)、二叉排序树法和哈希查找法等。后面将对各种查找方法进行具体的讲解。

**3. 查找性能分析**

通常把对关键字的最多比较次数和平均比较次数作为两个基本的技术指标，前者叫作最大查找长度(Maximum Search Length， MSL)，后者叫作平均查找长度(Average Search Length， ASL)。

**4. 平均查找长度**

由于查找运算的主要运算是关键字的比较，所以通常把查找过程中对关键字需要执行的平均比较次数(也称为平均查找长度)作为衡量一个查找算法效率优劣的标准。

平均查找长度 ASL(Average Search Length) 定义为：$ASL=\sum_{i=1}^{n} p_i c_i$

其中，n 是查找表中记录的个数，$p_i$ 是查找第 i 个记录的概率。一般情况下，认为每个记录的查找概率相等，即 $p_i=1/n$，$c_i$ 是找到第 i 个记录所需要进行的比较次数。

## 8.2 线性表查找

线性表是最简单的一种查找表的组织方式，一个线性表含有若干个结点，每个结点存放一条查找记录，若在线性表中找到了关键值与给定值相同的记录，则查找成功，返回该记录的信息或该记录在表中的位置；否则查找失败，返回特定的值。线性表查找可分为顺序查找、二分查找及索引查找。

### 8.2.1 顺序查找

顺序查找是一种最简单的查找方法。它的基本思想是：从表的一端开始，顺序扫描线性表，依次将扫描到的关键字和给定值 k 相比较，若当前扫描到的关键字与 k 相等，则查找成功；若扫描结束后，仍未找到关键字等于 k 的记录，则查找失败。

【例 8.1】在如下数字构成的序列：A={16,15,19,16,18,19,20,14,17} 中，查找给定的数字 19 是否存在，若存在则返回被查对象在序列中的位置，若不存在则输出没找到的提示信息。

这是一个典型的查找问题，可将序列 A 用数组表示，用数值 19 和序列 A 中的每个元素依次进行比较，若相等，则表示 19 在序列 A 中存在，返回成功查找到的序列位置，否则输出查找失败信息。

在给定的顺序表 a 中，查找年龄关键字为 x 的记录，则查找操作流程图如图 8.2 所示。

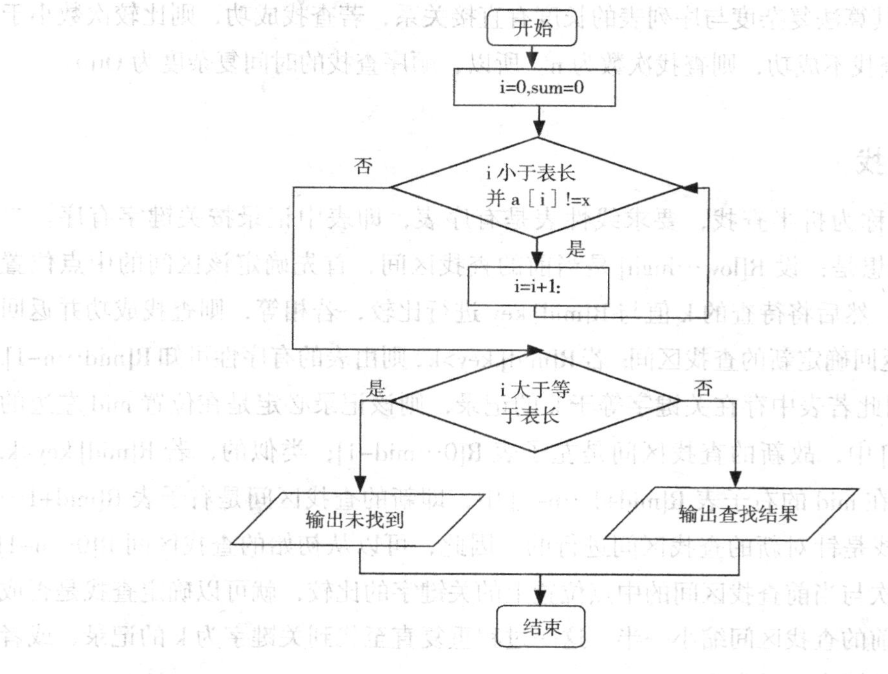


图 8.2 顺序查找操作流程

C 程序实现如下：

```
void search(int a[ ],int length,int x){
    int i=0;
    while(i<=length-1&&a[i]!=x)
        i++;
    if(i>=length)
        printf(" 序列中不存在要查找的元素 \n");
    else
        printf(" 查找成功，查找的元素在序列中的位置为：%d\n",(i+1));

}

int main( ) {
    int a[9] ={16,15,19,16,18,19,20,14,17};
    search(a, 9,19);
    return 0;
}
```

算法分析：顺序查找实际上是将关键字与序列中的每个元素进行一次比较从而确定结果的查找方法，其算法复杂度与序列表的长度有直接关系，若查找成功，则比较次数小于或者等于 n；若查找不成功，则查找次数为 n。所以，顺序查找的时间复杂度为 O(n)。

### 8.2.2 二分查找

二分查找又称为折半查找，要求线性表是有序表，即表中记录按关键字有序。二分查找的基本思想是：设 R[low…high] 是当前的查找区间，首先确定该区间的中点位置 mid=(low+high)/2；然后将待查的 k 值与 R[mid].key 进行比较，若相等，则查找成功并返回该位置，否则须返回确定新的查找区间；若 R[mid].key>k，则由表的有序性可知 R[mid…n−1].key 均大于 k，因此若表中存在关键字等于 k 的记录，则该记录必定是在位置 mid 左边的子表 R[0…mid−1] 中，故新的查找区间是左子表 R[0…mid−1]；类似的，若 R[mid].key<k，则要查找的 k 必在 mid 的右子表 R[mid+1…n−1] 中，即新的查找区间是右子表 R[mid+1…n−1]。下一次查找是针对新的查找区间进行的。因此，可以从初始的查找区间 R[0…n−1] 开始，每经过一次与当前查找区间的中点位置上的关键字的比较，就可以确定查找是否成功，不成功则当前的查找区间缩小一半。这一过程重复直至找到关键字为 k 的记录，或者直至当前的查找区间为空时为止。

【例 8.2】将上例中的数据排成一个有序序列，即 A={14，15，16，16，17，18，19，19，20}，实现二分查找给定的某个数字 X（比如 16）是否存在，并输出结果。

根据二分查找的算法思想，具体查找过程如下：

| 数组下标 | 0 | 1 | 2 | 3 | 4 | 5 | 6 | 7 | 8 |
|---|---|---|---|---|---|---|---|---|---|
| 元素值 | 14 | 15 | 16 | 16 | 17 | 18 | 19 | 19 | 20 |
| | ↑Lo：0 | | | | ↑Mi：4 | | | | ↑Hi：8 |

第 1 次比较，16<17 缩小至前一半 Hi=Mi−1=3

| 数组下标 | 0 | 1 | 2 | 3 | 4 | 5 | 6 | 7 | 8 |
|---|---|---|---|---|---|---|---|---|---|
| 元素值 | 14 | 15 | 16 | 16 | 17 | 18 | 19 | 19 | 20 |
| | ↑Lo：0 | ↑Mi：1 | | ↑Hi：3 | | | | | |

第 2 次比较，16>15 缩小至后一半 Lo=Mi+1=2

| 数组下标 | 0 | 1 | 2 | 3 | 4 | 5 | 6 | 7 | 8 |
|---|---|---|---|---|---|---|---|---|---|
| 元素值 | 14 | 15 | 16 | 16 | 17 | 18 | 19 | 19 | 20 |
| | | | ↑Lo：2<br>↑Mi：4 | ↑Hi：3 | | | | | |

第 3 次比较，16=16 查找成功

在给定的升序顺序表 a 中，查找年龄关键字为 k 的记录，则查找操作流程图如图 8.3 所示。

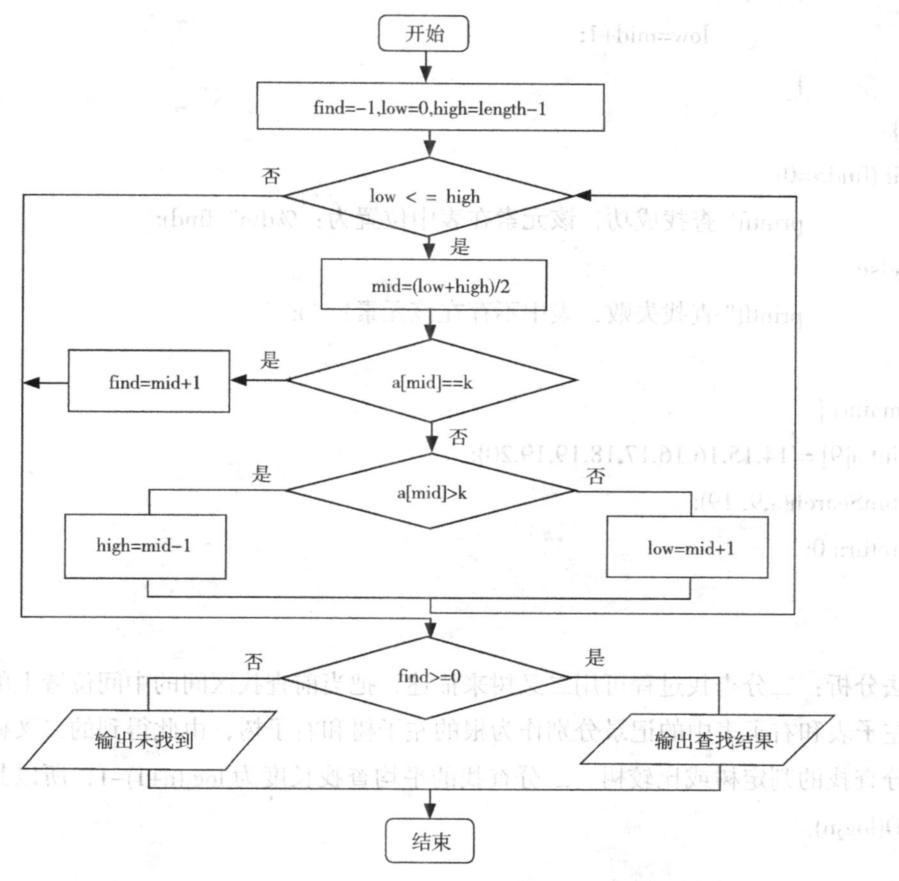


图 8.3 二分查找操作流程

下面用 C 实现二分查找功能：

```
#include "stdlib.h"
#include "stdio.h"
void binSearch(int a[],int length ,int k){
    int find = -1,low=0,high= length-1,mid;
    while(low<=high){
            mid=(low+high)/2;
            if (a[mid]==k) {
                    find= mid+1;
                    break;
            }
            if (a[mid]>k) {
```

```
                high=mid-1;
            }else{
                low=mid+1;
            }
        }
        if (find>=0)
            printf(" 查找成功，该元素在表中位置为：%d\n", find);
        else
            printf(" 查找失败，表中不存在该元素！ ");
    }
    int main() {
        int a[9] ={14,15,16,16,17,18,19,19,20};
        binSearch(a,9, 19);
        return 0;
    }
```

算法分析：二分查找过程可用二叉树来描述，把当前查找区间的中间位置上的记录作为根，左子表和右子表中的记录分别作为根的左子树和右子树，由此得到的二叉树，称为描述二分查找的判定树或比较树。二分查找的平均查找长度为 $\log_2(n+1)-1$，所以其时间复杂度为 $O(\log_2 n)$。

### 8.2.3 分块查找

分块查找又称为索引查找，它是一种性能介于顺序查找和二分查找之间的查找方法。它要求按如下的索引方式来存储线性表：将表 R[0…n−1] 均分为 b 块，前 b−1 块中的记录个数为 s=n/b，最后一块即第 b 块的记录数小于等于 s；每一块中的关键字不一定有序，但前一块中的最大关键字必须小于后一块中的最小关键字，即要求表是“分块有序”的；抽取各块中的最大关键字及其起始位置构成一个索引表 IDX[0…b−1], 即 IDX[i]($0 \leqslant i \leqslant b$) 中存放着第 i 块的最大关键字及该块在表 R 中的起始位置。由于表 R 是分块有序的，所以索引表是一个递增有序表。

分块查找的基本思想是：首先查找索引表，因为索引表是有序表，故可以采用二分查找或顺序查找，以确定待查的记录在那一块；然后在已确定的块中进行顺序查找（因块内无序，只能用顺序查找）。如果在块中找到该记录则查找成功，否则查找失败。

【例 8.3】有如下数字构成的序列：A={22, 12, 13, 19, 29, 26, 44, 42, 32, 38, 54, 77, 90, 87, 108, 92, 99, 102}，请用分块查找算法查询给定的数值 24 或 32 是否存在，并输出结果。

在图 8.4 中给出了一个带索引表的分块查找表，图中的查找表 R 有 18 个元素，元素排列满足分块要求，将表分成 3 块，每块中有 6 个元素，第一块中最大关键字是 29，小于第二块中最小关键字 32，第二块中最大关键字 77 小于第三块中最小关键字 87。

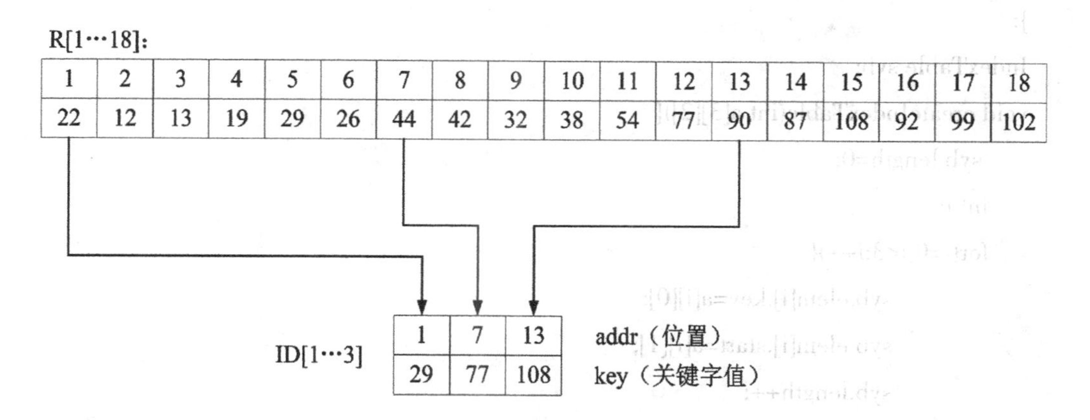


图 8.4 带索引表的分块查找表

若要求在表中分别查找关键字与给定值 24 相等的元素，其过程如下：

先在索引表里查找 K=24，由于索引表较小，不妨用顺序查找（一般用折半查找）。首先将 K 依次和索引表中各关键字比较，直到找到第 1 个关键字大小等于 K 的元素，由于 K<29，所以键字为 24 的元素若存在，则必在第一块；然后，由 ID[1].addr 找到第一块的起始地址 1，从该地址开始在 R[1…6] 中进行顺序查找，直到 R[6].keydata < > Key，查找失败。

又如在上例里，若要求在表中分别查找关键字与给定值 32 相等的元素，其过程如下：

查找关键字等于给定值 K=32 的结点，由于 K>29 并且 K<77，所以关键字为 32 的元素若存在，则必在第二块；然后，由 ID[1].addr 找到第二块的起始地址 7，从该地址开始在 R[7…12] 中进行顺序查找，直到 R[9].keydata 等于 K，查找成功，返回其位置 9。

【例 8.4】有如下数字构成的序列：A={8，14，6，9，10，22，34，18，19，31，40，38，54，66，46}，请用分块查找算法查询给定的数值 10 是否存在，并输出结果。

要利用分块查找算法查询给定的数值 10，首先将原序列分成三块 {[8,14,6,9,10],[22,34,18,19,31],[40,38,54,66,46]}，对应的索引表为 {{14,0},{34,5},{66,10}}，而索引表里包含索引项（如 {34,5}），每项内容包含每块的最大关键字值和索引块的开始位置，具体定义如下：

```
struct IndexItem {// 索引表节点
    int key;
    int start;
};
```

分块查找首先要建立一张索引表，索引表的创建就是具体化索引项信息，下面是根据存放索引项信息的二位数组来创建一张索引表的 C 代码：

```
struct IndexTable {// 索引表
    IndexItem elem[3];
    int length ;
};
IndexTable syb;
void createIndexTable(int a[3][2]){
    syb.length=0;
    int i;
    for(i=0;i<3;i++){
            syb.elem[i].key=a[i][0];
            syb.elem[i].start=a[i][1];
            syb.length++;
    }
}
```

在给定的顺序 st 和索引表 it 中，查找年龄关键字为 k 的记录，其中 n 为数据总数，m 为索引块数，则查找操作流程图如图 8.5 所示。

下面用 C 实现分块查找代码：

```
struct SSTable {
    int *data ;
    int length;
};
SSTable *czb;
int Search_Index(IndexTable it,int m,SSTable st,int n,int k){
            int low=0,high=m-1,mid,i;
            int b=n/m;
            while(low<=high){
                    mid=(low+high)/2;
                    if(it.elem[mid].key>=k)
                            high=mid-1;
                    else
                            low=mid+1;
            }
            if(low<m){
```

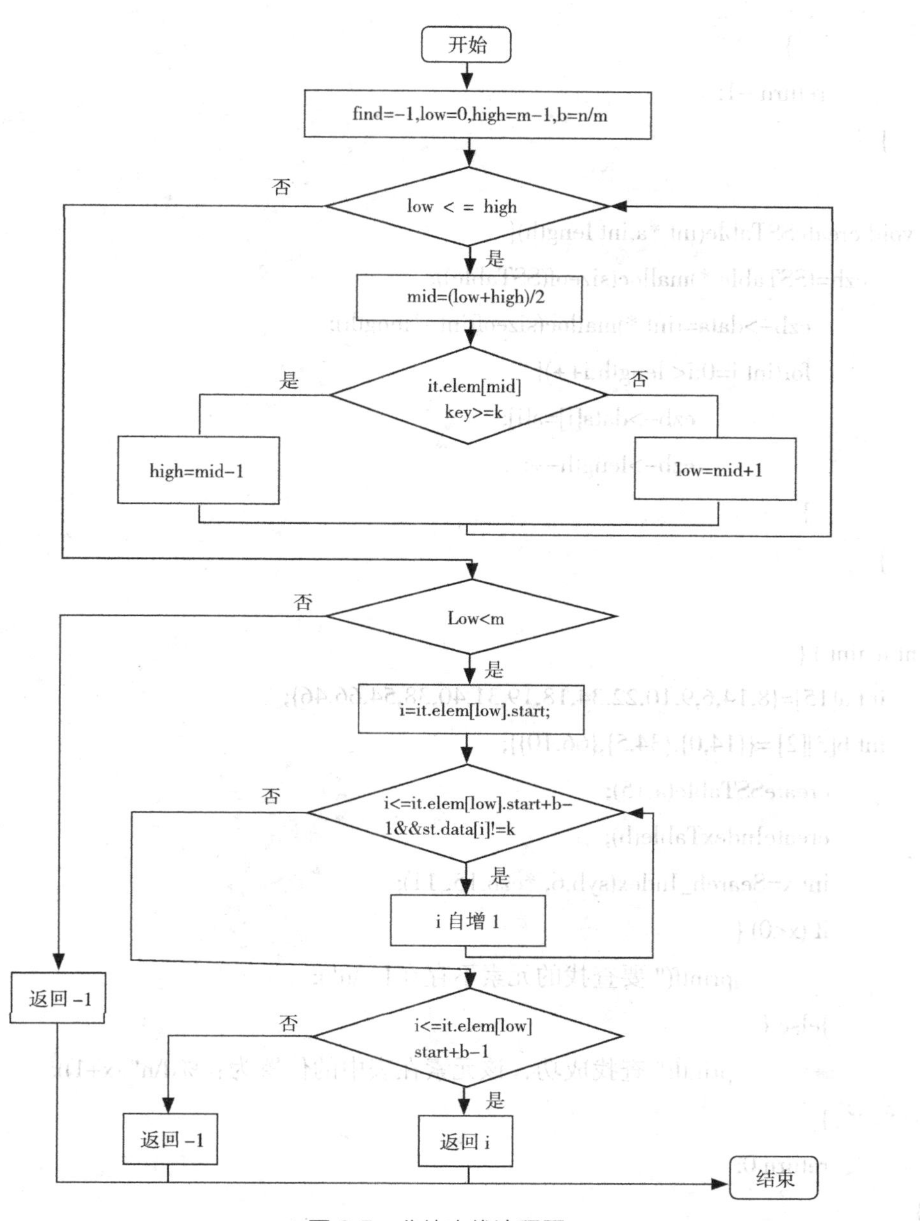


图 8.5 分块查找流程图

```
    i=it.elem[low].start;
    while(i<=it.elem[low].start+b-1&&st.data[i]!=k)
         i++;
    if(i<=it.elem[low].start+b-1)
       return i;
    else
       return -1;
```

```
            }
        return -1;
    }

  void createSSTable(int *a,int length){
      czb=(SSTable *)malloc(sizeof(SSTable));
          czb->data=(int *)malloc(sizeof(int )*length);
          for(int i=0;i< length;i++){
                  czb->data[i]=a[i];
                  czb->length++;
          }
    }

  int main( ) {
      int a[15]={8,14,6,9,10,22,34,18,19,31,40,38,54,66,46};
      int b[3][2] ={{14,0},{34,5},{66,10}};
          createSSTable(a,15);
          createIndexTable(b);
          int x=Search_Index(syb,6, *czb,15, 11);
          if (x<0) {
                  printf(" 要查找的元素不存在！ \n");
          }else {
                  printf(" 查找成功，该元素在表中的位置为：%d\n",(x+1));
          }
          return 0;
  }
```

算法分析：由于分块查找实际上是两次查找过程，因此整个查找过程的平均查找长度是两次查找的平均查找长度之和。若以二分查找来确定块，则分块查找成功时的平均查找长度为：$ASL_{BLK}=ASL_{BN}+ASL_{SQ}=\log_2(h+1)-1+(s+1)/2 \approx \log_2(n/s+1)+s/2$，若以顺序查找确定块，则分块查找成功时的平均查找长度为：$ASL'_{BLK}=ASL_{BN}+ASL_{SQ}=(b+1)/2+(s+1)/2=s^2+2s+n/2s$。显然，当 $s=\sqrt{n}$ 时，$ASL'_{BLK}$ 取极小值，即采用顺序查找确定块时，应将各块中的记录数选定为$\sqrt{n}$。如表中有记录 10000 条，则应把它分为 100 个块，每个块中包含 100 个记录。用分块查找平均要作 100 次比较，而顺序查找平均需要作 5000 次比较，二分查找只需要 14 次比较。由此可见，分块查找算法的效率介于顺序查找和二分查找之间。

### 8.2.4 顺序表三种查找方法的比较

三种查找方法的比较如下：

（1）就平均查找长度而言，二分查找的平均查找长度最小，分块查找次之，顺序查找最大。

（2）就表的结构而言，顺序查找对有序表、无序表均适用，二分查找只适用于有序表，而分块查找要求表中元素至少是分块有序的。

（3）就表的存储结构而言，顺序查找和分块查找可以适用于顺序表和链表两种存储结构，而二分查找只适用于以顺序表作为存储结构的表。

（4）分块查找综合了顺序查找和二分查找的优点，既能较快地查找，又能适应动态变化的要求。

## 8.3 树表的查找

树表查找的对象是以二叉树或树作为表的组织形式。树表在进行插入或删除操作时，可以方便地维护表的有序性，不需要移动表中的记录，从而减少因移动记录引起的额外时间开销。常见的树表有二叉树、平衡二叉树、B– 树和 B+ 树等。下面将以二叉排序树作为实例进行讲解。

二叉排序树 ( 简称 BST) 的定义：二叉排序树或者是空树，或者是满足如下性质的二叉树：

（1）若它的左子树非空，则左子树上所有记录的值均小于根记录的值。

（2）若它的右子树非空，则右子树上所有记录的值均大于根记录的值。

（3）它的左、右子树分别也是二叉排序树。

如图 8.6 所示是一棵二叉排序树。二叉排序树实际上是增加了限制条件的特殊二叉树，限制条件的实质就是二叉排序树中任意一个结点的关键字大于其左子树上所有结点的关键字，且小于其右子树上所有结点的关键字。这样的限制给查找操作的实现提供了清晰的思路：一棵以二叉链表为存储结构的二叉排序树上，要找比某结点 x 小的结点，只需通过 x 结点的左指针到它的左子树上去找，若要找比某结点 x 大的结点，只需通过 x 结点的右指针到它的右子树上去找。可以证明，二叉排序树的中序遍历的序列是按结点关键字递增排序的有序序列。所以构造一棵二叉排序树就是对树结点关键字进行排序，“排序树”也因此而得名。

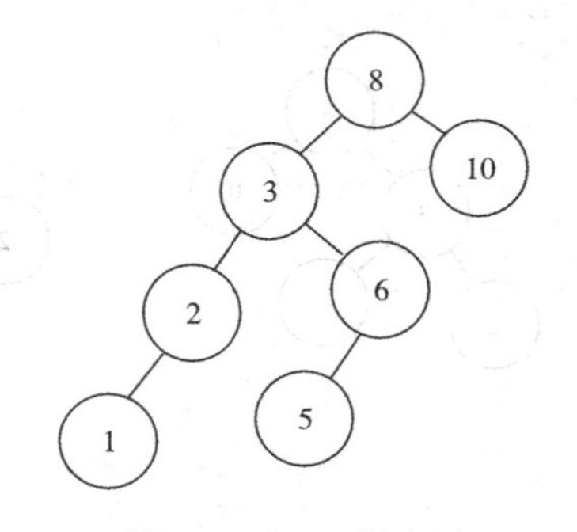


图 8.6 二叉排序树

图 8.6 的中序遍历结果是：1，2，3，4，5，6，8，10。

二叉排序树常常采用二叉链表作为存储结构，数据结点的 C 代码如下：

```
struct BSTNode {// 二叉排序树节点
    int key;
    BSTNode *lchild;
    BSTNode *rchild;
};
```

创建二叉排序树，从空二叉树开始，首先读入第一个结点作为二叉排序树的根结点；其次从读入第二个结点起，将读入结点的关键字和根节点的关键字比较：

（1）读入的结点关键字等于根结点关键字，则说明树中有此结点，不做处理。

（2）读入的结点关键字大于根结点关键字，则将此结点插入根节点的右子树。

（3）读入的结点关键字小于根结点关键字，则将此结点插入根节点的左子树。

（4）在子树中的插入过程和前面的步骤（1），（2），（3）相同。

【例 8.5】有如下数字构成的序列：A={8，3，6，10，2，5，1}，请以序列值为关键字建立二叉排序树。

对应数字序列 A={8,3,6,10,2,5,1} 建立二叉排序树的过程如图 8.7 所示。

生成二叉排序树的插入结点，是递归算法，就是从根节点开始逐层向下查找，最终将待插入结点作为叶子结点插入到二叉排序树的对应位置，从二叉排序树的某一结点 node 开始，将结点关键值 key 插入的流程如图 8.8 所示。

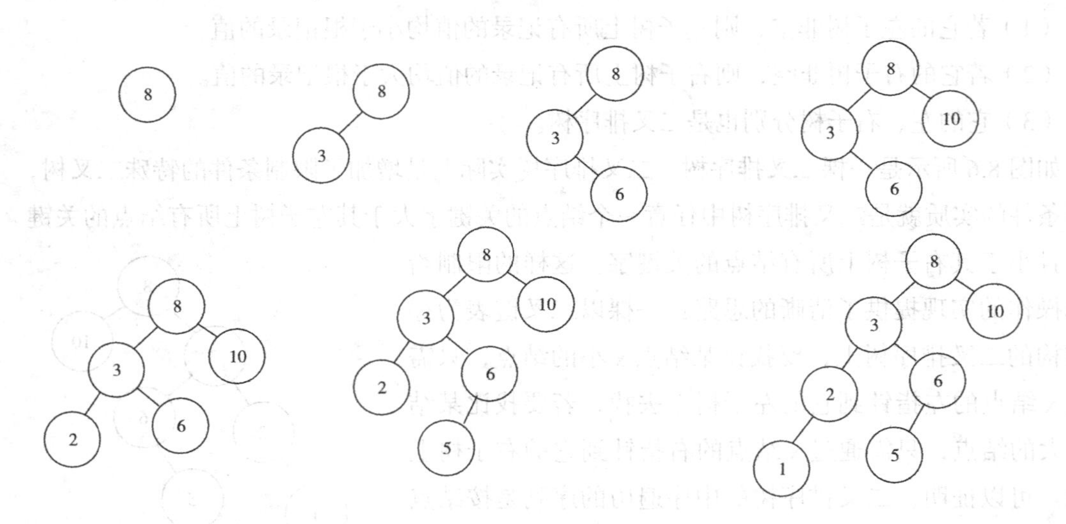

图 8.7　二叉排序树创建过程

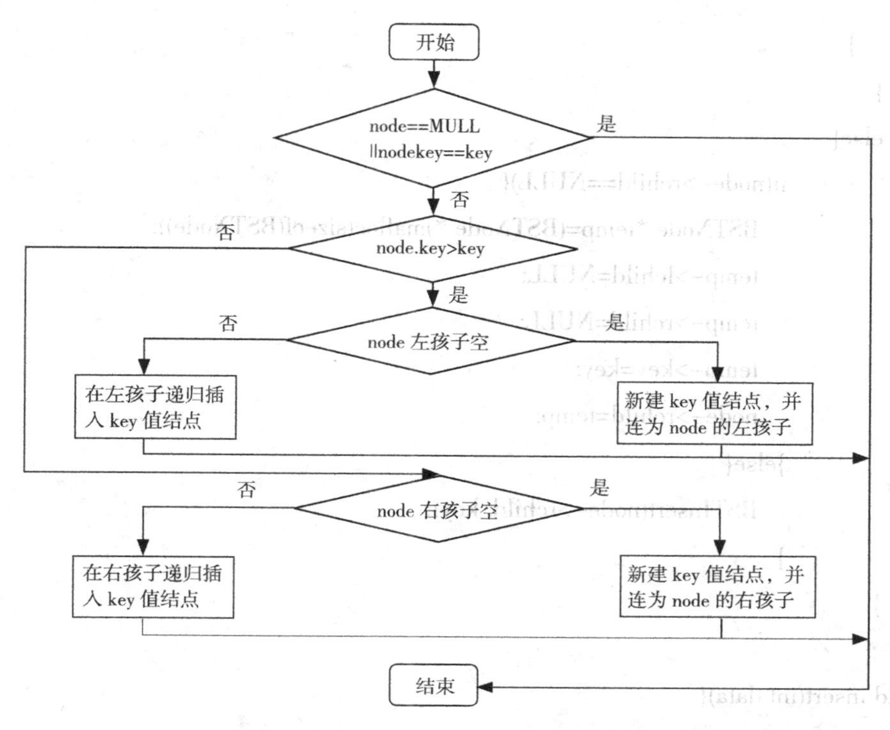


图 8.8 二叉排序树结点插入流程图

除了生成二叉排序树外，为了便于验证插入结点的正确与否，在下面的 C 代码里增加了树的中序遍历打印各结点值的代码，树的中序遍历也是递归算法，具体结点插入和打印算法代码如下：

```
BSTNode *root=NULL;
void BSTInsert(BSTNode *node,int key){
    if(node==NULL||node->key==key){
            return;
    }
    else if (node->key>key) {
        if(node->lchild==NULL){
          BSTNode *temp=(BSTNode *)malloc(sizeof(BSTNode));
          temp->lchild=NULL;
          temp->rchild=NULL;
          temp->key=key;
          node->lchild=temp;
        }else{
          BSTInsert(node->lchild, key);
```

```
        }
    }
    else{
            if(node->rchild==NULL){
                BSTNode *temp=(BSTNode *)malloc(sizeof(BSTNode));
                temp->lchild=NULL;
                temp->rchild=NULL;
                temp->key=key;
                node->rchild=temp;
            }else{
                BSTInsert(node->rchild, key);
            }
    }
}
void insert(int data){
    if ( root==NULL) {
        root=(BSTNode *)malloc(sizeof(BSTNode));
        root->lchild=NULL;
        root->rchild=NULL;
        root->key=data;
    }else{
        BSTInsert(root, data);
    }
}
void createBST(int a[],int length){
            int i=0;
            while(i<length){
                insert(a[i]);
                i++;
            }
    }
void print(BSTNode *node){
    if (node==NULL) {
        return;
```

```
    }else {
        print(node->lchild);
        printf("%d + ",node->key );
        print(node->rchild);
    }
}
void print( ){
    if ( root==NULL) {
        printf(" 数为空！");
    }
    else {
        print(root);
    }
}
int main( ) {
    int a[7]={8,3,6,10,2,5,1};
    createBST(a,7);
    print( );
    return 0;
}
```

二叉排序树上查找的算法描述为：将给定值和二叉排序树的根结点的关键字比较：

（1）给定值等于根结点关键字，则根结点就是要查找的结点。

（2）给定值大于根结点关键字，则继续在根结点的右子树上查找。

（3）给定值小于根结点关键字，则继续在根结点的左子树上查找。

（4）在子树中的查找过程和前面的步骤（1），（2），（3）相同。

【例 8.6】请在例 8.5 建立的二叉排序树中，查找关键字为 2 的结点，并输出结果。

查找算法是递归算法，从二叉排序树的某一结点 node 开始，查找结点关键值 key 的流程如图 8.9 所示。

在前面创建二叉排序树的基础上，实现其查找功能，算法的 C 代码如下：

```
…
BSTNode* BSTSearch(int key){
        if(this.root==NULL){
                return NULL;
        }
```

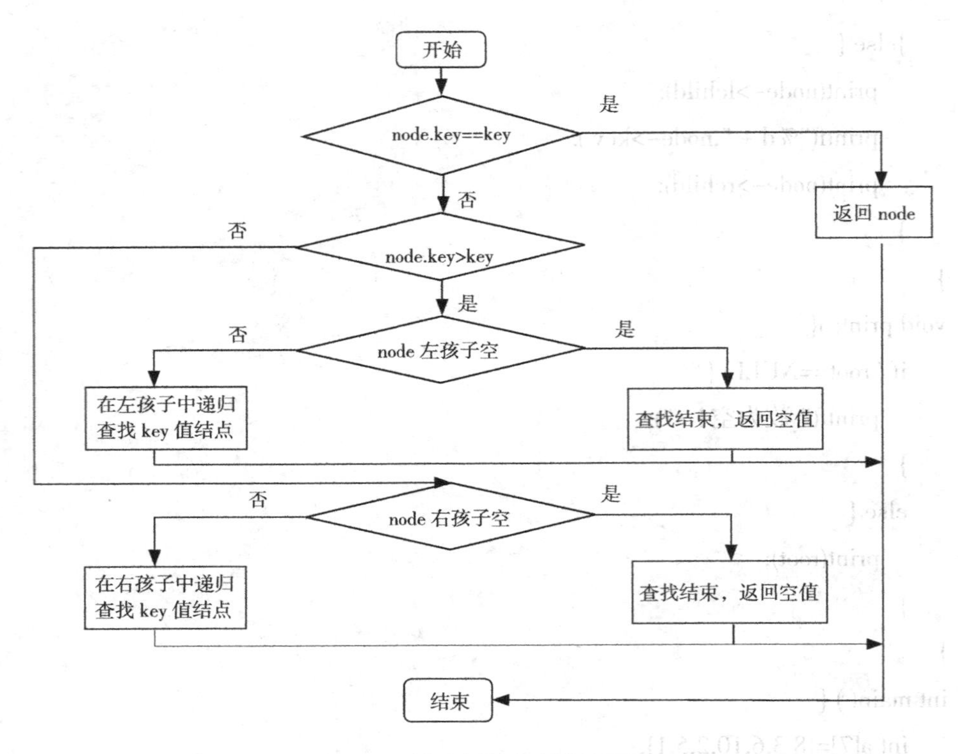


图 8.9　二叉排序树结点查找流程图

```
    else{
            if (root->key==key) {
                  return root;
            }
            else {
                  return BSTSearch(root, key);
            }
    }
}
BSTNode* BSTSearch(BSTNode *node,int key){
        if (node->key==key) {
                return node;
        }
    else if (node->key>key) {
            if (node->lchild!=null) {
                return BSTSearch(node->lchild, key);
```

```
                }
                else{
                    return NULL;
                }
            }
            else{
                if (node->rchild!=NULL) {
                    return BSTSearch(node->rchild, key);
                }else{
                    return NULL;
                }
            }
        }
        int main( ) {
            int a[7] ={8,3,6,10,2,5,1};
            createBST(a);
            print( );
            printf("\n");
            BSTNode *node=BSTSearch(2);
            if (node==NULL) {
                printf(" 查找失败，不存在该节点 !\n");
            }else{
                printf(" 查找成功！ \n");
            }
            return 0;
        }
```

算法分析：对于利用二叉排序树法进行查找，其时间复杂度受二叉树的深度影响，假设给定序列为有序的情况，则构造的二叉排序树只有左子树或者是有右子树，其算法将退化为顺序查找，这时的查找长度是 (n+1)/2；而当给定序列二叉排序树的左右子树分布比较均匀，每次查找可减少一半左右的节点数，则可以提高查找效率。平衡二叉树就是用来平衡二叉排序树的，当二叉排序树的左右子树的差值的绝对值大于 1 时就需要平衡。平衡的二叉树才是真正的 $\log_2 n$ 数量级的。因此，建立均匀的平衡二叉排序树是提高此算法的重要因素。

## 8.4 哈希表的查找

在前面讨论的线性表和树表的查找中，表中的相对位置是随机的，也就是说，记录在表中的位置跟记录的关键字之间不存在确定关系。因此，在这些表中查找记录时需要进行一系列的关键字比较。这一类查找方法是建立在“比较”的基础上的。

在记录的存储位置和它的关键字之间建立一个确定的对应关系 f，使每个关键字和表中一个唯一的存储位置相对应，称这个对应关系 f 为哈希(散列)函数，根据这个思想建立的表称为哈希表。

在哈希表中，若出现 key1 ≠ key2, 而 f(key1)=f(key2)，则这种现象称为地址冲突，key1 和 key2 对哈希函数 f 来说是同义词。根据设定的哈希函数 f=H(key) 和处理冲突的方法，将一组关键字映射到一个有限的连续的地址集上，并以关键字在地址集中的“象”作为记录中的存储位置，这一映射过程为构造哈希表(散列表)。

好的哈希函数应该使一组关键字的哈希地址均匀分布在整个哈希表中，从而减少冲突，常用的构造哈希函数的方法有：

(1) 直接地址法。取关键字或关键字的某个线性函数值为哈希地址，即 H(key)=key 或 H(key)=a*key+b，其中，a 和 b 为常数。

(2) 数字分析法。假设关键字是 r 进制数(如十进制数)，并且哈希表中可能出现的关键字都是事先知道的，则可选取关键字的若干数位组成哈希地址。选取的原则是使得到的哈希地址尽量避免冲突，即所选数位上的数字尽可能是随机的。

(3) 平方取中法。取关键字平方后的中间几位为哈希地址。这是一种较常用的方法。通常在选定哈希函数时不一定能知道关键字的全部情况，仅取其中的几位为地址不一定合适，而一个数平方后的中间几位数和数的每一位都相关，由此得到的哈希地址随机性更大。取得位数由表长决定。

(4) 除留余数法。取关键字被某个不大于哈希表长 m 的数 p 除后所得的余数为哈希地址，即：H(key)=key mod p(p<=m)。这是一种最简单、最常用的方法，它不仅可以对关键字直接取模，也可在折叠、平方取中等运算上取模。

采用均匀的哈希函数可以减少地址冲突，但是不能避免冲突，因此，必须有良好的方法来处理冲突，通常，处理地址冲突的方法有以下两种：

(1) 开放地址法。在开放地址法中，以发生冲突的哈希地址为自变量，通过某周哈希冲突函数得到一个新的空闲的哈希地址。这种得到新地址的方法有很多种，主要有线性探查法和平方探查法。线性探查法是从发生冲突的地址开始，依次探查该地址的下一地址，直到找到一个空闲单元为止。而平方探查法则是在发生冲突的地址上加减某个因子的平方作为新的地址。

（2）拉链法。拉链法是把所有的同义词用单链表链接起来的方法。在这种方法中，哈希表中每个单元中存放的不再是记录本身，而是相应同义词单链表的头指针。

【例 8.7】有如下数字构成的序列：A={7,4,1,14,100,30,5,9,20,134}，请构造一张哈希表。

对数字序列：A={7,4,1,14,100,30,5,9,20,134} 中的 10 个元素，就可以采用除留余数法来构造哈希表，哈希函数为 H(key)=key%p(p<=m)，其中 p 用 13，m 用 15，而对于哈希冲突的解决，可以采用开放地址中的线性探查法，具体构造哈希表的过程如下：

首先在哈希表可用空间里取用 15 个连续空间来存放对应元素，对于 A 中第一个元素 7，用哈希函数求其对应的空间位置为：7%13=7，所以把第一个元素 7 放入位置为 7 的空间里。

| 位置 | 0 | 1 | 2 | 3 | 4 | 5 | 6 | 7 | 8 | 9 | 10 | 11 | 12 | 13 | 14 |
|---|---|---|---|---|---|---|---|---|---|---|---|---|---|---|---|
| 元素 | | | | | | | | 7 | | | | | | | |

对于 A 中第二个元素 4，用哈希函数求其对应的空间位置为：4%13=4，所以把第二个元素 4 放入位置为 4 的空间里。

| 位置 | 0 | 1 | 2 | 3 | 4 | 5 | 6 | 7 | 8 | 9 | 10 | 11 | 12 | 13 | 14 |
|---|---|---|---|---|---|---|---|---|---|---|---|---|---|---|---|
| 元素 | | | | | 4 | | | 7 | | | | | | | |

对于 A 中第三个元素 1，用哈希函数求其对应的空间位置为：1%13=1，所以把第三个元素 1 放入位置为 1 的空间里。

| 位置 | 0 | 1 | 2 | 3 | 4 | 5 | 6 | 7 | 8 | 9 | 10 | 11 | 12 | 13 | 14 |
|---|---|---|---|---|---|---|---|---|---|---|---|---|---|---|---|
| 元素 | | 1 | | | 4 | | | 7 | | | | | | | |

对于 A 中第四个元素 14，用哈希函数求其对应的空间位置为：14%13=1，但由于位置 1 的空间里有元素了，就采用开放地址中的线性探查法解决地址冲突，依次往后搜索地址，得到位置 2 的空间可用，所以把第四个元素 14 放入位置为 2 的空间里。

| 位置 | 0 | 1 | 2 | 3 | 4 | 5 | 6 | 7 | 8 | 9 | 10 | 11 | 12 | 13 | 14 |
|---|---|---|---|---|---|---|---|---|---|---|---|---|---|---|---|
| 元素 | | 1 | 14 | | 4 | | | 7 | | | | | | | |

……

按如此寻址规则循环下去，把剩下的元素全部放入哈希表中，得到哈希表如下：

| 位置 | 0 | 1 | 2 | 3 | 4 | 5 | 6 | 7 | 8 | 9 | 10 | 11 | 12 | 13 | 14 |
|---|---|---|---|---|---|---|---|---|---|---|---|---|---|---|---|
| 元素 | | 1 | 14 | | 4 | 30 | 5 | 7 | 20 | 100 | 9 | 134 | | | |

因此，在哈希表 ha 中插入关键值 key 的流程如图 8.10 所示，其中 p 为除留余数法（哈希函数）中的除数，m 为哈希表实际空间数，adr 为哈希映射的地址。

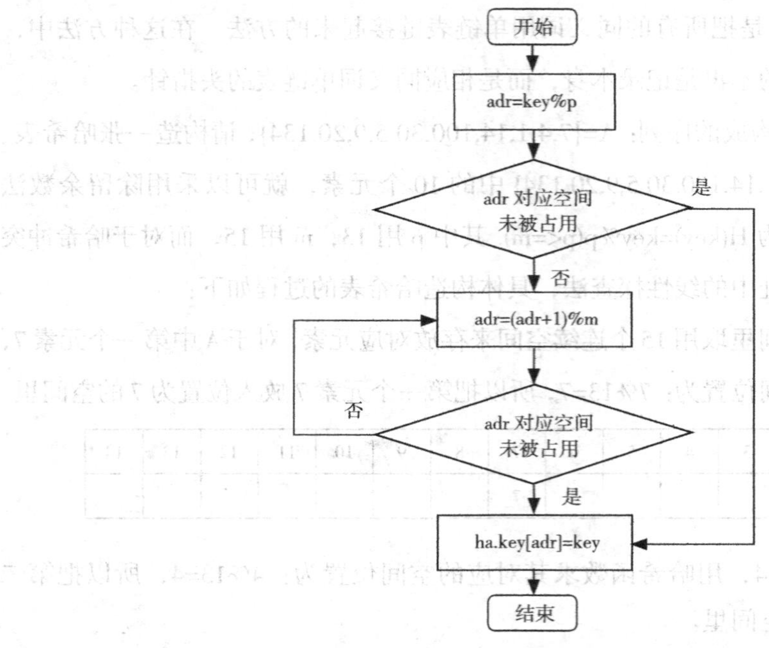


图 8.10　构建哈希表插入元素流程图

为了便于查验构造哈希表结果的正确性，构造哈希表的代码里添加了显示哈希表内容的函数和构造哈希表驱动程序，具体代码如下：

```
struct HashTable{
    int key[50];
    int count;
};
HashTable ht;
void InsertHT(HashTable ha,int key,int p,int m){
    int i,adr;
    adr=key%p;
    if (ha.key[adr]==-1) {
        ha.key[adr]=key;
        ha.count=1;
    }else {
        i=1;
        do {
            adr=(adr+1)%m;
```

```
            } while (ha.key[adr]!=-1);
            ha.key[adr]=key;
            ha.count=i;
        }
}

void CreateHT(HashTable ha,int a[] ,int n,int m,int p){
    int i;
    for(i=0;i<m;i++){
        ha.key[i]=-1;
        ha.count=0;
    }
    for(i=0;i<n;i++){
        InsertHT(ha, a[i], p, m);
    }
}

void DispHT(HashTable ha,int m){
    int i;
    for(i=0;i<m;i++)
        printf( "%d  ",i);
    printf("\n");
    for(i=0;i<m;i++) {
        if (ha.key[i]!=-1) {
            if (ha.key[i]<10) {
                printf("%d  ",ha.key[i] );
            }else if(ha.key[i]>=100){
                    printf("%d  ",ha.key[i] );
            }else {
                printf("%d  ",ha.key[i] );
            }
        }
        else {
                printf("   ");
```

```
            }
        }
        printf("\n");
    }
    int main( ) {
        int a[10] ={7,4,1,14,100,30,5,9,20,134};
        CreateHT(ht, a, 10, 15, 13);
        DispHT(ht, 15);
        return 0;
    }
```

【例 8.8】在例 8.7 所构造的哈希表中，查找 100 是否存在，并输出结果。

在哈希表中对 X 值（如 100）进行查找，则按照哈希函数获取待查元素的地址，若对应地址空间的值不等于待查元素的值，则线性搜索下一地址，比较对应地址空间的值，直到找到为止；若搜索到哈希表尾都未找到，则查找失败。具体 C 代码如下：

```
    …
    int SearchHT(HashTable ha,int p,int m,int key){
        int adr;
        adr=key%p;
        while(ha.key[adr]!=nullkey&&ha.key[adr]!=key)
            adr=(adr+1)%m;
        if(ha.key[adr]==key)
            return adr;
        else
            return -1;
    }

    int main( ) {
            …
        int SearchHT(ht, 13, 15, 100);
        if (x==-1) {
          printf(" 查找失败，不存在该元素！ \n");
        }else {
          printf(" 查找成功，该元素地址为：%d\n",x);
        }
```

```
    return 0;
}
```

算法分析：哈希表查找法查找成功时的平均查找长度是指查到表中已有的表象的平均探查次数，它是找到表中各个已有表项的探查次数的平均值。而查找不成功的平均查找长度是指在表中查找不到待查的表项，但找到插入位置的平均探查次数，它是表中所有可能散列到的位置上要插入新元素时未找到空位置的探查次数的平均值。

## 本章小结

本章主要讲解了线性表的查找、树表查找、哈希表查找的概念、基本术语以及对应的查找思想、查找算法和算法分析。通过本章的学习，应掌握的重点内容包括如下几点：

（1）顺序查找：给定一个值 k，在含有 n 个记录的表中找出关键字等于 k 的记录。若找到，则查找成功，返回该记录的信息或该记录在表中的位置；否则查找失败，返回相关的指示信息。其平均查找长度为 $(n+1)/2$，时间复杂度为 $O(n)$。

（2）二分查找：即有序表的查找之折半查找：前提必须是有序表，性能只有在均匀分布的时候才是最优的。其平均查找长度为 $\log_2(n+1)-1$，其时间复杂度为 $O(\log_2 n)$。在有概率涉及的查找中，将概率高的放在根节点上可以加快查找速度。

（3）索引表：它是一种性能介于顺序查找和二分查找之间的查找方法。它要求建立两层表，第一层采用顺序记录，第二层分块随机排放，查找时第一层使用折半查找，第二层使用顺序查找。若以二分查找来确定块，则分块查找成功时的平均查找长度为 $\log_2(n/s+1)+s/2$；若以顺序查找确定块，则分块查找成功时的平均查找长度为 s2+2s+n/2s，其中 s 为每个块内固定的元素个素。分块查找算法的效率介于顺序查找和二分查找之间。

（4）三种查找方法的比较如下：

- 就平均查找长度而言，二分查找的平均查找长度最小，分块查找次之，顺序查找最大。
- 就表的结构而言，顺序查找对有序表、无序表均适用，二分查找仅适用于有序表，而分块查找要求表中元素至少是分块有序的。
- 就表的存储结构而言，顺序查找和分块查找可以适用于顺序表和链表两种存储结构，而二分查找只适用于以顺序表作为存储结构的表。
- 分块查找综合了顺序查找和二分查找的优点，既能较快地查找，又能适应动态变化的要求。

（5）二叉排序树查找：通过一系列的查找和插入过程形成的树。之所以称为排序树，是因为按照中序遍历可得一个有序的序列。树排序的最坏情况是单支树，这时的查找长度是 $(n+1)/2$，和顺序查找相同。而当给定序列二叉排序树的左右子树分布比较均匀，每次查找可减少一半左右的节点数，可以提高查找效率。平衡二叉树就是用来平衡二叉排序树的，当二叉排序树的左右子树的差值的绝对值大于1时就需要平衡。平衡的二叉树才是真正的$\log_2 n$数量级的。因此，建立均匀的平衡二叉排序树是提高此算法的重要因素。

（6）哈希表查找：在记录的存储位置和它的关键字之间建立一个确定的对应关系f，使每个关键字和表中一个唯一的存储位置相对应，称这个对应关系f为哈希（散列）函数，根据这个思想建立的表称为哈希表。

构造哈希函数的方法有：直接地址法、数字分析法、平方取中法、除留余数法。

处理地址冲突的方法有以下两种：开放地址法、拉链法。

## 习　题

### 一、填空题

1. 在具有20个元素的有序表上进行二分查找，只比较一次查找成功的结点数为______，比较两次查找成功的结点数为________，比较三次查找成功的结点数为_________。

2. 在分块查找中，首先查找_________，然后再查找相应的________。

3. 二分查找的存储结构仅限于_________，且是_________。

4. 散列表存储的基本思想是由_________决定数据的存储地址。

5. __________遍历二叉排序树的节点就可以得到排好序的结点序列。

6. 对两棵具有相同关键字集合而形状不同的二叉排序树，_________遍历它们得到的序列顺序是一样的。

7. 顺序查找含n个元素的顺序表，若查找成功，则比较关键字的次数最多为________次；若查找不成功，则比较关键字的次数为_________次。

8. 在哈希函数H(key)=key Mod p中，p最好取__________。

9. 在哈希存储中，装填因子α的值越大，则_________；α越小，则_________。

10. __________是查找效率最高的二叉排序树。

### 二、选择题

1. 顺序查找法适合于存储结构为（　　）的线性表。

A. 散列存储　B. 顺序存储或链接存储　C. 压缩存储　D. 索引存储

2. 在查找过程中，若同时还要实现增、删操作，这种查找称为（　　）。

A. 静态查找　B. 动态查找　C. 内查找　D. 外查找

3. 散列表的地址区间为0~16，散列函数H(k)=k%17，采用线性探测法解决地址冲突，将关键字26，25，72，38，1，18，59依次存储到散列表中。元素59存放在散列表中的地址为（　）。

A. 8　B. 9　C. 10　D. 11

4. 索引顺序表的特点是顺序表中的数据（　）。

A. 有序　　　　B. 无序　　　　C. 块间有序　　　　D. 散列

5. 设有序表的关键字序列为 {1,3,9,12,32,41,45,62,75,77,82,95,100}，当采用二分查找法查找值为 82 的节点时，经（　　）次比较后查找成功。

A. 1　　　　B. 2　　　　C. 3　　　　D. 4

6. 设有 100 个元素，用折半查找法进行查找时，最大、最小比较次数分别是（　　）。

A. 7,1　　　　B.6,1　　　　C.5,1　　　　D.8,1

7. 采用顺序查找方法查找长度为 n 的线性表时，每个元素的平均查找长度为（　　）。

A. n　　　　B.n/2　　　　C.n+1/2　　　　D.n−1/2

8. 将 10 个元素散列到 1 000 000 个单元的哈希表，则（　　）产生冲突。

A. 一定会　　　　B. 一定不会　　　　C. 仍可能会　　　　D. 以上都不对

**三、应用题**

1. 画出对有序序列表 {10,20,35,42,46,56,59,62,70,83} 进行二分查找的判定树，并求其等概率查找成功时的平均查找长度。

2. 已知序列 {4,5,2,9,1,3}，给出二叉排序树的构造过程。

# 第9章 排 序

某班级的学生信息表如图 9.1 所示，为了便于查找和统计，如何在计算机模拟这样一张学生信息表，并实现学生信息按照年龄排序的操作呢？

| 学号（ID） | 姓名 (Name) | 分组 (Group) | 年龄 (Age) | 住址 (Addr) |
|---|---|---|---|---|
| 120010101 | 李华 | 100 | 16 | 四川成都 |
| 120010102 | 王丽 | 010 | 15 | 重庆万州 |
| 120010103 | 张阳 | 011 | 19 | 陕西西安 |
| 120010104 | 赵斌 | 012 | 16 | 重庆云阳 |
| 120010105 | 孙琪 | 020 | 18 | 四川广安 |
| 120010106 | 马丹 | 021 | 19 | 陕西宝鸡 |
| 120010107 | 刘畅 | 030 | 20 | 重庆黔江 |
| 120010108 | 周天 | 031 | 14 | 四川南充 |
| …… | …… | …… | …… | …… |
| 120010130 | 黄凯 | 032 | 17 | 江苏南京 |

图 9.1　学生信息表

其实，图 9.1 所示的学生信息记录就构成了一张线性表，要实现对其按照年龄字段进行排序的操作，就要用到排序的相关知识。

## 9.1　排序的概念及基本术语

排序是计算机程序设计中一种重要操作，其功能是对一个数据元素集合或序列，重新排列成一个按照数据元素中某个字段有序的序列。作为排序依据的数据项称为关键字。排序的确切定义如下：

输入：n 个记录 $R_1$，$R_2$，…，$R_n$，其相应的关键字分别为 $K_1$，$K_2$，…，$K_n$。

输出：$Ri_1$，$Ri_2$，…，$Ri_n$，使得 $Ki_1 \leqslant Ki_2 \leqslant \cdots \leqslant Ki_n$（或 $Ki_1 \geqslant Ki_2 \geqslant \cdots \geqslant Ki_n$）。

文件：文件是由一组记录组成的。记录则是由若干个数据项（或域）组成。其中有一项可用来标识一个记录，称为关键字项，该数据项的值称为关键值（Key）。

稳定性：若对任意的数据元素序列使用某个排序方法，对它按关键字进行排序，若相同关键字元素间的位置关系排序前与排序后保持一致，称此排序方法是稳定的；而不能保持一致的排序方法则称为不稳定的。

排序的分类：

（1）按是否涉及数据的内、外存交换分类。在排序过程中，若整个文件都是放在内存中处理，排序时不涉及数据的内、外存交换，称为内部排序（简称内排序），适合不太大的元素序列；反之，若排序过程中要进行数据的内、外存交换，称为外部排序。

（2）按排序策略分类。可以分为五类：插入排序、选择排序、交换排序、归并排序和基数排序。

排序算法优劣的衡量标准从以下两方面进行分析：

（1）时间复杂度：以算法中记录的关键字比较次数或记录的移动次数为依据；

（2）空间复杂度：以算法中所使用的辅助空间为依据。

# 9.2 插入排序

## 9.2.1 直接插入排序

**1. 直接插入排序的基本思想**

假设待排序的记录存放在数组 r[1⋯n] 中，任何一个待排序的记录序列初始状态可以看成是这种情况：初始时，r[1] 自成 1 个有序区，无序区为 r[2⋯n]，如图 9.2 所示。

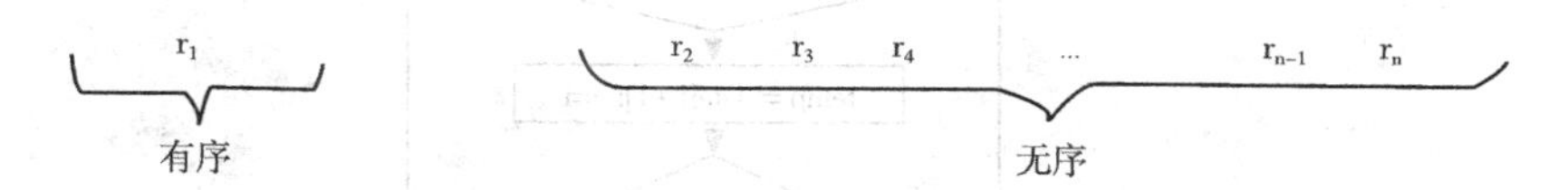


图 9.2 待排序的记录序列初始状态

直接插入排序是一种最简单的排序方法，它的基本思想是：仅有一个记录的表，总是有序的，因此，对有 n 个记录的表，可从第二个记录开始直到第 n 个记录，逐个向有序表中进行插入操作，从而得到 n 个记录按关键字有序的表。

【例 9.1】以 1200101 班学生年龄为关键字，则关键字序列为（16，15，19，16，18，19，20，14），请用直接插入排序方法按关键字递增顺序排列。

采用直接插入排序对年龄按递增顺序排列的具体过程如图 9.3 所示。

提出两个问题：

（1）为什么要选取无序记录序列中的第一个记录？

选取无序记录序列中的第一个记录进行插入，可以为有序记录序列中记录的移动腾出空间。

（2）如何将该记录插入有序记录序列中？

将记录插入有序记录序列中的过程如下：

| | | | | | | | | |
|---|---|---|---|---|---|---|---|---|
| 初始 | 16 | 15 | 19 | 16 | 18 | 19 | 20 | 14 |
| 1趟 | 15 | 16 | 19 | 16 | 18 | 19 | 20 | 14 |
| 2趟 | 15 | 16 | 19 | 16 | 18 | 19 | 20 | 14 |
| 3趟 | 15 | 16 | 16 | 19 | 18 | 19 | 20 | 14 |
| 4趟 | 15 | 16 | 16 | 18 | 19 | 19 | 20 | 14 |
| 5趟 | 15 | 16 | 16 | 18 | 19 | 19 | 20 | 14 |
| 6趟 | 15 | 16 | 16 | 18 | 19 | 19 | 20 | 14 |
| 7趟 | 14 | 15 | 16 | 16 | 18 | 19 | 19 | 20 |

图 9.3　直接插入排序过程（■表示有序区）

将待插记录 r[i] 的关键字依次与有序区中记录 r[j](j=i－1,i－2,⋯,1) 的关键字进行比较，若 r[j] 的关键字大于 r[i] 的关键字，则将 r[j] 后移一个位置；若 r[j] 的关键字小于或等于 r[i] 的关键字，则查找过程结束，j+1 即为 r[i] 的插入位置。将 r[i] 插入到该位置。

**2. 直接插入操作流程图**

对于将学生年龄数据存放在 data 数组中的直接插入排序算法的流程图如图 9.4 所示。

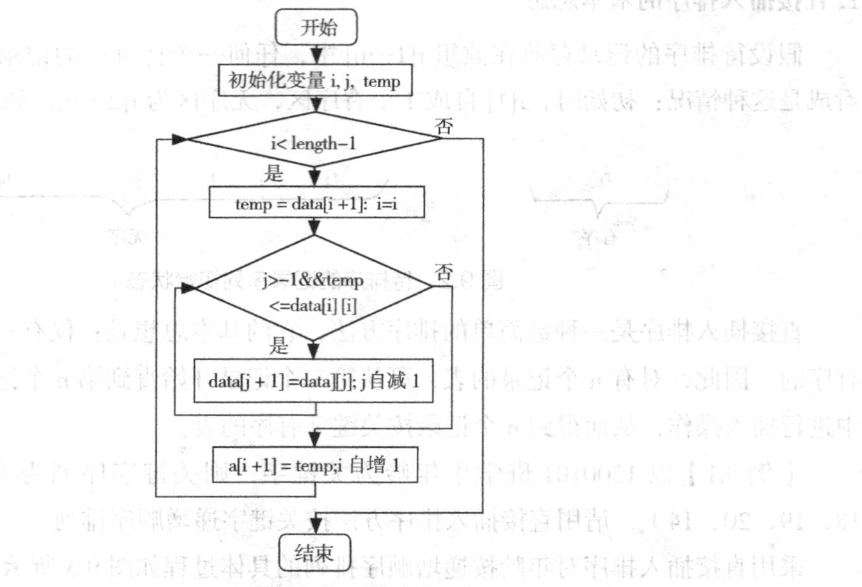


图 9.4　直接插入排序算法流程图

**3. 直接插入排序的代码实现**

```
void insertSort(int data[] ,int length){
    int i, j, temp;
    for(i = 0; i <length− 1; i++){
            temp = data[i + 1];
```

```
            j = i;
            while(j > -1 && temp <= data[j]){
                    data[j + 1] = data[j];
                    j--;
            }
            data[j + 1] = temp;
        }
    }
int main( ) {
    int test[8]  = {16,15,19,16,18,19,20,14};
    insertSort(test,8);
    for(int i = 0; i < 8; i++)
            printf("%d",test[i] );
    return 0;
}
```

输出结果为：14　15　16　16　18　19　19　20

**4. 算法的效率分析**

由以上的排序过程及算法可知，其时间主要花费在关键字比较和记录的后移上。对于一个含有 n 个记录的序列，若初始序列即按关键字递增有序，此时在每一次排序中仅需进行一次关键字的比较。这时 n–1 次排序总的关键字比较次数为最小值 n–1 次；并且在每次排序中，无须记录后移，即移动次数为 0，但需要在开始时将记录移至 R[0] 和在最后时将记录从 R[0] 移回到正确位置这二次移动记录的操作，此时排序过程总的记录移动次数也为最小值 2{n–1} 次。反之，若初始序列即按关键字递减有序，此时关键字的比较次数和记录的移动次数均取最大值，使得插入排序出现最坏的情况。对于要插入的第 i 个记录，均要与前 i–1 个记录及 R[0] 中的关键字进行比较。每次要进行 i 次比较。从记录移动次数看，每次排序中除了上面所说的开始与最后两次记录移动外，还需将有序序列中所有的 i–1 个记录均后移一个位置，此时移动记录的次数为 i–1+2。从而可得到在最坏情况下关键字比较总次数的最大值 $C_{max}$ 和记录移动总次数的最大值 $M_{max}$ 为：

$$C_{max}=\sum_{i=1}^{n} i=(n+2)(n+1)/2$$

$$M_{max}=\sum_{i=1}^{n} (i-1+2)=(n-1)(n+4)/2$$

因此，当初始记录序列关键字的分布情况不同时，算法在执行过程中所消耗的时间是不同的。在最好情况下，即初始序列是正序时，算法的时间复杂度为 O(n)；在最坏情况下，即初始序列是反序时，算法的时间复杂度为 $O(n^2)$。若初始记录序列的排列情况为随机排列，各关键字可能出现的各种排列的概率相同时，则可取最好与最坏情况的平均值，作为直接插入排序时进行关键字间的比较次数和记录移动的次数，约为 $n^2/4$，即可得直接插入排序的时间复杂度为 $O(n^2)$。

从所需的附加空间来看，由于直接插入排序在整个排序过程中只需要一个记录单元的辅助空间，所以其空间复杂度为 O(1)，同时，从排序的稳定性来看，直接插入排序是一种稳定的排序方法。

### 9.2.2 二分插入排序

**1. 折半插入排序的基本思想**

直接插入排序的算法简洁，容易实现，当 n 较小时是一种好的排序方法。但是一般情况下记录序列中的记录数量都很大，则此时直接插入排序方法就不适用了。

而二分插入排序是在直接插入排序基础之上改进的一种排序算法。由于插入排序的操作是在一个有序序列中进行比较和插入的，而比较操作实际上就是在有序序列中作查找操作，这个“查找”操作可以用“二分查找”的方法来实现。按照这种思想，对直接插入排序改进后的排序方法称为二分插入排序，又称为折半插入排序。与直接插入排序相比，二分插入排序仅仅减少了记录关键字的比较次数，而记录的移动次数没有改变。

【例 9.2】以 1200101 班学生年龄为关键字，则关键字序列为（16，15，19，16，18，19，20，14），请用折半插入方法按关键字递增顺序排列。

采用折半插入排序对年龄按递增顺序排列的具体第 4 趟过程如图 9.5 所示。

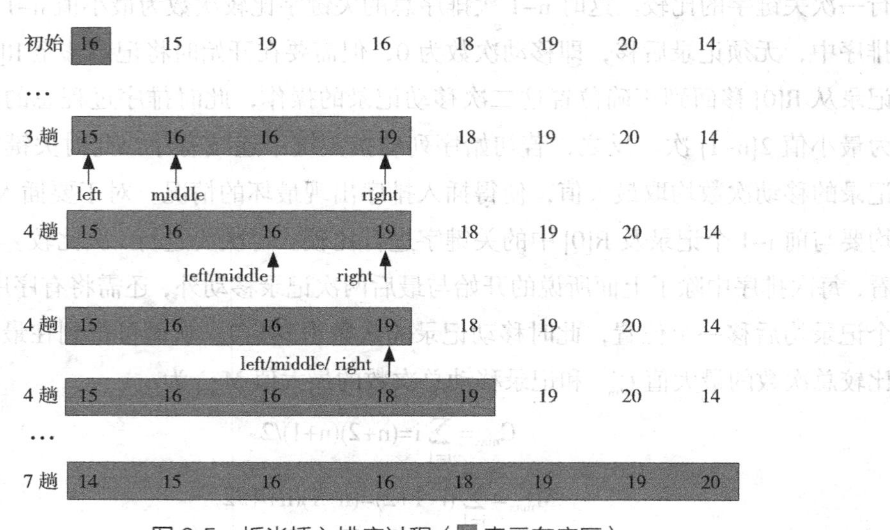


图 9.5 折半插入排序过程（■表示有序区）

**2. 折半插入排序的流程图**

对于将学生年龄数据存放在data数组中的二分插入排序算法的流程图如图9.6所示，其中left, right, middle分别为左、右和中间下标的位置。

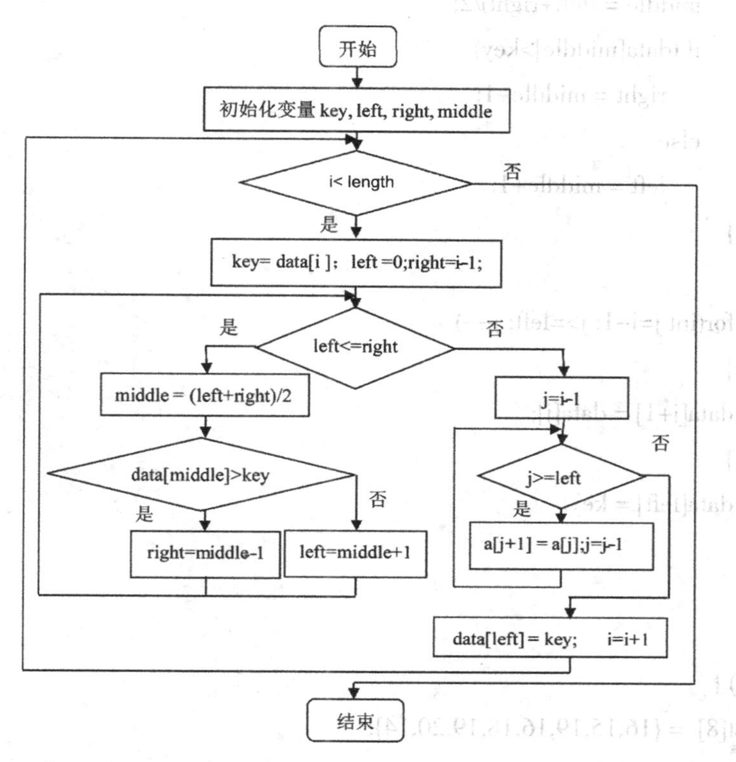


图9.6 折半插入排序流程图

**3. 折半插入排序的代码实现**

```
#include "stdlib.h"
#include "stdio.h"

void binInsertSort(int data[],int length) {
        int key, left, right, middle;
        for (int i=1; i< length; i++)
        {
            key = data[i];
            left = 0;
            right = i-1;
```

```
        while (left<=right)
        {
            middle = (left+right)/2;
            if (data[middle]>key)
                right = middle-1;
            else
                left = middle+1;
        }

        for(int j=i-1; j>=left; j--)
        {
        data[j+1] = data[j];
        }
        data[left] = key;
    }
}

int main( ) {
    int test[8]  = {16,15,19,16,18,19,20,14};
    binInsertSort(test,8);
    for(int i = 0; i < 8; i++)
        printf("%d",test[i]);
    return 0;
}
```

输出结果为 :14　　15　　16　　16　　18　　19　　19　　20

**4. 算法的时间复杂度**

二分插入排序算法与直接插入排序算法相比，需要的辅助空间与直接插入排序基本一致；时间上，二分插入排序的关键字比较次数比直接插入排序的最坏情况要少，比最好情况要多，两种插入排序方法的元素移动次数相同，因此二分插入排序算法的时间复杂度仍为 $O(n^2)$。

二分插入排序算法与直接插入排序算法的元素移动一样是顺序的，因此该算法也是一种稳定的排序方法。

### 9.2.3 希尔排序

**1. 希尔排序的算法思想**

（1）选择一个步长序列 $t_1$，$t_2$，…，$t_k$，其中 $t_i>t_j$，$t_k=1$。

（2）按步长序列个数 k，对序列进行 k 趟排序。

（3）每趟排序根据对应的步长 $t_i$，将待排序列分隔成若干长度为 m 的子序列，分别对各子表进行直接插入排序。仅步长因子为 1 时，整个序列作为一个表来处理，表长度即为整个序列的长度。

【例 9.3】待排序列为（49 38 65 97 76 13 27 49* 55 04），给出采用希尔排序方法按关键字递增顺序排列时的每一趟结果。

希尔排序根据增量序列的选取其时间复杂度也会有变化，本例采用首选增量为 n/2（n 为序列长度），以此递推，每次增量为原先的 1/2，直到增量为 1，因此步长因子分别取 5，3，1，排序过程如下：

步长 increment=5，原序列和分组子序列分别为：

```
49  38  65  97  76   13  27  49*  55  04
49 ------------  13
   38 ------------- 27
       65 ------------ 49*
           97 ------------- 55
               76 ------------- 04
```

第 1 趟结果：13　27　49*　55　04　49　38　65　97　76

步长 increment=3，原序列和分组子序列分别为：

```
13  27  49*  55  04  49  38  65  97  76
13 -------55-------38-------76
   27--------04------ 65
       49*------- 49-------97
```

第 2 趟结果：13　04　49*　38　27　49　55　65　97　76

步长 increment=1，原序列和分组子序列分别为：

```
13  04  49*  38  27  49  55  65  97  76
13–04–49*–38–27–49–55–65–97–76
```

此时，序列基本“有序”，对其进行直接插入排序，得到最终结果：

第 3 趟结果：04　13　27　38　49*　49　55　65　76　97

**2. 希尔排序的代码实现**

```
void shellSort(int data[],int length) {
    int j = 0;
    int temp = 0;
    for (int increment =  length / 2; increment > 0; increment /= 2) {
        for (int i = increment; i <  length; i++) {
            temp = data[i];
            for (j = i; j >= increment; j -= increment) {
                if(temp < data[j - increment]){
                    data[j] = data[j - increment];
                }else{
                    break;
                }
            }
            data[j] = temp;
        }
    }
}
int main( ) {
    int data [14]= {39,80,76,41,13,29,50,78,30,11,100,7,41,86};
    printf(" 未排序前： ");
    for (int i = 0; i < 14; i++){
        printf("%d",data[i]  );
    }
    shellSort(data,14);
    printf("\n 排序后： ");
    for (  i = 0; i < 14; i++)
        printf("%d",data[i] );
    return 0;
}
```

输出结果为 :4　13　27　38　49　49　55　65　76　97

# 9.3 交换排序

## 9.3.1 冒泡排序

### 1. 冒泡排序的基本思想

冒泡排序也称为起泡排序、气泡排序等，是一种简单的、容易理解的排序方法。冒泡排序是通过相邻记录之间的比较和交换使关键字值较小的记录逐渐从底部移向顶部，即从下标较大的单元向下标较小的单元移动，就像气泡从水中不断往上冒。当然，随着关键字值较小的记录的逐渐上移，关键字值较大的记录也逐渐下移。

冒泡排序的具体作法可描述为：

（1）先将初始记录序列的第 n 个记录的关键字和第 n–1 个记录的关键字进行比较，若发现次序相反（即逆序，R[n–1].key>R[n].key），则交换两记录；然后比较第 n–1 个记录和第 n–2 个记录，若为逆序，又交换两个记录；如此下去，直到第 2 个记录和第 1 个记录的关键字进行比较为止，这样就完成了第一趟冒泡排序。经过第一趟冒泡排序后，关键字最小的记录被放置到 R[0] 的位置上。

（2）然后再进行第二趟冒泡排序，对剩下的 n–1 个记录再进行类似的操作，其结果是关键字值较小的记录被放置到 R[1] 位置上。

（3）重复进行 n–1 趟后，整个冒泡排序结束。

【例 9.4】已知 1200101 班同学年龄序列（16，15，19，16，18，19，20，14），请给出采用冒泡排序法对该序列作升序排序时的每一趟的结果。

采用冒泡排序法对年龄按递增顺序排列的具体过程如图 9.7 所示。

初始：　16，15，19，16，18，19，20，14

第 1 趟：15，16，16，18，19，19，14，20

第 2 趟：15，16，16，18，19，14，19，20

第 3 趟：15，16，16，18，14，19，19，20

第 4 趟：15，16，16，14，18，19，19，20

第 5 趟：15，16，14，16，18，19，19，20

第 6 趟：15，14，16，16，18，19，19，20

第 7 趟：14，15，16，16，18，19，19，20

图 9.7 冒泡排序法递增顺序排列过程

**2. 冒泡排序的流程图**（见图 9.8）

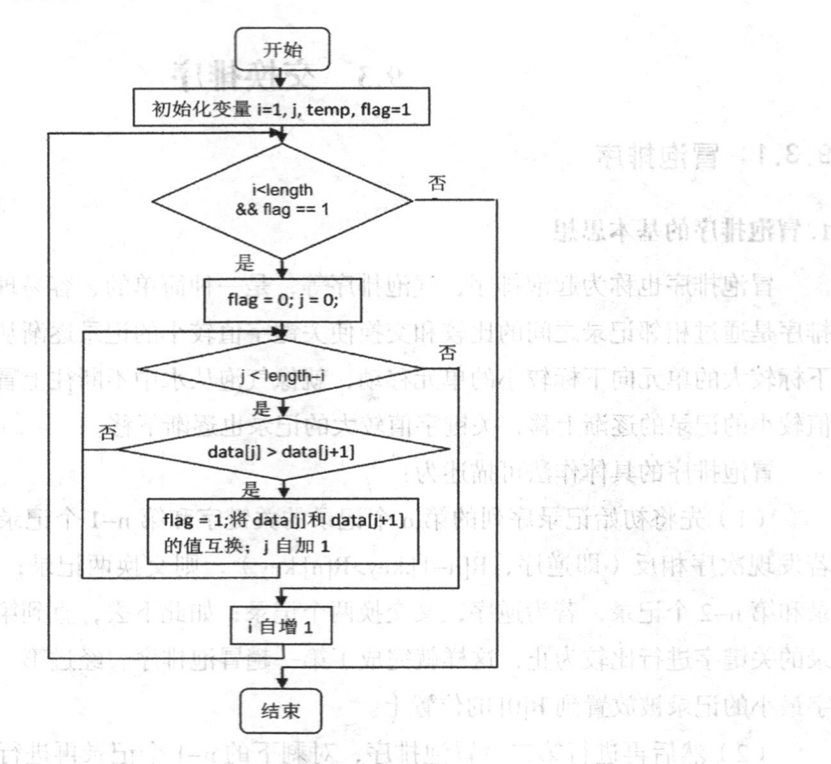


图 9.8　冒泡排序算法流程图

**3. 冒泡排序的代码实现**

```
void bubbleSort(int data[],int length){
    int i, j, flag=1;
    int temp;
    for(i = 1; i < length && flag == 1; i++){
        flag = 0;
        for(j = 0; j < length–i; j++){
            if(data[j] > data[j+1]){
                flag = 1;
                temp = data[j];
                data[j] = data[j+1];
                data[j+1] = temp;
            }
        }
    }
}
```

```
int main(){
    int test[8] = {16,15,19,16,18,19,20,14};
    bubbleSort(test,8);
    for(int i = 0; i < 8; i++)
        printf("%d",test[i]);
    return 0;
}
```

输出结果为:14　15　16　16　18　19　19　20

**4. 冒泡排序的效率分析**

由以上冒泡排序算法可以看出，若初始记录序列就是正序的，则只需一趟扫描即可完成排序，此时所需的关键字比较和记录移动的次数均为最小值：$C_{min}=n-1$，$M_{min}=0$，即冒泡排序最好的时间复杂度为 O(n)；相反，若初始记录序列是反序的，则需要进行 n-1 趟排序，每趟排序要进行 n-i 次关键字的比较（$1 \leqslant i \leqslant n-1$），且每次比较都必须移动记录三次来达到交换记录位置的目的，此时，关键字比较和记录移动的次数均达到最大值：$C_{max}=\sum_{i=1}^{n-1}(n-i)=n(n-1)/2=O(n^2)$，$M_{max}=\sum_{i=1}^{n-1}3(n-i)=3n(n-1)/2=O(n^2)$，因此，冒泡排序的最坏时间复杂度为 $O(n^2)$；在平均情况下，关键字的比较和记录的移动次数大约为最坏情况下的一半，因此冒泡排序算法的时间复杂度为 $O(n^2)$。同时，冒泡排序是一稳定的排序方法。

## 9.3.2 快速排序

快速排序（Quick Sorting）又称为划分交换排序，它是迄今为止所有内排序算法中速度最快的一种。

快速排序是对冒泡排序的一种改进。在冒泡排序中，记录的比较和交换是在相邻的单元中进行的，每次两记录比较后交换，移动记录的位移只能为一个单元，因而总的比较和移动次数较多。而在快速排序中，记录的比较和交换是从两端向中间进行的，关键字较小的记录一次就能从后面单元交换到前面单元，而关键字较大的记录一次就能从前面的单元交换到后面的单元，每次两记录比较后交换，移动记录的位移相对较大，可能为多个单元，因此可以减少记录总的比较和移动次数。

快速排序的基本做法是：

（1）任取待排序的 n 个记录中的某个记录作为基准（一般选取第一个记录），通过一趟排序，将待排序记录分成左右两个子序列，左子序列记录的关键字均小于或等于该基准记录的关键字，右子序列记录的关键字均大于或等于该基准记录的关键字，从而得到该记录最终排序的位置，然后该记录不再参加排序，此趟排序称为第 1 趟快速排序。

（2）然后对所分的左右子序列分别重复上述方法，直到所有的记录都处在它们的最终位置，此时排序完成。在快速排序中，有时把待排序序列按照基准记录的关键字分为左右两个子序列的过程称为一次划分。

（3）快速排序的过程为：设待排序序列为 R[s] 到 R[t]，其中 s 为序列的下界，t 为序列的上界（$s < t$），R[s] 为该序列的基准记录，为了实现一次划分，可设置两个指针 i 和 j，它们的初值分别为 s 和 t。在划分的过程中，首先让 j 从其初值开始，依次向前扫描，并将扫描到的每一个记录 R[j] 的关键字同 R[s]（即基准记录）的关键字进行比较，直到 R[j].key<R[s].key 时，交换 R[j] 和 R[s] 的顺序，使得关键字比基准记录关键字小的记录交换到左边的子序列中；然后让 i 从 i+1 开始，依次向后扫描，并将扫描到的每一个记录 R[i] 的关键字同 R[j] 的关键字（此时 R[j] 作为基准记录）进行比较，直到 R[i].key>R[j].key 时交换 R[i] 和 R[j] 的顺序，使关键字大的记录交换到右边的子序列中；再接着让 j 从 j−1 开始，依次向前扫描。重复上述过程，如此交替改变扫描方向，从两端各自向中间位置靠拢，直到 i 等于 j。经过此次划分后得到的左右两个子序列分别为 R[s]…R[i−1] 和 R[i+1]…R[t]，依此类推。

【例 9.5】已知关键字序列（38，12，21，77，65，7，38，53），给出采用快速排序方法按关键字增序排序时的第一趟快排过程，并举出一个反例说明快速排序是不稳定排序。

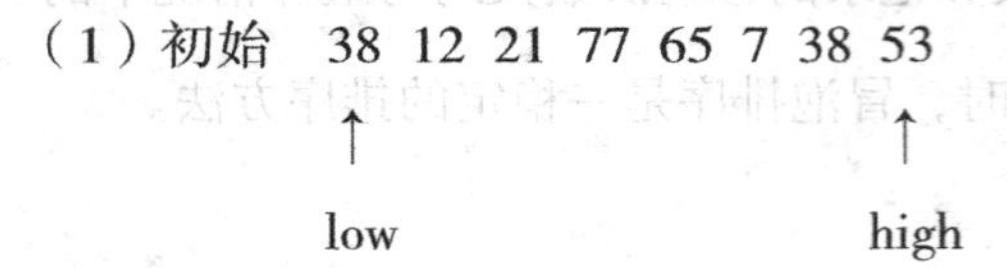


第一次交换

从 high 开始比较，得到的结果：

7 12 21 77 65 □ 38 53

↑ ↑

low high

从 low 开始比较，得到的结果：

7 12 21 □ 65 77 38 53

↑ ↑

low high

第二次交换

从 high 开始比较，得到的结果：

7 12 21 □ 65 77 38 53

↑↑

low high

low=high，所以第一趟快速排序的结果为：

7 12 21 38 65 77 38 53

（2）关键字序列（2，2，1）可以作为一个反例。取第一个关键字作为支点，在第一趟快排之后的结果是（1，2，2），由于2已在排序后的最终位置，2在2划分出的前一部分子表中，所以2不可能再出现在2之后，即不可能与原始序列中两者的顺序一致。此反例说明快速排序不是稳定排序。

## 9.4 选择排序

### 9.4.1 直接选择排序

**1. 直接选择排序的基本思想**

直接选择排序是一种简单的排序方法。它每次从待排序的记录序列中选取关键字最小的记录，把它同当前记录序列中的第一个记录交换位置。具体的作法是：

（1）开始时，待排序序列为R[0]…R[n−1]，经过选择和交换后，R[0]中存放最小关键字的记录；

（2）第二次待排序记录序列为R[1]…R[n−1]，经过选择和交换后，R[1]为仅次于R[0]的具有次小关键字的记录；

（3）如此类推，经过n−1次选择和交换之后，R[0]…R[n−1]成为有序序列，即可实现排序。

【例9.6】已知1200101班同学年龄序列（16，15，19，16，18，19，20，14），请给出采用直接选择排序法对该序列作升序排序时的每一趟的结果。

采用直接选择排序法对年龄按递增顺序排列的具体过程如图9.9所示。

初始： [16，15，19，16，18，19，20，14]
第1趟：14，[15，19，16，18，19，20，16]
第2趟：14，15，[19，16，18，19，20，16]
第3趟：14，15，16，[19，18，19，20，16]
第4趟：14，15，16，16，[18，19，20，19]
第5趟：14，15，16，16，18，[19，20，19]
第6趟：14，15，16，16，18，19，[20，19]
第7趟：14，15，16，16，18，19，19，[20]

图9.9 直接选择排序法按递增顺序排列过程

**2. 直接选择排序的流程图**

对于将学生年龄数据存放在data数组中的直接选择排序算法的流程图如图9.10所示。

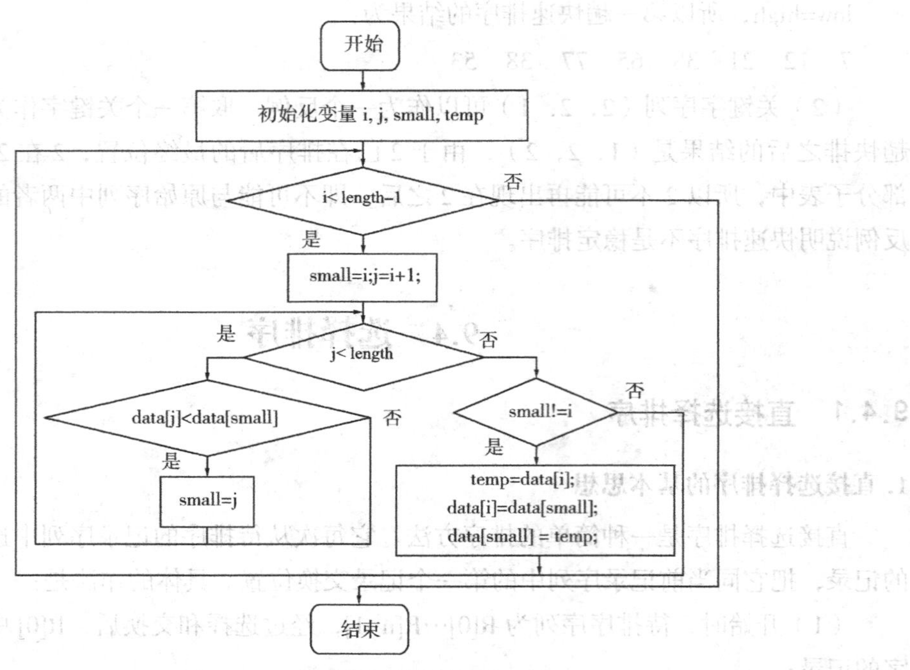


图 9.10　直接选择排序算法流程图

**3. 直接选择排序的代码实现**

```
void selectSort(int data[],int length ){
    int i,j,small;
    int temp;
    for(i = 0; i <  length−1; i++){
        small = i;
        for(j = i+1; j <  length; j++){ // 寻找最小的数据元素
            if(data[j] < data[small]) small = j; // 记住最小元素的下标
        }

        if(small != i){   // 交换数据元素
            temp = data[i];
            data[i] = data[small];
            data[small] = temp;
        }
    }
}
```

```
int main( ) {
    int test[8]  = {16,15,19,16,18,19,20,14};
    selectSort(test,8);
    for(int i = 0; i <8; i++)
            printf("%d",test[i] );
    return 0;
}
```

输出结果为 :14　15　16　16　18　19　19　20

**4. 直接选择排序时间复杂度**

在直接选择排序中，不论初始记录序列状态如何，共需进行 n–1 次选择和交换，每次选择需要进行 n–i 次比较（$1 \leqslant i \leqslant n-1$），而每次交换最多需要 3 次移动。因此，总的比较次数为 $C=\sum_{i=1}^{n-1}(n-i)=\frac{1}{2}(n^2-n)$，总的移动次数为 $M=\sum_{i=1}^{n-1}3=3(n-1)$。由此可见，直接选择排序的时间复杂度为 $O(n^2)$，所以当记录占用的字节数较多时，通常比直接插入排序的执行速度要快。

由于在直接选择排序中存在着不相邻记录之间的互换，因此，直接选择排序是一种不稳定的排序方法。

## 9.4.2　堆排序

在介绍堆排序之前，首先介绍堆的概念。堆的定义为：n 个元素的序列 $\{k_1,k_2,\cdots,k_n\}$，当且仅当满足下列关系时，称为堆。

① $k_i \leqslant k_{2i}$ 并且 $k_i \leqslant k_{2i+1}$ 其中 $i=1,2,\cdots,n/2$

② $k_i \geqslant k_{2i}$ 并且 $k_i \geqslant k_{2i+1}$ 其中 $i=1,2,\cdots,n/2$

若满足条件①，称为小顶堆，若满足条件②，称为大顶堆。

如果将序列 $\{k_1,k_2,\cdots,k_n\}$ 对应为一维数组，且序列中元素的下标与数组中下标一致，即数组中下标为 0 的位置不存放数据元素，此时该序列可看成是一棵完全二叉树，根据堆的定义说明，在对应的完全二叉树中非终端结点的值均不大于（或不小于）其左右孩子结点的值。由此，若堆是大顶堆，则堆顶元素是完全二叉树的根——必为序列中 n 个元素的最大值；反之，若是小顶堆，则堆顶元素必为序列中 n 个元素的最小值。

图 9.11 显示了两个堆，其对应的元素序列分别为 {45，26，18，23，19，5，11，14}、{13，32，15，40，51，38}。其中（a）是一个大顶堆，（b）是一个小顶堆。

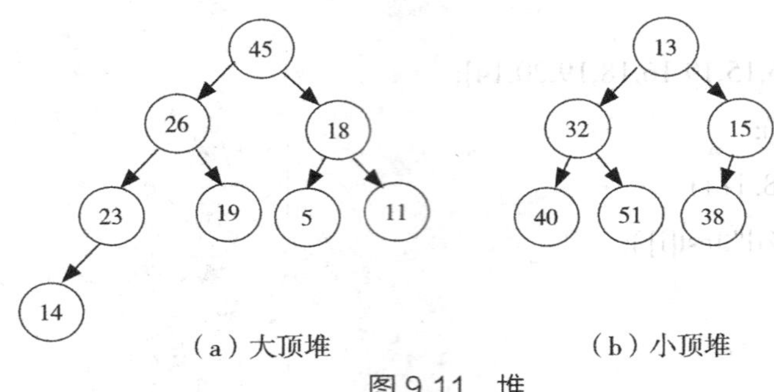

（a）大顶堆　　（b）小顶堆

图9.11　堆

设有n个元素，欲将其按关键字排序。可以首先将这n个元素按关键字建成堆，将堆顶元素输出，得到n个元素中关键字最大（或最小）的元素。然后，再将剩下的n-1个元素重新建成堆，再输出堆顶元素，得到n个元素中关键字次大（或次小）的元素。如此反复执行，直到最后只剩一个元素，则可以得到一个有序序列，这个排序过程称为堆排序。

从堆排序的过程中可以看到，在实现堆排序时需要解决两个问题：

（1）如何将n个元素的序列按关键字建成堆；

（2）输出堆顶元素后，怎样调整剩余n-1个元素，使其按关键字成为一个新堆。

因为在解决第一个问题时要使用第二个问题的解决方法，所以先来看第二个问题，即输出堆顶元素后，对剩余元素重新建成堆的调整过程。

设有一个具有n个元素的大顶（或小顶）堆，输出堆顶元素后，剩下n-1个元素需调整重新建堆，具体的调整方法是：将堆底元素（最后一个元素）送入堆顶，此时堆被破坏，其原因仅是根结点不满足堆的性质，而根结点的左右子树仍是堆。然后将根结点与左、右子女中较大（或较小）的进行交换。若与左孩子交换，则左子树堆被破坏，且仅左子树的根结点不满足堆的性质；若与右孩子交换，则右子树堆被破坏，且仅右子树的根结点不满足堆的性质。继续对不满足堆性质的子树进行上述交换操作，直到叶子结点，则堆被重建。我们称这个自根结点到叶子结点的调整过程为筛选。

了解筛选的概念后，再来解决第一个问题，即初始化堆。

初始化堆就是对所有的非叶子结点进行筛选。一个完全二叉树的最后一个非终端元素下标是$\lfloor n/2 \rfloor$向下取整，所以筛选只需要从$\lfloor n/2 \rfloor$向下取整所对应的元素开始，从后往前依次筛选非叶子结点，直到筛选完根结点为止。

例如，给定一个数组，首先根据该数组元素构造一个完全二叉树。然后从最后一个非叶子结点开始依次往前筛选，每次筛选都是在父结点与左、右孩子中进行比较交换，交换后可能会引起孩子结点不满足堆的性质，所以每次交换之后需要重新对被交换的孩子结点进行调整，直到被筛选非叶子结点下的子树是大顶（或小顶）堆为止，如此循环筛选，直到筛选完根结点为止，这样就建成了大顶（或小顶）堆。

# 9.5 归并排序

## 1. 归并排序的基本思想

归并排序的算法思想是：设 r[u…t] 由两个有序子表 r[u…v−1] 和 r[v…t] 组成，两个子表长度分别为 v−u、t−v+1。合并步骤如下：

（1）设置两个子表的起始下标及辅助数组的起始下标为：i=u；j=v；k=u。

（2）若 i>v 或 j>t，转到（4）。

（3）选取 r[i] 和 r[j] 关键字较小的存入辅助数组 rf。

（4）如果 r[i].key<r[j].key，rf[k]=r[i]；i++；k++；转到（2）。否则，rf[k]=r[j]；j++；k++；转到（2）。

（5）将尚未处理完的子表中的元素存入 fr。如果 i<v，将 r[i…v−1] 存入 rf[k…t]。如果 j<=t，将 r[i…v] 存入 rf[k…t]。

（6）合并结束。

两路归并的迭代算法：

一个元素的表总是有序的。所以对 n 个元素的待排序列，每个元素可看成一个有序子表。对子表两两合并生成「n/2⌉ 个子表，所得子表除最后一个子表长度可能为 1 外，其余子表长度均为 2，再进行两两合并，直到生成 n 个元素按关键字有序的表。

| | | | | | | | |
|---|---|---|---|---|---|---|---|
| 初始关键字 | 25 | 57 | 48 | 37 | 12 | 92 | 86 |
| n=7 个子文件 | [25] | [57] | [48] | [37] | [12] | [92] | [86] |
| 第 1 趟归并 | [25 | 57] | [37 | 48] | [12 | 92] | [86] |
| 第 2 趟归并 | [25 | 37 | 48 | 57] | [12 | 86 | 92] |
| 第 3 趟归并 | 12 | 25 | 37 | 48 | 57 | 86 | 92 |

## 2. 归并排序的代码实现

```
void merge(int a[ ] , int swap[ ],int length, int k){
    int n =  length;
    int m = 0, u1,l2,i,j,u2;
    int l1 = 0;                                  //第一个有序子数组下界为 0
    while(l1 + k <= n−1){
            l2 = l1 + k;                         //计算第二个有序子数组下界
            u1 = l2 − 1;                         //计算第一个有序子数组上界
            u2 = (l2+k−1 <= n−1)? l2+k−1: n−1;   //计算第二个有序子数组上界
```

```
            for(i = l1, j = l2; i <= u1 && j <= u2; m ++){
                if(a[i] <= a[j]){
                    swap[m] = a[i];
                    i ++;
                }
                else{
                    swap[m] = a[j];
                    j++;
                }
            }
            // 子数组 2 已归并完，将子数组 1 中剩余的元素存放到数组 swap 中
            while(i <= u1){
                swap[m] = a[i];
                m ++;
                i ++;
            }
            // 子数组 1 已归并完，将子数组 2 中剩余的元素存放到数组 swap 中
            while(j <= u2){
                swap[m] = a[j];
                m ++;
                j ++;
            }
            l1 = u2 + 1;
        }
            // 将原始数组中只够一组的数据元素顺序存放到数组 swap 中
        for(i = l1; i < n; i ++, m ++)
            swap[m] = a[i];
    }
    void mergeSort(int a[ ],int length){
        int i;
        int n =  length;
        int k = 1;                                          // 归并长度从 1 开始
```

```
    int *swap  = (int *)malloc(sizeof(int)*length);
    while(k < n){
            merge(a, swap,length, k);                         // 调用函数 merge( )
            for(i = 0; i < n; i++)
                    a[i] = swap[i];                // 将元素从临时数组 swap 放回数组 a 中
            k = 2 * k;                                        // 归并长度加倍
    }
}
int main( ){
    int test[8] = {16,15,19,16,18,19,20,14};
    mergeSort(test,8);
    for(int i = 0; i < 8; i++)
            printf("%d",test[i] );
    return 0;
}
```

输出结果为 :14 15 16 16 18 19 19 20

**3. 算法的效率分析**

二路归并需要一个与原集合相等长度的辅助空间，在上述算法中辅助空间是通过数组 c1 实现的。

归并排序是稳定排序，若用单链表作为存储结构，可以实现就地排序。这种排序方法可用于内部排序，也可用于外部排序中。时间复杂度为 $O(n\log_2 n)$。需进行 $\log_2 n$ 趟归并，每一趟归并中，比较次数最多为 n 次，移动次数为 2n 次，空间复杂度为 O(n)。

## 9.6 基数排序

基数排序属于分配式排序，又称桶子法。基数排序是一种借助多关键字排序的思想对单逻辑关键字进行排序的方法。

**1. 多关键字排序**

多关键字排序按照从最主位关键字到最次位关键字或从最次位关键字到最主位关键字的顺序逐次排序，分两种方法：最高位优先法（简称 MSD 法）、最低位优先法（简称 LSD 法）。

LSD 的基数排序适用于位数小的数列，如果位数多的话，使用 MSD 的效率会比较好。MSD 的方式与 LSD 相反，是由高位数为基底开始进行分配，但在分配之后并不马上合并回一个数组中，而是在每个“桶子”中建立“子桶”，将每个桶子中的数值按照下一数位的值分配到“子桶”中。在进行完最低位数的分配后再合并回单一的数组中。

**2. 基数排序算法思想**

从最低位关键字起，按关键字的不同值将序列中的记录“分配”到 RADIX 个队列中，然后再“收集”之。如此重复 d 次即可。链式基数排序是用 RADIX 个链队列作为分配队列，关键字相同的记录存入同一个链队列中，收集则是将各链队列按关键字大小顺序连接起来。

以 LSD 为例，假设原来对一串数值：63, 52, 73, 43, 55, 64, 28, 75, 89, 81 进行排序。

第一步，首先根据个位数的数值，在走访数值时将它们分配至编号 0 到 9 的桶子中：

| 0 | 1 | 2 | 3 | 4 | 5 | 6 | 7 | 8 | 9 |
|---|---|---|---|---|---|---|---|---|---|
| | 81 | 52 | 63 | 64 | 55 | | | 28 | 89 |
| | | | 93 | | 75 | | | | |
| | | | 43 | | | | | | |

第二步，将这些桶子中的数值重新串接起来，成为以下的数列：

81, 52, 63, 93, 43, 64, 55, 75, 28, 89

接着再进行一次分配，这次是根据十位数来分配：

| 0 | 1 | 2 | 3 | 4 | 5 | 6 | 7 | 8 | 9 |
|---|---|---|---|---|---|---|---|---|---|
| | | 28 | | 43 | 52 | 63 | 75 | 81 | 93 |
| | | | | | 55 | 64 | | 89 | |

第三步，接下来将这些桶子中的数值重新串接起来，成为以下的数列：

28, 43, 52, 55, 63, 64, 75, 81, 89, 93

这时候整个数列已经排序完毕；如果排序的对象有三位数以上，则持续进行以上的动作直至最高位数为止。

**3. 基数排序代码实现**

```
#include <stdio.h>
#include <string.h>
// 获取输入数字的索引值，dec 指定数字的位数，3 代表百位数，order 指定需要获取哪一位的索引，1 代表个位，2 代表十位，3 代表百位
int get_index(int num, int dec, int order)
{
    int i, j, n;
    int index;
    int div;
```

```
    // 根据位数，循环减去不需要的高位数字
    for (i=dec; i>order; i--) {
        n = 1;
        for (j=0; j<dec-1; j++)
            n *= 10;
        div = num/n;
        num -= div * n;
        dec--;
    }
    // 获得对应位数的整数
    n = 1;
    for (i=0; i<order-1; i++)
        n *= 10;

    // 获取 index
    index = num / n;
    return index;
}
// 进行基数排序
void radix_sort(int array[ ], int len, int dec, int order)
{
    int i, j;
    int index;    // 排序索引
    int tmp[len]; // 临时数组，用来保存待排序的中间结果
    int num[10];  // 保存索引值的数组
    memset(num, 0, 10*sizeof(int)); // 数组初始清零
    memset(tmp, 0, len*sizeof(int)); // 数组初始清零
    if (dec < order) // 最高位排序完成后返回
        return;
    for (i=0; i<len; i++) {
        index = get_index(array[i], dec, order); // 获取索引值
        num[index]++; // 对应位加一
    }
    for (i=1; i<10; i++)
```

```
        num[i] += num[i-1]; // 调整索引数组
    for (i=len-1; i>=0; i--) {
        index = get_index(array[i], dec, order); // 从数组尾开始依次获得各个数字的索引
        j = --num[index]; // 根据索引计算该数字在按位排序之后在数组中的位置
        tmp[j] = array[i]; // 数字放入临时数组
    }
    for (i=0; i<len; i++)
        array[i] = tmp[i]; // 从临时数组复制到原数组
    printf("the %d time\n", order);
    for (i=0; i<30; i++)
        printf("%d  ", array[i]);
    printf("\n");
    // 继续按高一位的数字大小进行排序
    radix_sort(array, len, dec, order+1);
    return;
}
int main(int argc, char *argv[ ])
{
    int i;
    int array[10] = {28, 43, 52, 55, 63, 64, 75, 81, 89, 93};
    int len = 10; // 测试数据个数
    int dec = 1;  // 数据位数，3 代表 3 位数
    int order = 1; // 排序的位数，1 代表个位、2 代表十位、3 代表百位
    printf("before\n");
    for (i=0; i<30; i++)
        printf("%d", array[i]);
    printf("\n");
    // 排序函数，从个位开始
    radix_sort(array, len, dec, order);
    printf("final\n");
    for (i=0; i<30; i++)
        printf("%d", array[i]);
    printf("\n");
    return 0;
}
```

算法分析：基数排序是稳定排序，如果记录序列初始不是顺序存储，而是单链表形式，那么各辅助链队列无须分配结点空间，利用原链表的结点空间即可，而且分配和收集时都不必移动记录，只要修改指针，这样可以节省一定的时间和空间。时间效率：设待排序列为 n 个记录，d 个关键码，关键码的取值范围为 radix，则进行链式基数排序的时间复杂度为 O(d(n+radix))，其中，一趟分配时间复杂度为 O(n)，一趟收集时间复杂度为 O(radix)，共进行 d 趟分配和收集。空间效率：需要 2*radix 个指向队列的辅助空间，以及用于静态链表的 n 个指针。

## 9.7 各种内排序方法的比较和选择

**1. 内部排序方法的共同点**

（1）基本操作相同

大多数排序算法都有两个基本的操作：

- 比较两个关键字的大小。
- 改变指向记录的指针或移动记录本身，这种基本操作的实现依赖于待排序记录的存储方式。

（2）待排文件的常用存储方式相同

尽管排序可以采用不同的方法，但所有待排序文件的存储方式都可以采用以下形式：

- 顺序表（或直接用向量）作为存储结构。
- 以链表作为存储结构。
- 用顺序的方式存储待排序的记录，但同时建立一个辅助表。

**2. 内部排序方法的不同点**

| 排序方法 | 平均时间复杂度 | 最坏时间复杂度 | 辅助存储空间 | 稳定性 |
| --- | --- | --- | --- | --- |
| 直接插入排序 | $O(n^2)$ | $O(n^2)$ | O(1) | 稳定 |
| 希尔排序 | 不确定 | 不确定 | O(1) | 不稳定 |
| 冒泡排序 | $O(n^2)$ | $O(n^2)$ | O(1) | 稳定 |
| 简单选择排序 | $O(n^2)$ | $O(n^2)$ | O(1) | 不稳定 |
| 基数排序 | O(d(n+rd)) | O(d(n+rd)) | O(rd) | 稳定 |
| 快速排序 | $O(n\log_2 n)$ | $O(n^2)$ | $O(\log_2 n)$ | 不稳定 |
| 堆排序 | $O(n\log_2 n)$ | $O(n\log_2 n)$ | O(1) | 不稳定 |
| 归并排序 | $O(n\log_2 n)$ | $O(n\log_2 n)$ | O(n) | 稳定 |

**3. 排序方法的选择**

（1）若 n 较小（如 $n \leq 50$），可采用直接插入或简单选择排序。

（2）若文件初始状态基本有序（指正序），则应选用直接插入、冒泡或随机的快速排序为宜。

（3）若 n 较大，则应采用时间复杂度为 $O(n\log_2 n)$ 的排序方法：快速排序、堆排序或归并排序。

快速排序是目前基于比较的内部排序中最好的方法，当待排序的关键字随机分布时，快速排序的平均时间最短。

堆排序所需的辅助空间少于快速排序，并且不会出现快速排序可能出现的最坏情况。这两种排序都是不稳定的。

## 本章小结

本章主要讲解了排序的概念和相关术语以及各种内排序的算法思想、算法实现及应用。通过本章的学习，应掌握的重点内容包括如下几点：

（1）排序是对一个数据元素集合或序列，重新排列成一个按照数据元素中某个字段有序的序列。相同关键字元素间的位置关系排序前后保持一致，称此排序是稳定的，否则称为不稳定的。内排序按策略可以分为 5 类：插入排序、选择排序、交换排序、归并排序和基数排序。

（2）直接插入排序的思想：仅有一个记录的表，总是有序的，因此，对有 n 个记录的表，可从第二个记录开始直到第 n 个记录，逐个向有序表中进行插入操作，从而得到 n 个记录按关键字有序的表。

（3）折半插入排序的思想：它是在直接插入排序基础之上改进的一种排序算法。由于插入排序的操作是在一个有序序列中进行比较和插入的，而比较操作实际上就是在有序序列中作查找操作，这个“查找”操作可以用“二分查找”的方法来实现。按照这种思想，对直接插入排序改进后的排序方法称为二分插入排序，又称为折半插入排序。

（4）冒泡排序的思想：它是通过相邻记录之间的比较和交换使关键字值较小的记录逐渐从底部移向顶部，即从下标较大的单元向下标较小的单元移动，就像气泡从水中不断往上冒，从而形成有序序列。

（5）直接选择排序的思想：它每次从待排序的记录序列中选取关键字最小的记录，把它同当前记录序列中的第一个记录交换位置，从而形成有序序列。

# 习 题

## 一、选择题

1. 对 n 个不同的记录按排序码值从小到大次序重新排列，用冒泡（起泡）排序方法，初始序列在（　　）情况下，与排序码值总比较次数最少，在（　　）情况下，与排序码值总比较次数最多；用直接插入排序方法，初始序列在（　　）情况下，与排序码值总比较次数最少，在（　　）情况下，与排序码值总比较次数最多；用快速排序方法在（　　）情况下，与排序码值总比较次数最少，在（　　）情况下与排序码值总比较次数最多。

A. 按排序码值从小到大排列　　B. 按排序码值从大到小排列
C. 随机排列（完全无序）　　D. 基本按排序码值升序排列

2. 用冒泡排序方法对 n 个记录按排序码值从小到大排序时，当初始序列是按排序码值从大到小排列时，与码值总比较次数是（　　）。

A. n−1　　B. n　　C. n+1　　D. n(n−1)/2

3. 下列排序方法中，与排序码值总比较次数与待排序记录的初始序列排列状态无关的是（　　）。

A. 直接插入排序　　B. 冒泡排序　　C. 快速排序　　D. 直接选择排序

4. 将 6 个不同的整数进行排序，至少需要比较（　　）次，至多需要比较（　　）次。

A. 5　　B. 6　　C.15　　D. 21

5. 若需要时间复杂度在 $O(n\log_2 n)$ 内，对整数数组进行排序，且要求排序方法是稳定的，则可选择的排序方法是（　　）。

A. 快速排序　　B. 归并排序　　C. 堆排序　　D. 直接插入排序

6. 当待排序的整数是有序序列时，采用（　　）方法比较好，其时间复杂度为 $O(n)$，而采用（　　）方法却正好相反，达到最坏情况下时间复杂度为 $O(n^2)$；无论待排序序列排列是否有序，采用（　　）方法的时间复杂度都是 $O(n^2)$。

A. 快速排序　　B. 冒泡排序　　C. 归并排序　　D. 直接选择排序

7. 堆是一种（　　）排序。

A. 插入　　B. 选择　　C. 交换　　D. 归并

8. 若一组记录的排序码值序列为{40，80，50，30，60，70}，利用堆排序方法进行排序，初建的大顶堆是（　　）。

A. 80，40，50，30，60，70　　B. 80，70，60，50，40，30
C. 80，70，50，40，30，60　　D. 80，60，70，30，40，50

9. 若一组记录的排序码值序列为{50，80，30，40，70，60}利用快速排序方法，以第一个记录为基准，得到一趟快速排序的结果为（　　）。

A. 30，40，50，60，70，80　　B. 40，30，50，80，70，60

C. 50，30，40，70，60，80　　D. 40，50，30，70，60，80

10. 下列几种排序方法中要求辅助空间最大的是（　　）。

A. 堆排序　　B. 直接选择排序　　C. 归并排序　　D. 快速排序

11. 已知A[m]中每个数组元素距其最终位置不远，采用下列（　　）排序方法最节省时间。

A. 直接插入　　B. 堆　　C. 快速　　D. 直接选择

12. 设有10 000个互不相等的无序整数，若仅要求找出其中前10个最大整数，最好采用（　　）排序方法。

A. 归并　　B. 堆　　C. 快速　　D. 直接选择

13. 在下列排序方法中不需要对排序码值进行比较就能进行排序的是（　　）。

A. 基数排序　　B. 快速排序　　C. 直接插入排序　　D. 堆排序

14. 给定排序码值序列为{F，B，J，C，E，A，I，D，C，H}，对其按字母的字典序列的次序进行排列，希尔(Shell)排序的第1趟(d1=5)结果应为（　　），冒泡排序(大数下沉)的第1趟排序结果应为（　　），快速排序的第1趟排序结果为（　　），二路归并排序的第1趟排序结果是（　　）。

A. {B，F，C，J，A，E，D，I，C，H}

B. {C，B，D，A，E，F，I，C，J，H}

C. {B，F，C，E，A，I，D，C，H，J}

D. {A，B，D，C，E，F，I，J，C，H}

## 二、填空题

1. 内部排序方法按排序采用的策略可划分为5类：______、______、______、______、______。

2. 快速排序平均情况下的时间复杂度为______，其最坏情况下的时间复杂度为______。

3. 当待排序的记录个数n很大时，应采用平均时间复杂度为______即______、______、______，在这些方法中当排序码值是随机分布时，采用______排序方法的平均时间复杂度最小。当希望排序方法是稳定时，应采用______排序方法，若只从节省空间考虑，最节省空间的是______方法。

4. 对一组整数{60，40，90，20，10，70，50，80}进行直接插入排序时，当把第7个整数50插入到有序表中时，为寻找插人位置需比较______次。

5. 从未排序序列中挑选最小（最大）元素，并将其依次放到已排序序列的一端，称为________排序。

6. 对 n 个记录进行归并排序，所需要的辅助存储空间是________，其平均时间复杂度是________，最坏情况下的时间复杂度是________。

7. 对 n 个记录进行冒泡排序，最坏情况下的时间复杂度是________。

8. 对 20 个记录进行归并排序时，共需进行________趟归并，在第 3 趟归并时是把最大长度为________的有序表两两归并为长度为________的有序表。

**三、应用题**

1. 举例说明本章介绍的排序方法中哪些是不稳定的。

2. 已知排序码值序列 {17，18，60，40，7，32，73，65，85}，请写出冒泡排序的每一趟的排序结果。

3. 对于排序码值序列 {10，18，14，13，16，12，11，9，15，8}，给出希尔排序（d1=5，d2=2，d3=1）的每一趟排序结果。

4. 判断下列序列是否为大顶堆？若不是，则把它们调整为大顶堆。

（1）{90，86，48，73，35，40，42，58，66，20}

（2）{12，70，34，66，24，56，50，90，86，36}

# 第 10 章 常用算法及其应用

为了掌握使用计算机解决问题的能力，本章介绍了常用算法及其应用实例。本章主要介绍常用算法的基本思想和实现方法，这些算法包括分治、动态规划、贪心、回溯和分支界定，以及它们的具体应用实例。通过这些实例，使读者加深对每一种算法设计策略的理解，对每一个算法所能解决的问题的特征、设计程序的基本步骤和算法设计模式有一个更加直观的认识。

## 10.1 分治算法

在计算机科学中，分治算法是一种很重要的算法，字面上的解释是“分而治之”。分治算法是很多高效算法的基础，如排序算法（快速排序、归并排序）、傅里叶变换（快速傅里叶变换）等。下面主要介绍分治算法的基本知识，然后给出分治算法的应用实例。

### 10.1.1 分治算法概述

分治算法的基本思想是把一个规模为 n 的问题划分为若干规模较小且与原问题相似的子问题，然后分别求解这些子问题，最后把各个子结果合并得到整个问题的解。分治算法能够解决的问题，一般具有以下特征：

（1）该问题的规模缩小到一定的程度就可以容易地解决；

（2）该问题可以分解为若干个规模较小的相同问题，即该问题具有最优子结构性质；

（3）利用该问题分解出的子问题的解可以合并为该问题的解；

（4）该问题所分解出的各个子问题是相互独立的，即子问题之间不包含公共的子问题 。

第一条特征是绝大多数问题都可以满足的，因为问题的计算复杂性一般是随着问题规模的增加而增加的；第二条特征是应用分治算法的前提 它也是大多数问题可以满足的，此特征反映了递归思想的应用；第三条特征是关键，能否利用分治算法完全取决于问题是否具有第三条特征 ，如果具备了第一条和第二条特征，而不具备第三条特征，则可以考虑用贪心算法或动态规划算法。第四条特征涉及分治算法的效率，如果各子问题是不独立的则分治算法要做许多不必要的工作，重复地解公共的子问题，此时虽然可用分治算法，但一般用动态规划算法较好 。

## 10.1.2　分治算法的基本步骤

### 1. 分治算法的设计步骤

采用分治算法设计包括如下 3 个步骤：

（1）分解：将原问题分解为若干个规模较小，相互独立，与原问题形式相同的子问题；

（2）解决：若子问题规模较小而容易被解决则直接解，否则递归地解各个子问题

（3）合并：将各个子问题的解合并为原问题的解。

在分治算法中，由于子问题与原问题在结构和解法是相同或相似的，所以分治算法大多采用递归的形式。不过在有些情况下，分治算法也可以不采用递归算法，而且这种非递归算法的程序会比递归算法具有更快的计算速度和更低的辅助空间要求。

### 2. 分治算法的程序设计模式

分治算法的程序设计模式一般如下：

```
Divide-and-Conquer(P) {
    if (Small(P)) return S(P);
    else{
        // 将问题 P 分解为较小的子问题 P1 ,P2 ,...,Pk(k>=1)
      for (i=1; i<= k; i++)
      yi = Divide-and-Conquer(Pi);
      T = MERGE(y1,y2,...,yk) ;
      return( T )
    }
}
```

其中 |P| 表示问题 P 的规模；$n_0$ 为一阈值，表示当问题 P 的规模不超过 $n_0$ 时，问题已容易直接解出，不必再继续分解。ADHOC(P) 是该分治算法中的基本子算法，用于直接解小规模的问题 P。因此，当 P 的规模不超过 $n_0$ 时直接用算法 ADHOC(P) 求解。算法 MERGE($y_1,y_2,\cdots,y_k$) 是该分治算法中的合并子算法，用于将 P 的子问题 $P_1,P_2,\cdots,P_k$ 的相应的解 $y_1,y_2,\cdots,y_k$ 合并为 P 的解。

## 10.1.3　分治算法应用实例

例　求 x 的 n 次幂。

问题分析：求解 $x^n$，当 n 为奇数时 $x^n = x * x^{n/2} * x^{n/2}$；当 n 为奇数时 $x^n = x^{n/2} * x^{n/2}$。

代码实现如下：

```
#include "stdio.h"
#include "stdlib.h"
int power(int x, int n) {
    int result;
    if(n == 1)
        return x;
    if( n % 2 == 0)
        result = power(x, n/2) * power(x, n / 2);
    else
        result = power(x, (n+1) / 2) * power(x, (n-1) / 2);
    return result;
}
int main( ) {
    int x = 5;
    int n = 3;
    printf("power(%d,%d) = %d \n",x, n, power(x, n));
    return 0;
}
```

## 10.2 动态规划算法

动态规划算法是美国数学家 Richard Bellman 在 20 世纪 50 年代提出的一种求多阶段策略问题最优解的算法设计方法。动态规划过程是：每次决策依赖于当前状态，又随即引起状态的转移。一个决策序列就是在变化的状态中产生出来的，所以，这种多阶段最优化决策解决问题的过程就称为动态规划。

### 10.2.1 动态规划算法概述

基本思想与分治算法类似，也是将待求解的问题分解为若干个子问题（阶段），按顺序求解子阶段，前一子问题的解，为后一子问题的求解提供了有用的信息。在求解任一子问题时，列出各种可能的局部解，通过决策保留那些有可能达到最优的局部解，丢弃其他局部解。依次解决各子问题，最后一个子问题就是初始问题的解。由于动态规划解决的问题多数有重叠子问题这个特点，为减少重复计算，对每一个子问题只解一次，将其不同阶段的不同状态保存在一个二维数组中。与分治算法最大的差别是：适合于用动态规划法求解的问题，经分解后得到的子问题往往不是互相独立的（即下一个子阶段的求解是建立在上一个子阶段的解的基础上，进行进一步的求解）。

能采用动态规划求解的问题一般要具有 3 个性质：

● 最优化原理：如果问题的最优解所包含的子问题的解也是最优的，就称该问题具有最优子结构，即满足最优化原理。

● 无后效性：即某阶段状态一旦确定，就不受这个状态以后决策的影响。也就是说，某状态以后的过程不会影响以前的状态，只与当前状态有关。

● 有重叠子问题：即子问题之间是不独立的，一个子问题在下一阶段决策中可能被多次使用到。（ 该性质并不是动态规划适用的必要条件，但是如果没有这条性质，动态规划算法同其他算法相比就不具备优势 ）

## 10.2.2　动态规划算法的基本步骤

### 1. 动态规划算法的设计步骤

动态规划所处理的问题是一个多阶段决策问题，一般由初始状态开始，通过对中间阶段决策的选择，达到结束状态。这些决策形成了一个决策序列，同时确定了完成整个过程的一条活动路线(通常是求最优的活动路线)，如图 10.1 所示。动态规划的设计都有着一定的模式，一般要经历以下几个步骤。

初始状态→│决策 1 │→│决策 2 │→…→│决策 n │→结束状态

图 10.1　动态规划决策过程示意图

（1）划分阶段：按照问题的时间或空间特征，把问题分为若干个阶段。在划分阶段时，注意划分后的阶段一定要是有序的或者是可排序的，否则问题就无法求解。

（2）确定状态和状态变量：将问题发展到各个阶段时所处于的各种客观情况用不同的状态表示出来。当然，状态的选择要满足无后效性。

（3）确定决策并写出状态转移方程：因为决策和状态转移有着天然的联系，状态转移就是根据上一阶段的状态和决策来导出本阶段的状态。所以如果确定了决策，状态转移方程也就可写出。但事实上常常是反过来做，根据相邻两个阶段的状态之间的关系来确定决策方法和状态转移方程。

（4）寻找边界条件：给出的状态转移方程是一个递推式，需要一个递推的终止条件或边界条件。

一般只要解决问题的阶段、状态和状态转移决策确定了，就可以写出状态转移方程（包括边界条件）。

实际应用中可以按以下几个简化的步骤进行设计：

（1）分析最优解的性质，并刻画其结构特征。

（2）递归的定义最优解。

（3）以自底向上或自顶向下的记忆化方式（备忘录法）计算出最优值。

（4）根据计算最优值时得到的信息，构造问题的最优解。

**2. 动态规划算法的程序设计模式**

动态规划算法的程序设计模式一般如下：

```
DynamicProgramming(n, S, D) {
    initialize f_{n+1}(S_{n+1});              // 初始化边界条件（第 n 个阶段）
    for(int k=n; k>=1; k--){  // 第 k 阶段
            for( each s_k ∈ S_k){            // 第 k 阶段的每个状态
                    f_k (s_k ) = ∞ ( or- ∞ );
                    for( each u_k ( s_k ) ∈ D_k ( s_k ) ); // 可以到达 s_k 状态的每个决策 u_k ( s_k )
                    s_k+1 = T_k(s_k, u_k);// 状态 s_k 经过决策 u_k 后到达 s_{k+1}
                    t = g( f_{k+1}(s_{k+1} ), u_k); // s_{k-1} 经过决策 u_k 后到达 s_k 产生的费用（价值）
                    if(t is better than f_k (s_k )){
                            f_k (s_k ) = t;
                    }
            }
    }
}
```

## 10.2.3 动态规划算法应用实例

【例】0–1 背包问题。

问题描述：给定N中物品和一个背包。物品i的重量是$W_i$，其价值为$V_i$，背包的容量为C。问应该如何选择装入背包的物品，使得转入背包的物品的总价值为最大。在选择物品的时候，对每种物品 i 只有两种选择，即装入背包或不装入背包。不能讲物品 i 装入多次，也不能只装入物品的一部分。因此，该问题被称为 0–1 背包问题。

问题分析：令 V(i,j) 表示在前 i(1<=i<=n) 个物品中能够装入容量为 j(1<=j<=C) 的背包中的物品的最大价值，则可以得到如下的动态规划函数：

（1） $V(i,0)=V(0,j)=0$

（2） $V(i,j)=V(i-1,j) \quad j<W_i$

$V(i,j)=\max\{V(i-1,j), V(i-1,j-W_i)+V_i\} \quad j>W_i$

（1）式表明：如果第 i 个物品的重量大于背包的容量，则装入前 i 个物品得到的最大价值和装入前 i-1 个物品得到的最大价值是相同的，即物品 i 不能装入背包；（2）式表明：如果第 i 个物品的重量小于背包的容量，则会有以下两种情况：①如果把第 i 个物品装入背包，则背包物品的价值等于第 i-1 个物品装入容量位 $j-W_i$ 的背包中的价值加上第 i 个物品的价值 $V_i$；②如果第 i 个物品没有装入背包，则背包中物品价值就等于把前 i-1 个物品装入容量为 j 的背包中所取得的价值。显然，取二者中价值最大的作为把前 i 个物品装入容量为 j 的背包中的最优解。

参考代码如下：

```
#include<stdio.h>
int V[200][200];// 前 i 个物品装入容量为 j 的背包中获得的最大价值
int max(int a,int b) {
  if(a>=b)
    return a;
  else return b;
}
int KnapSack(int n,int w[ ],int v[ ],int x[ ],int C)
{
  int i,j;
  for(i=0;i<=n;i++)
    V[i][0]=0;
  for(j=0;j<=C;j++)
    V[0][j]=0;
  for(i=0;i<=n-1;i++)
    for(j=0;j<=C;j++)
      if(j<w[i])
        V[i][j]=V[i-1][j];
      else
        V[i][j]=max(V[i-1][j],V[i-1][j-w[i]]+v[i]);
  j=C;
  for(i=n-1;i>=0;i--)
```

```
            {
                if(V[i][j]>V[i-1][j])
                {
                x[i]=1;
                j=j-w[i];
                }
            else
                x[i]=0;
            }
            printf(" 选中的物品是 :\n");
            for(i=0;i<n;i++)
                printf("%d ",x[i]);
            printf("\n");
        return V[n-1][C];
    }

    int main( )
    {
        int s;// 获得的最大价值
        int w[15];// 物品的重量
        int v[15];// 物品的价值
        int x[15];// 物品的选取状态
        int n,i;
        int C;// 背包最大容量
        n=5;
        printf(" 请输入背包的最大容量 :\n");
        scanf("%d",&C);
        printf(" 输入物品数 :\n");
        scanf("%d",&n);
        printf(" 请分别输入物品的重量 :\n");
        for(i=0;i<n;i++)
            scanf("%d",&w[i]);
        printf(" 请分别输入物品的价值 :\n");
        for(i=0;i<n;i++)
            scanf("%d",&v[i]);
```

```
    s=KnapSack(n,w,v,x,C);
    printf(" 最大物品价值为 :\n");
    printf("%d\n",s);
    return 0;
}
```

## 10.3　贪心算法

贪心算法是比较容易的算法设计策略，虽然它看上去既直观又简单，但是它广泛应用于很多问题的求解，如哈夫曼编码、最小生成树、最短路径问题等。下面主要介绍贪心算法的基本知识，然后给出贪心算法的应用实例。

### 10.3.1　贪心算法概述

在讨论贪心算法之前，先说两个基本的概念：最优化问题和最优化原理。

（1）最优化问题是在满足一定的限制条件下，对于一个给定的优化函数，寻找一组参数值，使得函数值最大或最小。每个最优化问题都包含一组限制条件和一个优化函数，符合限制条件的求解方案称为可行解，使优化函数取得最大( 小 )值的可行性解称为最优解。

（2）最优化原理的数学语言描述为：假设为了解决某一优化问题，需要依次做出 n 个决策 $D_1$，$D_2$，…，$D_n$，如果这个决策序列是最优的，对于任何一个整数 k，$1 < k < n$，不论前面 k 个决策是怎样的，以后的最优决策只取决于由前面决策所确定的当前状态，即以后的决策 $D_{k+1}$，$D_{k+2}$，…，$D_n$ 也是最优的。

所谓贪心算法是指在对问题求解时，总是做出在当前看来是最好的选择。也就是说，不从整体最优上加以考虑，他所做出的仅是在某种意义上的局部最优解。贪心算法没有固定的算法框架，算法设计的关键是贪心策略的选择。必须注意的是，贪心算法不是对所有问题都能得到整体最优解，选择的贪心策略必须具备无后效性，即某个状态以后的过程不会影响以前的状态，只与当前状态有关。所以对所采用的贪心策略一定要仔细分析其是否满足无后效性。

使用贪心算法解决的问题一般具有以下两个重要的性质：

（1）最优子结构性。当一个问题的最优解包含其子结构的最优解时，称此问题具有最优子结构性质，也称此问题满足最优化原理。问题的最优子结构性质是该问题可以用贪心算法或者动态规划算法求解的关键特征。

（2）贪心选择性。若一个问题的全局最优解可以通过一系列局部最优的选择，即贪心选择来获得，则称该问题具有贪心选择性。该性质是选择贪心算法的主要依据，而不是动态规划选择的主要依据。在动态规划算法中，每步做出的选择往往依赖于相关子问题的解，因而只有在求出相关子问题的解后，才能做出选择。而贪心算法仅在当前状态下做出最好选择，即局部最优选择，然后再去求解做出这个选择后产生的相应子问题的解。由于这种差别，动态规划算法通常以自底向上的方式求解各个子问题，而贪心算法则通常以自顶向下的方式做出一系列的贪心选择，每做一次贪心选择就将问题简化为规模更小的子问题。

### 10.3.2 贪心算法的基本步骤

**1. 贪心算法的设计步骤**

贪心算法的设计步骤一般分为 4 步：

（1）建立数学模型来描述问题。

（2）把求解的问题分成若干个子问题。

（3）对每一子问题求解，得到子问题的局部最优解。

（4）把子问题的解局部最优解合成原来解问题的一个完整解。

**2. 贪心算法的程序设计模式**

贪心算法的程序设计模式一般如下：

```
Greedy(C)                               //C 问题是输入集合，即候选集合
{
    S = {};                             // 初始解集合为空集
    while(not Solution(S))              // 集合 S 没有构成问题的一个解
    {
        x = Select(C);                  // 在候选集合 C 中做贪心选择
        if Feasible( S, x )             // 判断集合 S 中加入 x 后的解是否可行
        {
            S = S + { x };
            C = C - { x };
        }
    }
    return S;
}
```

其中 C 是候选集合，问题的最终解均来自候选集合 C；S 是解集合，根据贪心选择扩展解集合 S，直到构成问题的完整解；Solution( ) 是一个布尔值函数，检查解集合是否构成问题的完整解；Select( ) 贪心选择函数，它选择最有希望构成问题解的候选对象，选择函数通常基于某个目标函数；Feasible( ) 是一个布尔值函数，检查解集合加入一个候选对象是否可行，即解集合扩展后是否满足约束条件。

### 10.3.3　贪心算法应用实例

【例】寻找最大数。

问题描述：给出一个整数 N，每次可以移动 2 个相邻数位上的数字，最多移动 K 次，得到一个新的整数。求这个新整数的最大值是多少？输入：多组测试数据，每组测试数据占一行，每行有两个数 N 和 K ($1 \leqslant N \leqslant 10^{18}$; $0 \leqslant K \leqslant 100$)。输出：每组测试数据的输出占一行，输出移动后得到的新整数的最大值。

分析：已知 k 是交换次数，则可以从 i=0、1、2…开始依次查找 k 范围内的最大值，并与前一个依次交换。

代码实现如下：

```
#include<stdio.h>
#include <string.h>
int main( )
{
    char s[20],maxc,c;
    int k;
    while(scanf("%s%d",s,&k)!=EOF)
    {
            int t,flag;
            int len=strlen(s);
            for(int i=0;i<len&&k!=0;i++)
            {
            maxc=s[i];flag=0;
            // 每次从 i+1 开始往后查找比 s[i] 大的值
            for(int j=i+1;j<=i+k&&j<len;j++)
                    if(maxc<s[j])
                    {
                            maxc=s[j];
                            t=j;// 记录最大值的下标
                            flag=1;// 若执行此 if 条件则标记
                            }// 若条件成立，则说明在查找范围内有比 s[i] 大的
                            if(flag==1)
                            {
                                    for(int l=t;l>i;l--)
                                    {// 从查找的最大值开始往前依次交换到 i
```

```
                    c=s[l];
                    s[l]=s[l-1];
                    s[l-1]=c;
                }
                k=k-(t-i);// 更新 k 的剩余次数（以上交换已用掉 t-i 次）
            }
        }
        printf("%s\n",s);
    }
    return 0;
}
```

## 10.4 回溯算法

最早在 20 世纪 50 年代由 D. H. Lehmer 提出“回溯”这个术语。1960 年，R. J. Walker 给出了回溯算法的描述。后来，S. Golomb 和 L. Baumert 给出回溯策略的基本描述以及各种应用。下面主要介绍回溯算法的基本指导，并给出其应用实例。

### 10.4.1 回溯算法概述

回溯算法实际上是一个类似枚举的搜索尝试过程，主要是在搜索尝试过程中寻找问题的解，当发现已不满足求解条件时，就“回溯”返回，尝试别的路径。回溯法是一种选优搜索法，按选优条件向前搜索，以达到目标。但当探索到某一步时，发现原先选择并不优或达不到目标，就退回一步重新选择，这种走不通就退回再走的技术为回溯法，而满足回溯条件的某个状态的点称为“回溯点”。许多复杂的、规模较大的问题都可以使用回溯法，有“通用解题方法”的美称。

在包含问题的所有解的解空间树中，按照深度优先搜索的策略，从根结点出发深度探索解空间树。当探索到某一结点时，要先判断该结点是否包含问题的解，如果包含，就从该结点出发继续探索下去，如果该结点不包含问题的解，则逐层向其祖先结点回溯。（其实回溯法就是对隐式图的深度优先搜索算法）。若用回溯法求问题的所有解时，要回溯到根，且根结点的所有可行的子树都要已被搜索遍才结束。而若使用回溯法求任一个解时，只要搜索到问题的一个解就可以结束。

## 10.4.2　回溯算法的基本步骤及程序模式

### 1. 回溯算法的设计步骤

回溯算法设计一般分为 3 步：

（1）针对所给问题，确定问题的解空间：首先应明确定义问题的解空间，问题的解空间应至少包含问题的一个（最优）解。

（2）确定结点的扩展搜索规则。

（3）以深度优先方式搜索解空间，并在搜索过程中用剪枝函数避免无效搜索。

### 2. 回溯算法的程序设计模式

回溯算法的程序实现方法可以分为递归和迭代两种。

设 $(X_1, X_2, \cdots, X_i)$ 为根结点到解空间树中的任一结点的路径；$S(X_1, X_2, \cdots, X_i)$ 表示 $X_{i+1}$ 所有可能值的集合，且满足 $(X_1, X_2, \cdots, X_i, X_{i+1})$ 是解空间树的一条路径；$B(X_1, X_2, \cdots, X_i)$ 是一个布尔型的界限函数，表示路径 $(X_1, X_2, \cdots, X_i)$ 是否可以扩展得到解结点；$T(X_1, X_2, \cdots, X_i)$ 是一个布尔型的判断函数，表示 $(X_1, X_2, \cdots, X_i)$ 是通过答案结点的路径；$U(X_i)$ 也是布尔型的函数，其为真表示结点 $X_i$ 没有被搜索过。

递归回溯算法的程序模式如下：

```
BackTrackRecursion(int t)
{
    for(X[t] ∈ S(X[1], X[2],..., X[t - 1])){
            if(B(X[1], X[2],..., X[t]) && U(X[t])){
                    if(T(X[1], X[2],..., X[t])){
                            output(X[1], X[2],..., X[t]);
                    }
                    if(k < n) BackTrackRecursion(t + 1);
            }
    }
}
```

迭代回溯算法的程序模式如下：

```
BackTrackIteration( ){
    int k = 1;
    while(k > 0){
            if(X[t] ∈ S(X[1], X[2],..., X[t - 1]) && B(X[1], X[2],..., X[t]) && U(X[t])){
                    if(T(X[1], X[2],..., X[t])){
                            output(X[1], X[2],..., X[t]);
```

```
                }
                k ++;
        }else{
                k --;
        }
    }
}
```

### 10.4.3 回溯算法应用实例

【例】素数环。

问题描述：有一个整数 n，把从 1 到 n 的数字无重复的排列成环，且使每相邻两个数(包括首尾)的和都为素数，称为素数环。为了简便起见，我们规定每个素数环都从 1 开始。例如，图 10.2 就是 6 的一个素数环。

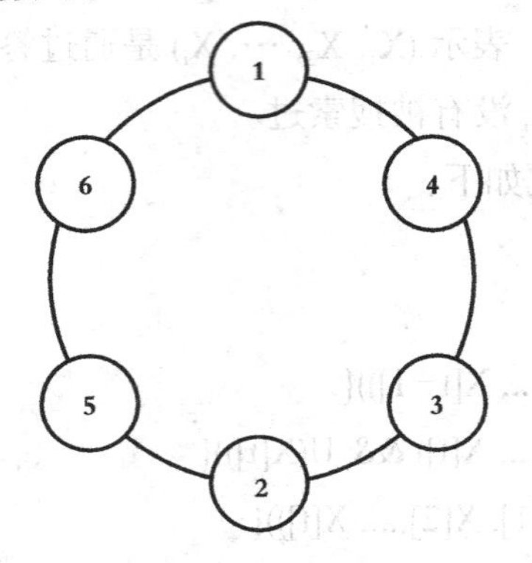


图 10.2 素数环

问题分析：每个环都从 1 开始，先将数组 a[0] 赋值 1；每选定前一个素数，后一个位置就少一个可选择项，由此可用一个数组来标记状态；后一个选定值总和前一个选定值关联，由此可用回溯法(深度优先遍历的方式遍历解答树)。

代码实现如下：

```
#include <stdio.h>
#include <string.h>
int n,ac[21]={1};
bool in[21];
bool is_prime(int x)
{
    for(int i=2;i*i<=x;i++)
        if(x%i==0)
```

```
                return false;
        return true;
    }
    void dfs(int cur)
    {
        if(cur == n-1)
        {
            if(is_prime(ac[cur]+1))
            {
                printf("1");
                for(int i=1;i<n;i++)
                    printf(" %d",ac[i]);
                printf("\n");
            }
            return ;
        }
        for(int i=2;i<=n;i++)
        {
            if(!in[i] && is_prime(i+ac[cur]))
            {
                in[i]=1;
                ac[cur+1]=i;
                dfs(cur+1);
                in[i]=0;
            }
        }
    }
    int main( )
    {
        int ncase=0;
        while(scanf("%d",&n),n)
        {
            printf("Case %d:\n",++ncase);
            memset(in,0,sizeof(in));
```

```
        if(n%2==0 || n==1)
            dfs(0);
        else
            printf("No Answer\n");
    }
    return 0;
}
```

## 10.5 分支界限算法

20世纪60年代由Richard Manning Karp提出了分支界限算法，成功求解了含有65个城市的旅行商问题。后来，分支界限算法被用于解决各种各样的优化问题，如背包问题、作业调度问题等。下面主要介绍分支界限算法的基本知识，并给出分支界限算法的应用实例。

### 10.5.1 分支界限算法概述

分支限界算法按广度优先策略搜索问题的解空间树，在搜索过程中，对待处理的结点根据限界函数估算目标函数的可能取值，从中选取使目标函数取得极值（极大或极小）的结点优先进行广度优先搜索，从而不断调整搜索方向，尽快找到问题的解。因为限界函数常常基于问题的目标函数而确定，所以，分支限界算法适用于求解最优化问题。分支界限法包括两个基本操作：

（1）分支：把全部可行的解空间不断分割为越来越小的子集。

（2）界限：即某阶段状态一旦确定，就不受这个状态以后决策的影响。也就是说，某状态以后的过程不会影响以前的状态，只与当前状态有关。

分支限界算法常以广度优先或以最小耗费（最大效益）优先的方式搜索问题的解空间树。在分支限界算法中，每一个活结点只有一次机会成为扩展结点。活结点一旦成为扩展结点，就一次性产生其所有子结点。在这些子结点中，导致不可行解或导致非最优解的子结点被舍弃，其余子结点被加入活结点表中。此后，从活结点表中取下一结点成为当前扩展结点，并重复上述结点扩展过程。这个过程一直持续到找到所需的解或活结点表为空时为止。

分支界限法与回溯法的共同点是需要把问题表示成解空间树，然后在树中搜索问题的解。分支界限法与回溯法的不同点有以下两个：

（1）求解目标：回溯法的求解目标是找出解空间树中满足约束条件的所有解，而分支限界算法的求解目标则是找出满足约束条件的一个解，或是在满足约束条件的解中找出在某种意义下的最优解。

（2）搜索方式的不同：回溯法以深度优先的方式搜索解空间树，而分支限界算法则以广度优先或以最小耗费优先的方式搜索解空间树。

## 10.5.2　分支界限算法的基本步骤

### 1. 分支界限算法的设计步骤

分支界限算法设计一般分为以下 5 步：

（1）建立数学模型描述问题。

（2）定义问题的解空间，它包含问题的所有可能解。

（3）把问题的解组织成树结构。

（4）以广度优先或最小成本的方式搜索树结构的解空间，并在搜索的过程中计算当前最优解的值和每个分支出来的结点的边界值。

（5）输出问题的解。如果需要，构造问题的解。

### 2. 分支界限算法的程序设计模式

分支界限算法的程序设计模式与回溯法类似。

## 10.5.3　分支界限算法应用实例

【例】三个水杯。

问题描述：给出三个水杯，大小不一，并且只有最大的水杯的水是装满的，其余两个为空杯子。三个水杯之间相互倒水，并且水杯没有标识，只能根据给出的水杯体积来计算。现在要求你写出一个程序，使其输出使初始状态到达目标状态的最少次数。

问题分析：三个水杯相互倒水，一共有 6 种情况，如图 10.2 所示。利用广搜（队列）逐个入队，并且将倒水的次数累加，如果有符合最终状态直接输出对应的次数，否则出队继续寻找，直到队列为空，如果还没有找到，返回 –1，表示达不到目标状态。

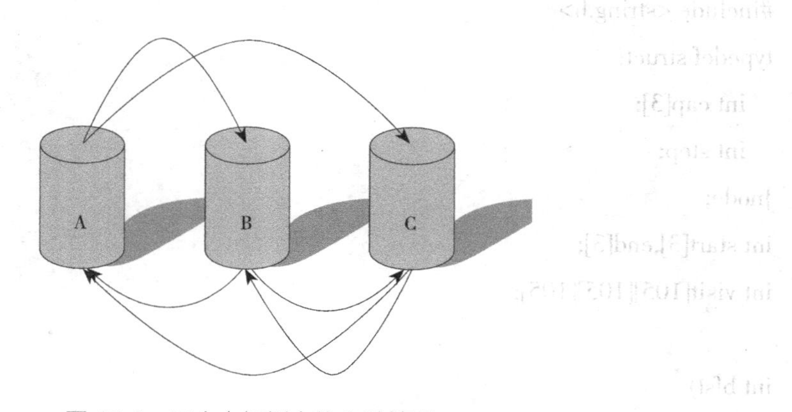


图 10.3　三个水杯倒水的 6 种情况

对于每一次倒水都会引起三个水杯水量状态的改变，这样就可以得到如下的一个解空间树，如图 10.4 所示。

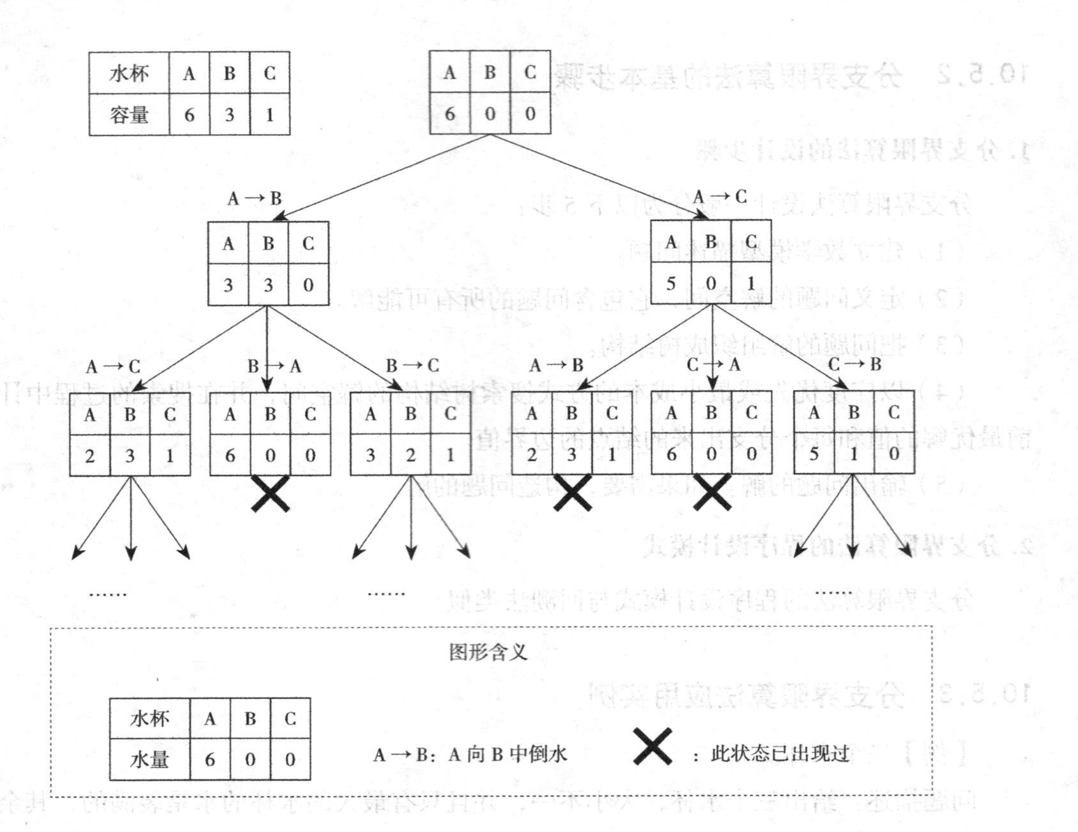


图 10.4　三个水杯问题的解空间树

代码实现如下：

```
#include <stdio.h>
#include <stdlib.h>
#include <string.h>
typedef struct{
   int cap[3];
   int step;
}node;
int start[3],end[3];
int visit[105][105][105];

int bfs()
{
```

```
int i,j;
if(end[0] == start[0] && end[1] == 0 && end[2] == 0)
   return 0;
memset(visit,0,sizeof(visit));// 置零用于标记未访问过
int front=0,rear=0;
node queue[300];
queue[rear].cap[0] = start[0];
queue[rear].cap[1] = 0;
queue[rear].cap[2] = 0;// 入队
queue[rear].step = 0;
visit[queue[rear].cap[0]][0][0] = 1;// 标记已访问
rear++;// 队尾自增 1，指向队尾
while(front!=rear)// 判断队列是否为空
{
  for(i=0;i<3;i++)// 一共有 6 种情况
  {
    for(j=0;j<3;j++)
    {
      if(i == j)
          continue; // 不能往同一个杯子倒
      if(queue[front].cap[i]>0 && queue[front].cap[j] < start[j])// 是否有水
      {
          int temp = ((start[j] - queue[front].cap[j]) <
          queue[front].cap[i])?(start[j] -
          queue[front].cap[j]):queue[front].cap[i];// 取小值倒入
          queue[rear].cap[j] = queue[front].cap[j] + temp;// 倒入增加的水
          queue[rear].cap[i] = queue[front].cap[i] - temp;// 倒出减去的水
          queue[rear].cap[3-i-j] = queue[front].cap[3-i-j];// 第三只杯子不变
          if(!visit[queue[rear].cap[0]][queue[rear].cap[1]][queue[rear].cap[2]])
          // 是否访问过
          {
            visit[queue[rear].cap[0]][queue[rear].cap[1]][queue[rear].cap[2]] = 1;
// 标记已访问
          // 在上次的基础上增加一次
```

```
                queue[rear].step = queue[front].step + 1;
                // 判断如果符合直接返回计数值即可
                if(queue[rear].cap[0] == end[0] && queue[rear].cap[1] ==
end[1] && (queue[rear].cap[2]) == end[2])
                        return queue[rear].step;
                    rear++;// 入队
                }
            }
        }
    }
    front++;// 出队
  }
  return -1;// 没有符合返回 -1
}
int main( )
{
    int n;
    scanf("%d",&n);
    while(n--)
    {
    scanf("%d%d%d%d%d%d",&start[0],&start[1],&start[2],&end[0],&end[1],&end[2]);
        if(start[0] < end[0]+end[1]+end[2])
            printf("-1\n");
        else
            printf("%d\n",bfs( ));
    }
    return 0;
}
```

## 本章小结

本章主要讲解了常用的 5 种算法思想，以及算法的应用。通过本章的学习，应掌握的重点内容包括如下几点：

（1）分治算法的基本思想是把一个规模为 n 的问题划分为若干规模较小且与原问题

相似的子问题，然后分别求解这些子问题，最后把各个子结果合并得到整个问题的解。

（2）动态规划算法基本思想与分治算法类似，也是将待求解的问题分解为若干个子问题（阶段），按顺序求解子阶段，前一子问题的解，为后一子问题的求解提供了有用的信息。在求解任一子问题时，列出各种可能的局部解，通过决策保留那些有可能达到最优的局部解，丢弃其他局部解。依次解决各子问题，最后一个子问题就是初始问题的解。

（3）贪心算法不是对所有问题都能得到整体最优解，选择的贪心策略必须具备无后效性，即某个状态以后的过程不会影响以前的状态，只与当前状态有关。所以对所采用的贪心策略一定要仔细分析其是否满足无后效性。

（4）回溯法是一种选优搜索法，按选优条件向前搜索，以达到目标。但当探索到某一步时，发现原先选择并不优或达不到目标，就退回一步重新选择，这种走不通就退回再走的技术为回溯法，而满足回溯条件的某个状态的点称为“回溯点”。

分支限界算法常以广度优先或以最小耗费（最大效益）优先的方式搜索问题的解空间树。在分支限界算法中，每一个活结点只有一次机会成为扩展结点。活结点一旦成为扩展结点，就一次性产生其所有子结点。在这些子结点中，导致不可行解或导致非最优解的子结点被舍弃，其余子结点被加入活结点表中。此后，从活结点表中取下一结点成为当前扩展结点，并重复上述结点扩展过程。这个过程一直持续到找到所需的解或活结点表为空时为止。

## 习　题

**上机题**

1. Tony 有 n 个苹果，要将它放入容量为 v 的背包。给出第 i 个苹果的大小和价钱，求出能放入背包的苹果的总价钱最大值。

2. 所谓回文字符串，就是一个字符串，从左到右读和从右到左读是完全一样的，比如“aba”。现在要求给你一个字符串，可在任意位置添加字符，最少再添加几个字符，可以使这个字符串成为回文字符串。

3. 旅行商 TSP（Traveling Salesman Problem）问题是指旅行家要旅行 n 个城市，要求各个城市经历且仅经历一次然后回到出发城市，并要求所走的路程最短。

# 附录A 应用实践

计算机专业某一方向的课程设置如附图 A.1 所示，在此表基础上，应用本书所学的数据结构知识及相关算法，通过 C 程序设计，完成对应的应用实践训练。

| 课程编号 | 课程名称 | 课程权重 |
| --- | --- | --- |
| 1 | 程序设计 | 9 |
| 2 | 离散数学 | 2 |
| 3 | 数据结构 | 8 |
| 4 | 汇编语言 | 1 |
| 5 | 计算机算法 | 7 |
| 6 | 微机原理 | 3 |
| 7 | 编译原理 | 4 |
| 8 | 操作系统 | 6 |
| 9 | 高等数学 | 5 |
| 10 | 线性代数 | 5 |

附图 A.1 计算机专业的课程设置

## 实践 1 顺序表的建立和基本算法

### 1. 实践目的

（1）掌握顺序表插入思想的应用。

（2）掌握顺序表删除思想的应用。

（3）掌握顺序表查找思想的应用。

### 2. 实践要求

（1）建立附图 A.1 所示课程信息的顺序表：分别按课程编号 1、8、10、5、2、7、9、3、6、4 的顺序，应用插入算法按附图 A.1 顺序插入对应的位置，并显示输出顺序表信息。

（2）应用删除算法，依次删除第 7 个和第 10 个元素，并显示输出删除后的顺序表。

（3）应用查找算法，依次查找课程“编译原理”和“线性代数”，并显示输出查找结果。

## 实践2 单链表的建立和基本算法

### 1. 实践目的

（1）掌握单链表插入思想的应用。

（2）掌握单链表删除思想的应用。

（3）掌握单链表查找思想的应用。

### 2. 实践要求

（1）建立附图A.1所示课程信息的带头结点的单链表：分别按课程编号1、8、10、5、2、7、9、3、6、4的顺序，应用插入算法按附图A.1顺序插入对应的位置，并显示输出单链表。

（2）应用删除算法，依次删除第7个和第10个元素，并显示输出删除后的单链表。

（3）应用查找算法，依次查找课程“编译原理”和“线性代数”，并显示输出查找结果。

### 3. 拓展训练

应用双向链表和循环链表实现实践要求。

## 实践3 顺序栈的建立和基本算法

### 1. 实践目的

（1）掌握顺序栈入栈思想的应用。

（2）掌握顺序栈出栈思想的应用。

### 2. 实践要求

（1）建立附图A.1所示课程信息的顺序栈：分别按课程编号1、8、10、5、2的顺序，应用入栈算法建立顺序栈，同时显示输出入栈结点信息。

（2）应用出栈和入栈算法，依次弹出2个元素，压入编号为7、9的课程，再弹出1个元素，再压入编号为3、6、4的课程，同时显示输出出入栈各结点信息，并显示输出栈中各结点信息。

### 3. 拓展训练

应用链栈实现实践要求。

## 实践4 顺序循环队列的建立和基本算法

### 1. 实践目的

（1）掌握顺序循环队列入队列思想的应用。

（2）掌握顺序循环队列出队列思想的应用。

**2. 实践要求**

（1）建立附图 A.1 所示课程信息的顺序循环队列：分别按课程编号 1、8、10、5、2 的顺序，应用入队列算法建立顺序循环队列，同时显示输出入队列结点信息。

（2）应用出队列和入队列算法，依次出队列 2 个元素，编号为 7、9 的课程入队列，再出队列 1 个元素，编号为 3、6、4 的课程再入队列，并显示输出队列中各结点信息。

**3. 拓展训练**

应用链队列实现实践要求。

# 实践 5　线性表查找

**1. 实践目的**

（1）掌握顺序查找思想的应用。

（2）掌握二分查找思想的应用。

**2. 实践要求**

（1）对附图 A.1 所示课程信息表，用直接查找算法，查找“数据结构”和“现代物理”，并显示输出查找结果。

（2）对附图 A.1 所示课程信息表，用二分查找算法，查找课程编号为 6 和 13 的元素，并显示输出查找结果。（二分查找算法要求待查序列有序）

**3. 拓展训练**

应用索引查找和树表查找算法实现实践要求。

# 实践 6　内排序

**1. 实践目的**

（1）掌握直接插入排序思想的应用。

（2）掌握二分插入排序思想的应用。

（3）掌握冒泡排序思想的应用。

（4）掌握直接选择排序思想的应用。

**2. 实践要求**

（1）对附图 A.1 所示课程信息，用直接插入排序算法，按课程权重值进行升序排序，并显示输出排序结果。

（2）对附图 A.1 所示课程信息，用二分插入排序算法，按课程权重值进行升序排序，并显示输出排序结果。

（3）对附图 A.1 所示课程信息，用冒泡排序算法，按课程权重值进行升序排序，并显示输出排序结果。

（4）对附图 A.1 所示课程信息，用直接选择排序算法，按课程权重值进行升序排序，并显示输出排序结果。

**3. 拓展训练**

应用希尔排序和堆排序算法实现实践要求。

# 附录 B　应用实践参考代码

课程类为公共结构体，各实践都要用到，在编译各实践代码前，需要加上课程结构体代码，具体代码如下。

```
struct  Course{
    int code;          // 课程编号
    char * name;       // 课程名称
    int weight;        // 课程权重
};
```

## 实践 1　顺序表的建立和基本算法

```
#include <stdio.h>
#include <stdlib.h>
#include <string.h>

// 定义课程结构体
struct  Course{
    int code;// 课程编号
    char *name;// 课程名称
    int weight;// 课程权重
};

struct Course *data;//data 为存放课程数据的数组
int length;// 表长度
int curlen=0;// 实际表长

// 初始化顺序表
void initList( ){
    length=30;
```

```
    curlen=0;
    data=(struct Course *)malloc(sizeof(struct Course)*length);
}

//按课程编号有序插入新数据元素 crs
int insertCourse(struct Course crs){
    int i=0;int n;
    if (curlen >= length)
            return 0;
    for(;i<curlen;i++){
            if (data[i].code>crs.code)
                    break;
    }
    if (i<curlen){
            for(n=curlen-1;n>=i;n--){
                    data[n+1]=data[n];
            }
    }
    //插入新结点 crs
    data[i] = crs;
    curlen++;
    return 1;
}

//删除课程
int deleteCourse(int i,struct Course * crs){
    int n;
    //删除位置正确与否判断
    if(i<1||i>curlen){
            printf(" 删除第 %d 个位置的数据元素有误！ \n",i);
            return 0;
    }
    //保存删除前第 i 个数据元素
    *crs = data[i-1];
```

```
    // 从第 i+1 个位置开始依次向前移一个位置
    for(n = i;n<curlen;n++){
            data[n-1] = data[n];
    }
    curlen--;
    printf(" 删除第 %d 个位置的数据元素成功，被删除的课程为：%s\n",i,crs->name);
    return 1;
}

// 根据名称查找课程
void findCourse(char *clsname){
    struct Course *crs = NULL;
    int i;
    for(i=0;i<curlen;i++){
            if (strcmp(data[i].name,clsname)==0)
                    crs = &data[i];
    }
    if (crs != NULL){
            printf("code  name  weight  \n",crs->code,crs->name,crs->weight);
            printf("%d  %s  %d          \n",crs->code,crs->name,crs->weight);}
    else
            printf(" 当前未找到  %s\n",clsname);
}

// 打印列表信息
void printList( ){
    int i;
    printf("code   name   weight \n");
    for(i=0;i<curlen;i++){
            printf("%d   %s  %d \n",data[i].code,data[i].name,data[i].weight);
    }
}
```

```
int main(){
    //0. 初始化顺序表
    initList();

    //1. 按课程编号 1、8、10、5、2、7、9、3、6、4 的顺序插入
    struct Course c1;
    c1.code=1;
    c1.name=" 程序设计 ";
    c1.weight=9;
    insertCourse(c1);

    struct Course c2;
    c2.code=8;
    c2.name=" 操作系统 ";
    c2.weight=6;
    insertCourse(c2);

    struct Course c3;
    c3.code=10;
    c3.name=" 线性代数 ";
    c3.weight=5;
    insertCourse(c3);

    struct Course c4;
    c4.code=5;
    c4.name=" 计算机算法 ";
    c4.weight=7;
    insertCourse(c4);

    struct Course c5;
    c5.code=2;
    c5.name=" 离散数学 ";
    c5.weight=2;
    insertCourse(c5);
```

```
struct Course c6;
c6.name=" 编译原理 ";
c6.code=7;
c6.weight=4;
insertCourse(c6);

struct Course c7;
c7.code=9;
c7.name=" 高等数学 ";
c7.weight=5;
insertCourse(c7);

struct Course c8;
c8.code=3;
c8.name=" 数据结构 ";
c8.weight=8;
insertCourse(c8);

struct Course c9;
c9.code=6;
c9.name=" 微机原理 ";
c9.weight=3;
insertCourse(c9);

struct Course c10;
c10.code=4;
c10.name=" 汇编语言 ";
c10.weight=1;
insertCourse(c10);

//2. 按图顺序输出顺序表信息
printf(" 插入元素后，按图顺序输出顺序表信息：\n");
printList( );
```

```
    printf("----------------------------\n");

    //3. 依次删除第 7 个和第 10 个元素，并显示删除后的顺序表
    struct Course dc7;
    struct Course dc10;
    deleteCourse(7,&dc7);
    deleteCourse(10,&dc10);
    printf(" 依次删除元素后，显示删除后的顺序表：\n");
    printList( );
    printf("----------------------------\n");

    //4. 应用查找算法，依次查找课程“编译原理”和线性代数，并显示输出查找结果。
    printf(" 查找《编译原理》课程：\n");
    findCourse(" 编译原理 ");
    printf("----------------------------\n");
    printf(" 查找《线性代数》课程：\n");
    findCourse(" 线性代数 ");
    printf("----------------------------\n");
    return 0;
}
```

## 实践 2　单链表的建立和基本算法

```
#include<stdio.h>
#include<string.h>
#include<stdlib.h>

struct Course{
    int code; // 定义课程编号
    char *name; // 定义课程名称
    int weight; // 定义课程权重
};
```

```
struct Node{ // 结点结构体类型
    struct Course *crs;
    struct Node *next;
};

struct Node *head; // 定义头结点
int curlen; // 实际表长
void initlist( ){
    head=(struct Node *)malloc(sizeof(struct Node)); // 链表头结点
    head->next=NULL;
    curlen=0;
}

// 按关键字课程编号有序插入新数据元素 node

void insertCourse(struct Node *node){
    struct Node *p=head; // 定义表头为 P
    struct Node *q=head;  //
    while(q->next != NULL){
    q=q->next;
    if(q->crs->code>node->crs->code)
            break;
    p=q;

}

// 插入新结点
    node->next = p->next;
    p->next = node;
    curlen++;
}

// 删除第 i 条数据
```

```
int deleteCourse(int i, struct Course * crs){
    struct Node *ni=NULL; // 保存删除的第 i 个结点
    // 判断 i 的有效性
    if(i<1||i>curlen){
            printf(" 当前表长的长度为 %d，删除第 %d 个结点失败 \n",curlen,i);
            return 0;
    }
    struct Node *p = head;
    for(int n=1;n<i;n++){
            p=p->next;
    }
    *crs=*(p->next->crs);
    p->next = p->next->next;
    curlen--;
    printf(" 删除第 %d 个结点成功 , 删除课程为 : %s \n",i,crs->name);
    return 1;
}
// 根据课程名称查询课程信息

void findCourse(char *clsname){
struct Node *q=head;
struct Node *rst=NULL;
while(q->next!=NULL){
q=q->next;
if(strcmp(q->crs->name,clsname)==0){
    rst=q;
    break;
    }
}
if(rst !=NULL){
    printf("code name weight  \n");
    printf("%d %s %d \n", rst->crs->code,rst->crs->name,rst->crs->weight);
    }
else
```

```
        printf(" 未找到 %s \n",clsname);
    }

    // 输出所有课程信息
    void printList(){
        struct Node *q=head;
        printf("code name weight \n");
        while(q->next!=NULL){
                q=q->next;
                printf("%d %s %d\n",q->crs->code,q->crs->name,q->crs->weight);
        }
    }
    int main(){
        //0. 初始化链表
        initlist();
        //1. 按课程编号 1、8、10、5、2、7、9、3、6、4 的顺序插入
        struct Node n1;
        n1.crs=(struct Course *)malloc(sizeof(struct Course));
        n1.crs->code=1;
        n1.crs->name=" 程序设计 ";
        n1.crs->weight=9;
        insertCourse(&n1);
        struct Node n2;
        n2.crs=(struct Course *)malloc(sizeof(struct Course));
        n2.crs->code=8;
        n2.crs->name=" 操作系统 ";
        n2.crs->weight=6;
        insertCourse(&n2);
        struct Node n3;
        n3.crs=(struct Course *)malloc(sizeof(struct Course));
        n3.crs->code=10;
        n3.crs->name=" 线性代数 ";
        n3.crs->weight=5;
        insertCourse(&n3);
```

```
struct Node n4;
n4.crs=(struct Course *)malloc(sizeof(struct Course));
n4.crs->code=5;
n4.crs->name=" 计算机算法 ";
n4.crs->weight=7;
insertCourse(&n4);
struct Node n5;
n5.crs=(struct Course *)malloc(sizeof(struct Course));
n5.crs->code=2;
n5.crs->name=" 离散数学 ";
n5.crs->weight=2;
insertCourse(&n5);
struct Node n6;
n6.crs=(struct Course *)malloc(sizeof(struct Course));
n6.crs->code=7;
n6.crs->name=" 编译原理 ";
n6.crs->weight=4;
insertCourse(&n6);
struct Node n7;
n7.crs=(struct Course *)malloc(sizeof(struct Course));
n7.crs->code=9;
n7.crs->name=" 高等数学 ";
n7.crs->weight=5;
insertCourse(&n7);
struct Node n8;
n8.crs=(struct Course *)malloc(sizeof(struct Course));
n8.crs->code=3;
n8.crs->name=" 数据结构 ";
n8.crs->weight=8;
insertCourse(&n8);
struct Node n9;
n9.crs=(struct Course *)malloc(sizeof(struct Course));
n9.crs->code=6;
```

```
    n9.crs->name=" 微机原理 ";
    n9.crs->weight=3;
    insertCourse(&n9);
    struct Node n10;
    n10.crs=(struct Course *)malloc(sizeof(struct Course));
    n10.crs->code=4;
    n10.crs->name=" 汇编语言 ";
    n10.crs->weight=1;
    insertCourse(&n10);
    //2. 按图顺序输出顺序表信息
    printf(" 插入所有元素后，按顺序输出链表信息 :\n");
    printList( );
    printf("-----------------------------------\n");
    //3. 依次删除第 7 个和第 10 个元素，并显示删除后的顺序表
    struct Course cd7;
    struct Course cd10;
    deleteCourse(7,&cd7);
    deleteCourse(10,&cd10);
    printf(" 删除第 7 个元素和第 10 个元素后，按顺序输出链表信息：\n");
    printList( );
    printf("-----------------------------------\n");
    //4. 应用查找算法，依次查找课程编译原理和线性代数，并显示输出查找结果
    printf(" 查找《编译原理》课程 :\n");
    findCourse(" 编译原理 ");

    printf("-----------------------------------\n");
    printf(" 查找《线性代数》课程 :\n");
    findCourse(" 线性代数 ");
    return 0;
}
```

## 实践 3　顺序栈的建立和基本算法

```
#include "stdlib.h"
```

```
#include "stdio.h"
#include "string.h"
#define maxsize 35

typedef struct {
    int code;          // 课程编号
    char *name;        // 课程名称
    int weight;        // 课程权重
}Course;

typedef struct{
    Course data[maxsize];
    int top;// 栈顶元素
}sqstacktp;

// 初始化

void init(sqstacktp *sq) {
    sq->top = 0;
}
// 入栈操作
int push(sqstacktp *sq,Course crs){
    if(sq->top >= maxsize){// 入栈位置正确与否判断
            printf(" 顺序栈已经满了，不允许插入 ");
            return 0;
    } else{
            sq->data[sq->top] = crs; // 插入新结点
            printf(" 入栈课程：%d   %s  %d\n",crs.code,crs.name,crs.weight);
            sq->top ++;
            return 1;
    }
}
// 出栈操作
int pop(sqstacktp *sq,Course *crs){
```

```
    if(sq->top < 0){// 出栈位置正确与否判断
            printf(" 栈为空，没有出栈元素 ");
            return 0;
    } else{
            *crs = sq->data[(--sq->top)];
            printf(" 出栈课程： %d  %s  %d\n",crs->code,crs->name,crs->weight);
            return 1;
    }
}
// 从栈顶到栈底输出所有的数据元素
void print(sqstacktp *sq){
    printf("=================================\n");
    printf(" 从栈顶到栈底输出所有的数据元素 \n");
    for(int i=sq->top-1;i>=0;i--){
            printf("%d  %s  %d\n",sq->data[i].code,sq->data[i].name,sq->data[i].weight);
    }
    printf("=================================\n");
}

int main( ){
    //1. 初始化栈
    sqstacktp *sq;
    sq=(sqstacktp *)malloc(sizeof(sqstacktp));
    init(sq);
    //2. 按课程编号 1、8、10、5、2 的顺序，应用入栈算法建立顺序栈
    Course c1 ;
    c1.code=1;
    c1.name=" 程序设计 ";
    c1.weight=9;
    push(sq,c1);

    Course c2 ;
    c2.code=8;
```

```
c2.name=" 操作系统 ";
c2.weight=6;
push(sq,c2);

Course c3 ;
c3.code=10;
c3.name=" 线性代数 ";
c3.weight=5;
push(sq,c3);

Course c4 ;
c4.code=5;
c4.name=" 计算机算法 ";
c4.weight=7;
push(sq,c4);

Course c5 ;
c5.code=2;
c5.name=" 离散数学 ";
c5.weight=2;
push(sq,c5);

//3. 依次弹出 2 个元素
Course dc1,dc2;
pop(sq,&dc1);
pop(sq,&dc2);
print(sq);

//4. 压入课程编号为 7、9 的结点
Course c6;
c6.code=7;
c6.name=" 编译原理 ";
c6.weight=4;
push(sq,c6);
```

```
    Course c7;
    c7.code=9;
    c7.name=" 高等数学 ";
    c7.weight=5;
    push(sq,c7);

    //5. 再弹出 1 个元素
    Course dc3;
    pop(sq,&dc3);

    //6. 再压入课程编号为 3、6、4 的结点
    Course c8;
    c8.code=3;
    c8.name=" 数据结构 ";
    c8.weight=8;
    push(sq,c8);
    Course c9 ;
    c9.code=6;
    c9.name=" 微机原理 ";
    c9.weight=3;
    push(sq,c9);
    Course c10 ;
    c10.code=4;
    c10.name=" 汇编语言 ";
    c10.weight=1;
    push(sq,c10);

    //7. 显示输出栈中各结点信息
    print(sq);
    return 0;
}
```

# 实践 4 顺序循环队列的建立和基本算法

```
#include "stdlib.h"
#include "stdio.h"
#include "string.h"
#define maxsize 10

typedef struct{
    int code;          // 课程编号
    char * name;       // 课程名称
    int weight;        // 课程权重
}Course;


typedef struct{
    Course data[maxsize];
    int front;// 当前队头元素前一个位置的下标
    int rear;// 当前队尾元素位置下标
}cqueuetp;


// 创建空循环队列
void initQueue(cqueuetp *sq){
    sq->front = sq->rear = 0;
}

// 入队操作
int enQueue(cqueuetp *sq,Course crs){
    if ((sq->rear+1)%maxsize==sq->front) {
            printf(" 队列已经满了，不允许再进队列 \n");
            return 0;
    }else{
            sq->rear=(sq->rear+1)%maxsize;
```

```
            printf(" 入队课程：code=%d  name=%s  weight=%d \n",crs.code,crs.name,crs.weight);
            sq->data[sq->rear]=crs;
            return 1;
    }
}
// 出队操作
int delQueue(cqueuetp *sq,Course *crs){
    if (sq->front==sq->rear) {
            printf(" 当前队列为空队列，不允许出队 \n");
            return 0;
    }else{
            sq->front=(sq->front+1)%maxsize;
            *crs=sq->data[sq->front];
            return 1;
    }
}

void printQueue(cqueuetp *sq){
    printf("===================================\n");
    int size = (maxsize+sq->rear-sq->front)%maxsize;
    int i=sq->front;
    for(int n=1;n<=size;n++){
            i=(i+1)%maxsize;
            printf("%d  %s  %d\n",sq->data[i].code,sq->data[i].name,sq->data [i].weight);
    }
    printf("===================================\n");
}

int main( ){
    //1. 初始化循环队列
    cqueuetp *sq;
    sq = (cqueuetp *)malloc(sizeof(cqueuetp));
    initQueue(sq);
```

//2. 分别按课程编号 1、 8 、10 、5 、2 的顺序，应用入队列算法建立顺序循环队列

```
Course c1;
c1.code=1;
c1.name=" 程序设计 ";
c1.weight=9;
enQueue(sq,c1);

Course c2;
c2.code=8;
c2.name=" 操作系统 ";
c2.weight=6;
enQueue(sq,c2);

Course c3;
c3.code=10;
c3.name=" 线性代数 ";
c3.weight=5;
enQueue(sq,c3);

Course c4;
c4.code=5;
c4.name=" 线性代数 ";
c4.weight=7;
enQueue(sq,c4);

Course c5;
c5.code=2;
c5.name=" 离散数学 ";
c5.weight=2;
enQueue(sq,c5);
```

//3. 依次出队两个元素

```
Course dc1,dc2;
delQueue(sq,&dc1);
printf(" 出队课程：code=%d  name=%s  weight=%d \n",dc1.code,dc1.name,dc1.weight);
delQueue(sq,&dc2);
printf(" 出队课程：code=%d  name=%s  weight=%d \n",dc2.code,dc2.name,dc2.weight);

//4. 入队列数据元素 7、9
Course c6;
c6.code=7;
c6.name=" 编译原理 ";
c6.weight=4;
enQueue(sq,c6);

Course c7;
c7.code=9;
c7.name=" 高等数学 ";
c7.weight=5;
enQueue(sq,c7);

//5. 出队列 1 个元素
Course dc3;
delQueue(sq,&dc3);
printf(" 出队课程：code=%d  name=%s  weight=%d \n",dc3.code,dc3.name,dc3.weight);

//6. 入队列数据元素 3、6、4
Course c8;
c8.code=3;
c8.name=" 数据结构 ";
c8.weight=8;
enQueue(sq,c8);

Course c9;
c9.code=6;
c9.name=" 微机原理 ";
```

```
    c9.weight=3;
    enQueue(sq,c9);

    Course c10;
    c10.code=4;
    c10.name=" 汇编语言 ";
    c10.weight=1;
    enQueue(sq,c10);

    //7. 从队头到队尾显示输出队列中各结点信息
    printQueue(sq);
    return 0;
}
```

## 实践 5　线性表查找

```
#include "stdlib.h"
#include "stdio.h"
#include "string.h"
typedef struct{
    int code;           // 课程编号
    char * name;        // 课程名称
    int weight;         // 课程权重
} Course;

void search(Course a[ ],int length,char *x){
        int i=0;
        while(i<= length-1 && strcmp(a[i].name,x)!=0)
                i++;
        if(i>=length)
                printf(" 序列中不存在要查找的元素 -%s\n",x);
        else
                printf("%s- 查找成功，查找的元素在序列中的位置为：第 %d\
n",x,(i+1));
```

```
    }
    void binSearch(Course a[ ] ,int length,int k){
            int find = -1,low=0,high=length-1,mid;
            while(low<=high){
                    mid=(low+high)/2;
                    if (a[mid].code==k) {
                            find= mid+1;
                            break;
                    }
                    if (a[mid].code>k) {
                            high=mid-1;
                    }else{
                            low=mid+1;
                    }
            }
            if (find>=0)
                    printf(" 课程编码 %d - 查找成功，该元素在表中位置为：第 %d\n",k,
find);
            else
                    printf(" 课程编码 %d- 查找失败，表中不存在该元素！ \n",k);
    }
    int main( ) {
            Course *a=(Course*)malloc(sizeof( Course)*10);
            a[0].code=1; a[0].name=" 程序设计 "; a[0].weight=9;
            a[1].code=2; a[1].name=" 离散数学 "; a[1].weight=2;
            a[2].code=3; a[2].name=" 数据结构 "; a[2].weight=8;
            a[3].code=4; a[3].name=" 汇编语言 "; a[3].weight=1;
            a[4].code=5; a[4].name=" 计算机算法 "; a[4].weight=7;
            a[5].code=6; a[5].name=" 微机原理 "; a[5].weight=3;
            a[6].code=7; a[6].name=" 编译原理 "; a[6].weight=4;
            a[7].code=8; a[7].name=" 操作系统 "; a[7].weight=6;
            a[8].code=9; a[8].name=" 高等数学 "; a[8].weight=5;
            a[9].code=10; a[9].name=" 线性代数 "; a[9].weight=5;
            search(a, 10," 数据结构 ");
```

```
        search(a,10, " 现代物理 ");
        binSearch(a,10, 6);
        binSearch(a,10, 13);
        return 0;
}
```

# 实践 6　内排序

```
#include "stdlib.h"
#include "stdio.h"
#include "string.h"
typedef struct {
    int code;          // 课程编号
    char * name;       // 课程名称
    int weight;        // 课程权重
} Course;
void print(Course a[ ],int length){
        for(int i = 0; i < length; i++)
                printf("%d  %s  %d\n",a[i].code,a[i].name,a[i].weight);
}

void insertSort(Course data[ ],int length){
        int i, j; Course temp;
        for(i = 0; i <length- 1; i++){
                temp = data[i + 1];
                j = i;
                while(j > -1 && temp.weight <= data[j].weight){
                        data[j + 1] = data[j];
                        j--;
                }
                data[j + 1] = temp;
        }
}
```

```
void binInsertSort(Course data[ ],int length) {
        Course key; int left, right, middle;
        for (int i=1; i<length; i++)
        {
                key = data[i];
                left = 0;
                right = i-1;
                while (left<=right)
                {
                        middle = (left+right)/2;
                        if (data[middle].weight>key.weight)
                                right = middle-1;
                        else
                                left = middle+1;
                }

                for(int j=i-1; j>=left; j--)
                {
                        data[j+1] = data[j];
                }
                data[left] = key;
        }
}

void bubbleSort(Course data[ ],int length){
        int i, j, flag=1;
        Course temp;
        for(i = 1; i < length && flag == 1; i++){
                flag = 0;
                for(j = 0; j < length-i; j++){
                        if(data[j].weight > data[j+1].weight){
                                flag = 1;
                                temp = data[j];
                                data[j] = data[j+1];
```

```
                    data[j+1] = temp;
                }
            }
        }
    }

void selectSort(Course data[ ],int length){
        int i,j,small;
        Course temp;
        for(i = 0; i < length-1; i++){
            small = i;
            for(j = i+1; j < length; j++){ // 寻找最小的数据元素
                if(data[j].weight < data[small].weight) small = j; // 记住最小元素
的下标
            }
            if(small != i){     // 交换数据元素
                temp = data[i];
                data[i] = data[small];
                data[small] = temp;
            }
        }
    }
int main( ) {
        Course  *a=(Course *)malloc(sizeof( Course)*10);
        a[0].code=1; a[0].name=" 程序设计 "; a[0].weight=9;
        a[1].code=2; a[1].name=" 离散数学 "; a[1].weight=2;
        a[2].code=3; a[2].name=" 数据结构 "; a[2].weight=8;
        a[3].code=4; a[3].name=" 汇编语言 "; a[3].weight=1;
        a[4].code=5; a[4].name=" 计算机算法 "; a[4].weight=7;
        a[5].code=6; a[5].name=" 微机原理 "; a[5].weight=3;
        a[6].code=7; a[6].name=" 编译原理 "; a[6].weight=4;
        a[7].code=8; a[7].name=" 操作系统 "; a[7].weight=6;
        a[8].code=9; a[8].name=" 高等数学 "; a[8].weight=5;
        a[9].code=10; a[9].name=" 线性代数 "; a[9].weight=5;
```

```
        //以下 4 种排序任选一种调用
        //insertSort(a,10);
        //binInsertSort(a,10);
        //bubbleSort(a,10);
        selectSort(a,10);
        printf(" 排序结果：\n");
        print(a,10);
        return 0;
}
```

# 参考文献


[1] 严蔚敏，吴伟明．数据结构（C语言版）[M]．北京：清华大学出版社，1996.

[2] 唐发根．数据结构教程[M]．北京：北京航空航天大学出版社，2006.

[3] 朱战立．数据结构 Java 语言描述[M]．北京：清华大学出版社，2010.

[4] 叶核亚．数据结构（Java 版）[M].3 版．北京：电子工业出版社，2011.

[5] 王红梅．数据结构（C++ 版）[M] 2 版．北京：清华大学出版社，2011.

[6] 张乃孝．算法与数据结构：C 语言描述[M].3 版．北京：高等教育出版社，2011.

[7] 张亦辉，李波．数据结构[M].2 版．北京：中国铁道出版社，2012.

[8] 李春葆．数据结构教程（C# 语言描述）[M]．北京：清华大学出版社，2013.

[9] 赵宏．数据结构教程、算法与应用（C++ 语言描述）[M]．上海：上海大学出版社，2012.

[10] 杨厚群．数据结构（C 语言描述）[M]．上海：上海大学出版社，2013.

[11] 袁开友，郑孝宗．数据结构 Java 应用案例教程[M]．重庆：重庆大学出版社，2014.

[12] 殷人昆．数据结构精讲与习题详解（C 语言版）[M].2 版．北京：清华大学出版社，2018.